工程材料一本通

主　编　王成明　刘艳艳　陈　永

参　编　李同俊　陈　博　李雯琪　穆连胜　贾泽众

机械工业出版社

本书系统地介绍了工程材料的基本知识，是一本学习工程材料知识的入门指导书。全书内容包括材料的分类与发展历程、工程材料的结构、工程材料的物理性能、工程材料的力学性能、金属材料、无机非金属材料、高分子材料、复合材料、新型工程材料共9章。本书用简洁、通俗易懂的语言和图表结合的编排方式，对难于理解和记忆的工程材料知识进行了介绍，便于读者轻松阅读学习。

本书适合材料加工与应用领域的工人阅读使用，也可作为相关专业职业技术学校和技能培训教育机构师生的培训教材。

图书在版编目（CIP）数据

工程材料一本通/王成明，刘艳艳，陈永主编. —北京：机械工业出版社，2022.7

ISBN 978-7-111-70778-3

Ⅰ.①工…　Ⅱ.①王…　②刘…　③陈…　Ⅲ.①工程材料-教材　Ⅳ.①TB3

中国版本图书馆CIP数据核字（2022）第080961号

机械工业出版社（北京市百万庄大街22号　邮政编码100037）
策划编辑：陈保华　　　　责任编辑：陈保华
责任校对：樊钟英　张　薇　封面设计：马精明
责任印制：郜　敏
三河市宏达印刷有限公司印刷
2022年7月第1版第1次印刷
169mm×239mm · 18.25印张 · 353千字
标准书号：ISBN 978-7-111-70778-3
定价：69.00元

电话服务　　　　　　　　　网络服务
客服电话：010-88361066　　机　工　官　网：www.cmpbook.com
　　　　　010-88379833　　机　工　官　博：weibo.com/cmp1952
　　　　　010-68326294　　金　书　网：www.golden-book.com
封底无防伪标均为盗版　　机工教育服务网：www.cmpedu.com

前　言

工程材料是各种工程中使用的材料，是用于制造各类零件、构件的材料和在制造过程中所应用的材料。工程材料是工业生产的物质基础，广泛应用于机械、冶金、化工、建筑、纺织、电力、车辆、船舶、能源、仪器仪表、航空航天等工程领域，是国民经济建设的重要生产资料。

随着我国科学技术的进步和生产技术的不断发展，工程材料的品种规格日益增多。为了满足广大读者对工程材料知识的需求，为读者在生产实践中正确选材、合理用材、提高工程及产品质量提供技术支持，我们编写了这本书。

本书内容包含了材料加工与应用领域从业人员需要了解的工程材料基本知识。全书共9章，具体内容包括材料的分类与发展历程、工程材料的结构、工程材料的物理性能、工程材料的力学性能、金属材料、无机非金属材料、高分子材料、复合材料、新型工程材料。本书用简洁、通俗易懂的语言和图表结合的编排方式，对难于理解和记忆的工程材料知识进行了介绍，会让读者把学习变成一件轻松的事。读者通过阅读本书，能够对工程材料的基本知识有一个整体、清晰的了解。

本书适合材料加工与应用领域的工人阅读使用，也可作为相关专业职业技术学校和技能培训教育机构师生的培训教材，还可供没有专业基础的工程材料爱好者和刚刚接触工程材料领域的人员阅读自学。

本书由王成明、刘艳艳、陈永任主编，参加编写工作的有：李同俊、陈博、李雯琪、穆连胜、贾泽众，汪大经教授对全书进行了认真审阅。

在本书的编写过程中，参考了国内外同行的大量文献资料和相关标准，部分内容来自互联网（无法获知相关作者的信息，未在参考文献中注明），谨向有关人员表示衷心的感谢！

由于编者水平有限，错误和纰漏之处在所难免，敬请广大读者批评指正；同时，我们负责对书中所有内容进行技术咨询、答疑。我们的联系方式如下：

联系人：陈先生；电话：13523499166；电子邮箱：13523499166@163.com；QQ：56773139。

编　者

目录

第 1 章 材料的分类与发展历程

01

材料是指人类用以制造各种有用器件的物质，它是人类生产和生活所必需的物质基础。20 世纪 70 年代后，人们把材料、能源和信息称为现代文明的三大支柱。由此可见，材料在人类文明发展史上具有极其重要的地位。

1.1 材料的分类

材料一般分为金属材料、无机非金属材料、高分子材料和复合材料四大类。

1.1.1 金属材料

金属材料是指具有光泽、延性、导电性和导热性等性质的材料，一般分为钢铁材料和非铁金属材料两种，非铁金属材料又称有色金属材料。金属材料是基本的结构材料，称为“工业的骨骼”。金属材料的分类依据与类别见表 1-1。

表 1-1 金属材料的分类依据与类别

分类依据	类　　别
是否有铁	钢铁材料、非铁金属材料
颜色	黑色金属、有色金属
密度	重金属、轻金属
市场价值	贵金属、非贵金属
储量	稀有金属、富有金属

1.1.2 无机非金属材料

无机非金属材料的特点是：抗压强度高，硬度大，耐高温，耐腐蚀。此外，水泥在胶凝性能上，玻璃在光学性能上，陶瓷在耐蚀、介电性能上，耐火材料在防热隔热性能上都有其优异的特性，为金属材料和高分子材料所不及。但与金属材料相比，其极限强度低，缺少延性，属于脆性材料；与高分子材料相比，其密度较大，制造工艺较复杂。

（1）水泥　水泥是粉状水硬性无机胶凝材料。水泥加水搅拌后成浆体，能在空气中硬化或者在水中硬化，并能把砂、石等材料牢固地黏结在一起。

（2）玻璃　玻璃是非晶无机非金属材料，一般是用多种无机矿物（如石英砂、硼砂、硼酸、重晶石、碳酸钡、石灰石、长石、纯碱等）为主要原料，另外加入少量辅助原料制成的。它的主要成分为二氧化硅和其他氧化物。

（3）陶瓷　陶瓷是陶器与瓷器的统称，陶是以黏性较高、塑性较强的黏土为主要原料制成的，不透明、有细微气孔和微弱的吸水性，击之声浊。瓷是以黏土、长石和石英制成的，半透明，不吸水，抗腐蚀，胎质坚硬紧密，叩之声脆。

（4）耐火材料　耐火材料是指耐火度不低于1580℃的一类无机非金属材料。耐火度是指耐火材料锥形体试样在没有荷重情况下，抵抗高温作用而不软化熔倒的温度。

1.1.3　高分子材料

高分子材料是由一种或几种结构单元多次（$10^3 \sim 10^5$）重复连接起来的化合物。其组成元素不多，主要是碳、氢、氧、氮等，但是相对分子质量很大，一般在5000以上，有的高达几百万。

（1）来源分类　高分子材料按来源分为天然高分子材料和合成高分子材料。天然高分子材料是存在于动物、植物及生物体内的高分子物质，可分为天然纤维、天然树脂、天然橡胶、动物胶等。合成高分子材料主要是指塑料、合成橡胶和合成纤维三大合成材料，此外还包括胶黏剂、涂料以及各种功能性高分子材料。合成高分子材料具有天然高分子材料所没有的或较为优越的性能——较小的密度，较高的力学性能、耐蚀性、电绝缘性等。

（2）应用分类　高分子材料按特性分为橡胶、纤维、塑料、高分子胶黏剂、高分子涂料和高分子基复合材料等。

1.1.4　复合材料

复合材料是由两种或两种以上不同性质的材料，通过物理或化学的方法，在宏观（微观）上组成具有新性能的材料。各种材料在性能上互相取长补短，产生协同效应，使复合材料的综合性能优于原组成材料而满足各种不同的要求。

（1）结构复合材料　结构复合材料是作为承力结构使用的材料，基本上由能承受载荷的增强体组元与能连接增强体成为整体材料同时又起传递力作用的基体组元构成。

（2）功能复合材料　功能复合材料是指除力学性能以外具有其他物理性能的复合材料，如导电、超导、半导、磁性、压电、阻尼、吸波、透波、摩擦、屏蔽、阻燃、防热、吸声、隔热等性能。功能复合材料一般由功能体组元和基体组元组成，基体不仅起到构成整体的作用，而且能产生协同或加强功能的作用。

1.2　材料的发展历程

由于材料的重要性，材料的发展水平和利用程度已成人类文明进步的标志，如我们所熟知的历史时代，就是根据人类在某个时期所使用的材料的特征来划分的。材料发展与人类社会的关系如图 1-1 所示。

图 1-1　材料发展与人类社会的关系

1.2.1　石器时代

石器时代是考古学家假定的一个时间区段，即从出现人类到青铜器的出现，大约始于距今二三百万年，止于距今 6000 年左右，分为旧石器时代、中石器时代与新石器时代。

1. 旧石器时代

使用打制石器为主的时代称为旧石器时代。旧石器时代是人类以石器为主要劳动工具的早期，大约从距今 260 万年延续到 1 万多年以前。

2. 中石器时代

使用打制石器、也有用磨制石器的时代称为中石器时代。中石器时代以石片石器和细石器为代表工具，石器已小型化，距今 15000 年至 8000 年左右。

3. 新石器时代

使用磨制石器为主的时代称为新石器时代，属于石器时代的后期。新石器时代距今约 10000 年至 6000 年左右。在新石器时代完结后，人类开始进入青铜时代。

1.2.2　青铜时代

青铜时代是人类利用金属的第一个时代，是以使用青铜器为标志的人类文化发展的一个阶段。

我们俗话说的青铜是纯铜（紫铜）与锡或铅形成的合金，熔点为700～900℃，比纯铜的熔点（1083℃）低。锡的质量分数为10%的青铜，硬度是纯铜的5倍左右，性能优良，俗语说的“三尺青锋”指的就是用青铜制造的宝剑，即青锋剑。青铜出现后，对提高社会生产力起到了划时代的作用。

1. 早期青铜时代

早期青铜时代大约在公元前2100—前1500年。当时人类已经会使用火，在偶然的情况下，他们将色彩斑斓的铜矿石（孔雀石、蓝铜矿、黄铜矿、斑铜矿、辉铜矿等）扔进火堆里，由于矿石的多样性，这样就无意识地熔炼出了纯铜、青铜等金属。

2. 中期青铜时代

中期青铜时代大约在公元前1400—前1000年，此时期奴隶制进一步发展繁荣，青铜铸造工艺相当成熟，青铜器数量大增。此时我国青铜时代达到鼎盛时期，也是奴隶制发展的典型时期。这时的青铜文化以安阳殷墟为代表，这里是商王朝的政治统治中心，也是青铜铸造业的中心。俗话说“民以食为天”，当有了合适的材料之后，人们最先想到的还是提高自己的生活水平，于是各种青铜质的饮食用具纷纷诞生。但是体积大而制作精美的餐具那时候还是王侯之家的专属，“钟鸣鼎食之家”指代的就是王侯之家，可见那时候鼎在人心目中的地位。那个时期的青铜器风格凝重，纹饰以奇异的动物为主，形成狞厉之美，如著名的后母戊大方鼎和四羊方尊。据考古学者分析，四羊方尊是用两次分铸技术铸造的，即先将羊角与龙头单个铸好，然后将其分别配置在外范内，再进行整体浇铸。整个器物用块范法浇铸，一气呵成，鬼斧神工，显示了高超的铸造水平。

3. 晚期青铜时代

晚期青铜时代大约在公元前900—前700年，是我国奴隶制社会逐渐走向衰落的阶段。青铜铸造工艺取得突破发展，出现了分铸法、失蜡法等先进工艺技术。此时期的青铜器造型精巧生动，纹样精密，形成装饰与观赏结合之美，如青铜神树。在青铜神树的枝干上可以清晰地看到用来垂挂器物的穿孔，青铜制作的发声器可以悬挂在铜树上。

1.2.3 铁器时代

当人们在冶炼青铜的基础上逐渐掌握了冶炼铁的技术之后，铁器时代就到来了。铁器时代是人类发展史中一个极为重要的时代。铁器坚硬、韧性高、锋利，胜过石器和青铜器。铁器的广泛使用，使人类的工具制造进入了一个全新的领域，生产力得到了极大的提高。春秋战国时期，旧制度、旧统治秩序被破坏，新制度、新统治秩序在确立，新的阶级力量在壮大。隐藏在这一过程中并构成这一社会变革的根源则是以铁器为特征的生产力的革命。生产力的发展最终导致各国的变革运动和封建制度的确立，也导致思想文化的繁荣。铁器的使用促进了农耕时代的出现和发展，拥有大量土地是一个人财富的标志，我国历史上一个特定的名词“地主”便诞生了。

铁器的使用，导致了世界上一些民族从原始社会发展到奴隶社会，也推动了一些民族脱离了奴隶制的枷锁而进入了封建社会。在自然界中，单质状态的铁只能从陨石中找到，人类最早发现的铁也是来自从天空落下来的陨石，陨石中的铁含量很高，是铁和镍、钴等金属的混合物，埃及人干脆把铁叫作“天石”。陨铁可用于打造兵器。采用纯陨铁材质、由铸剑师郑国荣主持铸造的“中华神剑”，被赠予北京奥组委永久收藏。

有趣的是，铁虽然不是最硬的金属，但是人们总是用铁来形容各种人和事物的坚硬，如“铁肩担道义”“铁人”“钢铁战士”“雄关漫道真如铁”等。

1.2.4　钢铁时代

19 世纪中期更高效的炼钢方法——转炉炼钢法的诞生，标志着早期工业革命的“铁时代”开始向“钢时代”的演变，转炉的出现使炼钢生产由手工业规模进入了机器大工业规模，在冶金发展史上具有划时代的意义。从那时起，钢铁材料一直是最重要的结构材料，在国民经济中占有极重要的地位，是现代化工业最重要和应用最多的金属材料。所以，人们常把钢产量、品种、质量作为衡量一个国家工业、国防和科学技术发展水平的重要标志。

1.2.5　新材料时代

目前，新材料为人类的生活提供了最基本的服务，新材料在种类上的扩展和功能上的发掘，为经济的持续发展提供了必不可少的支持，推动了人类社会的发展。

1. 碳纤维

碳纤维被喻为当今世界上材料综合性能的顶峰，是 21 世纪的黑色革命，是适应宇航、航空、核能等尖端工业发展的需要而研制开发的一种新材料。

碳纤维是以黏胶丝、聚丙烯脂或沥青等有机母体纤维，经过高温分解在 1000~3000℃的惰性气体下制成的一种新型合成纤维，结构类似于编织布。经过高温分解，原来材料中碳以外的所有元素都被分离出来，所以碳纤维中碳的质量分数在 90%以上。

碳纤维是一种合成纤维，不仅有碳材料原来的特性，还兼具纺织纤维的柔软性和可加工性。如果单就碳纤维一种材料很难说明其性能的优越，在业内，人们一般将碳纤维和其他材料比较从而显示它的与众不同。碳纤维的强度比钢大，密度比铝小，耐蚀性比不锈钢好，耐热性比耐热钢强，导电性介于金属与非金属之间。此外，碳纤维还具有许多电学、热学和力学特性，X射线穿透性好，是新一代增强纤维，在国防军工和民用方面都广泛应用。美中不足的是碳纤维的耐冲击性比较差，容易损伤，而且在强酸中很容易发生氧化，与金属复合会让金属发生碳化、渗碳及电化学腐蚀反应。因而，碳纤维要先进行表面处理之后才能使用。

碳纤维按原料来源可分为聚丙烯腈（PAN）基碳纤维、沥青基碳纤维、黏胶基碳纤维、酚醛基碳纤维、气相生长碳纤维；按性能可分为通用型碳纤维、高强型碳纤维、中模高强型碳纤维、高模型碳纤维和超高模型碳纤维；按状态分为长丝、短纤维和短切纤维；按力学性能分为通用型碳纤维和高性能型碳纤维。随着航天和航空工业的发展，还出现了高强高伸型碳纤维。而用量最大的是PAN基碳纤维，市场上90%以上碳纤维以PAN基碳纤维为主。

碳纤维是由片状石墨微晶等有机纤维沿纤维轴向方向堆砌，经碳化及石墨化处理而得到的微晶石墨材料。碳纤维是一种力学性能优异的新材料，其密度不到钢的1/4，碳纤维树脂复合材料的拉伸强度一般都在3500MPa以上，是钢的7~9倍，拉伸弹性模量为23000~43000MPa。随着从短纤碳纤维到长纤碳纤维的研究，使用碳纤维制作材料的技术和产品也逐渐进入军用和民用领域。车用碳纤维复合材料可用于制作汽车传动轴、板簧、构架和制动片等零部件。

2. 石墨烯

石墨的晶体结构是层状的，靠微弱的范德华力把相邻的两层贴合在一起。层与层之间充斥着大量的电子，因此石墨是良好的导电体。而单层石墨，即石墨烯是碳原子与碳原子相互连结形成正六边形，并可延伸成一张无限大的原子网，如图1-2所示。这张网上的原子连结得很结实，使这张网比钻石还硬。

石墨烯是目前在科技界最为流行的一种高性能材料，单层原子的厚度和各种优良性能，使它在各行各业都具有极高的应用潜力，如从神奇的石墨烯纸片到快速充电电池，再到石墨烯导电塑料、石墨烯屏蔽线、石墨烯地热片、石墨烯柔性手机、石墨烯碳纤维、石墨烯导热膜等。

1）石墨烯具备在防腐、防水、导电或抗静电涂料等领域快速拓展的潜力。

2）目前大规模集成电路、超大规模集成电路等都是以硅为基础材料制备得来的。科学界对新一代的半导体材料的寻找从未停止，石墨烯被看作最有希望替代硅实现半导体产业革命的超级材料之一。石墨烯在半导体材料中的应用属于高级应用。

3）超级电容器是一种介于电池和传统静电电容器之间的新一代能源装置，因为充放电的过程始终只涉及物理变化，所以超级电容器具有性能稳定、充电时间短、循环次数多、电容量大等特点。

图 1-2　石墨烯

4）传统的透明导电膜都使用 ITO 膜（氧化铟锡），ITO 膜占据了显示面板 40%左右的成本。随着可穿戴设备的兴起，以及移动终端、车载显示、智能家电等领域对显示设备柔性，甚至可弯曲的要求，石墨烯薄膜将实现对 ITO 的逐步替代。石墨烯导电性和透光性优于 ITO，同时碳原子独特的二维连接方式能够满足显示面板柔性，甚至弯曲折叠的要求。

5）在智能手机、笔记本式计算机等移动终端电子设备蓬勃发展的大背景下，设备高功率运行的散热问题一直是业界的关注点。石墨烯是已知的热导率最高的物质，远高于石墨。石墨烯所具有的快速导热特性与快速散热特性，使得石墨烯成为传统石墨散热膜的理想替代材料。随着智能手机大屏化、智能终端芯片高速化等，对设备的散热能力要求越来越高，也开拓了导热性能更好的石墨烯导热膜充足的发展空间。

3. 纳米材料

纳米材料是指尺度在 1~100nm 的极小物体。在如此小的尺度上，材料的物理、化学和生物学特性跟宏观尺度的物体相比，通常有巨大的差异。比如，低强度或脆性合金会获得高强度、高延性，化学活性低的化合物会变成强力催化剂，不能受激发光的半导体会变得能够发射强光。纳米技术的优势主要体现在通过控制原子级或分子级的物质所创造的新材料上。由于具备理想的力学、化学、电学、热学或光学性能，这些新型纳米材料被应用于日常用品及工业制造之中。

纳米材料大致可分为纳米粉末、纳米纤维、纳米膜、纳米块体四类。

（1）纳米粉末　纳米粉末又称为超微粉或超细粉，一般指粒度在 100nm 以下的粉末或颗粒，是一种介于原子、分子与宏观物体之间处于中间物态的固体颗粒材料。纳米粉末可用作高密度磁记录材料、吸波隐身材料、磁流体材料、防辐射材料、单晶硅和精密光学器件抛光材料、微芯片导热基片与布线材料、微电子封装材料、光电子材料、先进的电池电极材料、太阳能电池材料、高效催化剂、高效助燃剂、敏感元件、高韧性陶瓷材料（摔不裂的陶瓷，用于陶瓷发动机等）、人体修复材料、抗癌制剂等。

（2）纳米纤维　纳米纤维指直径为纳米尺度而长度较大的线状材料。纳米纤维可用作微导线、微光纤（未来量子计算机与光子计算机的重要元件）材料、新型激光或发光二极管材料等。静电纺丝法是制备无机物纳米纤维的一种简单易行的方法。

（3）纳米膜　纳米膜分为颗粒膜与致密膜。颗粒膜是纳米颗粒粘在一起，中间有极为细小的间隙的薄膜。致密膜指膜层致密但晶粒尺寸为纳米级的薄膜。纳米膜可用作气体催化（如汽车尾气处理）材料、过滤器材料、高密度磁记录材料、光敏材料、平面显示器材料、超导材料等。

（4）纳米块体　纳米块体是将纳米粉末高压成型或控制金属液结晶而得到的纳米晶粒材料。纳米块体主要用作超高强度材料、智能金属材料等。

新型纳米材料具有稳定性好、强度高、比表面积大和碳来源丰富等特点，是最具发展潜力的前沿材料，也是主导未来高科技竞争的战略材料。由其制备的器件，在能源的高效存储与应用、光电子器件、传感器等领域呈现出诱人前景，甚至有望引发颠覆性的产业革命。

第 2 章 工程材料的结构

02

2.1 晶体结构

物质由原子组成，原子的结合方式和排列方式决定了物质的性质。原子、离子、分子之间的结合力称为结合键，它们的具体组合状态称为结构。C_{60}的原子结构如图 2-1 所示。

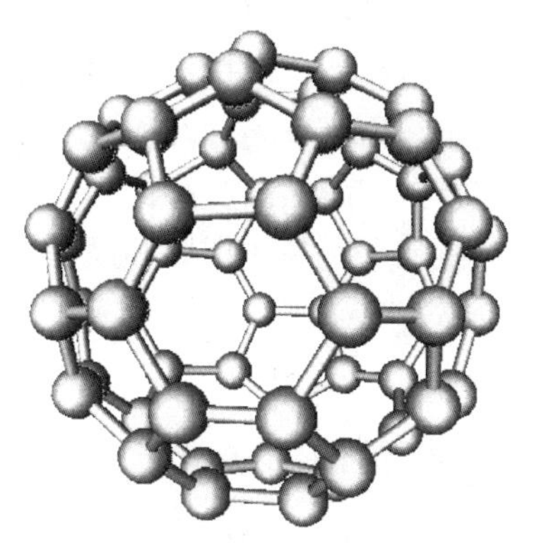

图 2-1 C_{60}的原子结构

2.1.1 晶格和晶胞

1. 晶格

晶体中的原子可以看成是一个小球，则整个晶体就是由这些小球有序堆积而成的。为了形象、直观地表示晶体中原子的排列方式，可以把原子简化成一个点，并用假想的直线将它们连接起来，这些直线将形成空间格架。用于描述原子在晶体中排列规律的空间格架称为晶格，如图 2-2 所示。晶格的结点为金属原子（或离子）平衡中心的位置。

2. 晶胞

如果晶体的晶格是由许多形状、大小相同的最小几何单元重复堆积而成的，那么能够完整反映晶格特征的最小几何单元称为晶胞，如图 2-3 所示。晶胞的几何特征可以用晶胞的三条棱边长 a、b、c 和三条棱边之间的夹角 α、β、γ 六个参数来描述。其中 a、b、c 为晶格常数，金属的晶格常数一般为 0.1~0.7nm。

a)

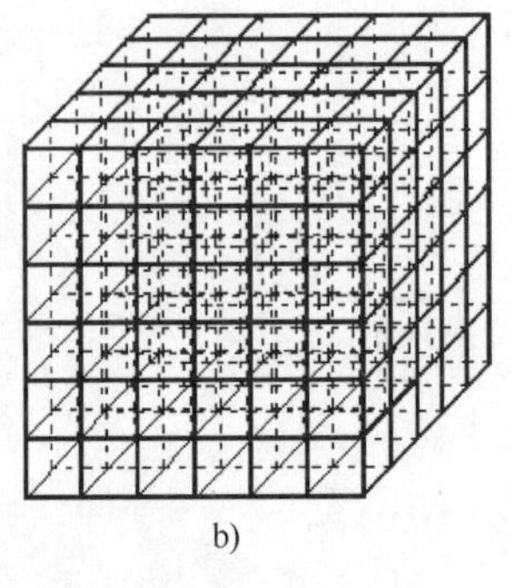
b)

图 2-2　原子排列与晶格
a）原子排列模型　b）晶格

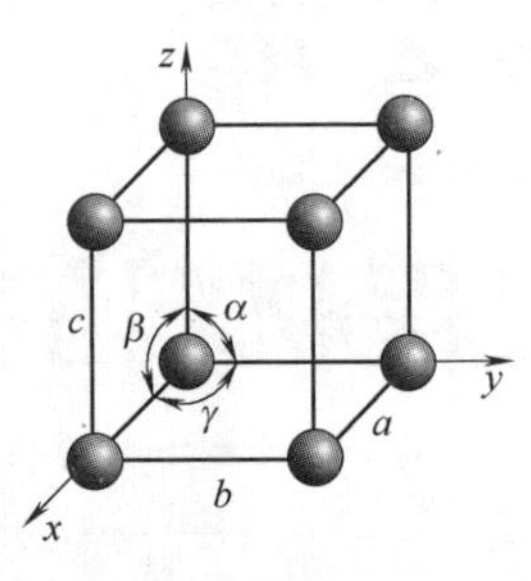

图 2-3　晶胞

2.1.2　晶面和晶向

通过晶体中原子中心的平面称为晶面。通过原子中心的直线为原子列，其所代表的方向称为晶向。晶面和晶向可分别用晶面指数和晶向指数来表达，如图 2-4 所示。

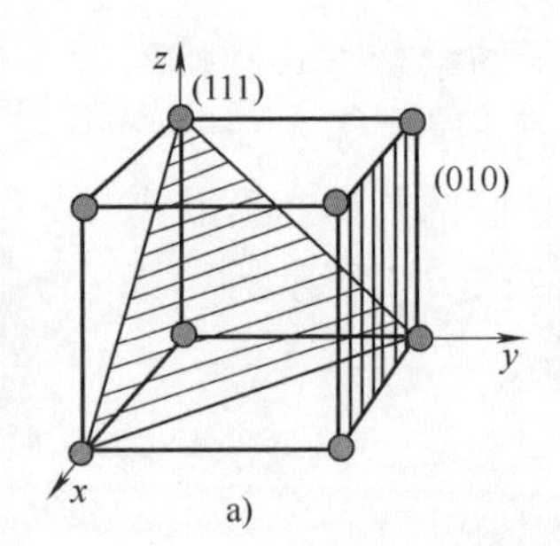

a)

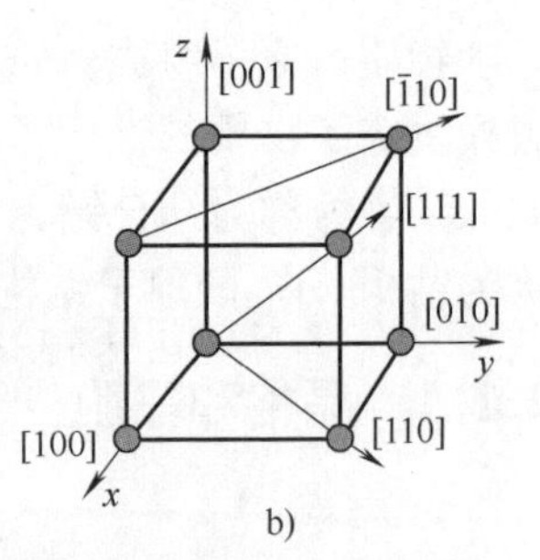

b)

图 2-4　晶面指数和晶向指数
a）晶面指数　b）晶向指数

2.1.3　晶体的缺陷

金属晶体内部的某些局部区域，原子的规则排列受到干扰而被破坏，不像理想晶体那样规则和完整，存在许多不同类型的晶体缺陷。晶体缺陷包括点缺陷、线缺陷和面缺陷。

（1）点缺陷　点缺陷指晶体在三维方向上尺寸很小的缺陷，有空位、间隙原子和置换原子三类。点缺陷的存在使金属能够比较容易发生扩散现象。

1）空位（见图 2-5a）是指在正常的晶格结点位置上出现了空缺。

2）间隙原子（见图 2-5b）是指在晶格的非结点位置（往往是晶格空隙）出现的多余原子，它们可能是同类原子，也可能是异类原子。

3）置换原子（见图 2-5c）是指晶格结点上的原子被其他元素的原子所取代。

（2）线缺陷　线缺陷（见图 2-6）是指晶体中呈线状分布的缺陷，它的具体形式就是各种类型的位错，如刃型位错、螺型位错和混合型位错。位错的存在

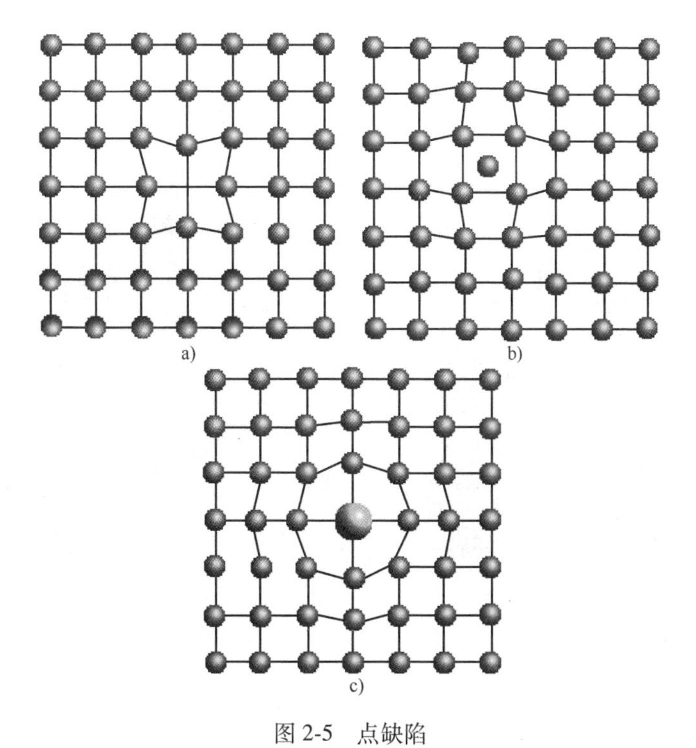

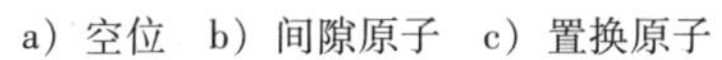
图 2-5　点缺陷

a）空位　b）间隙原子　c）置换原子

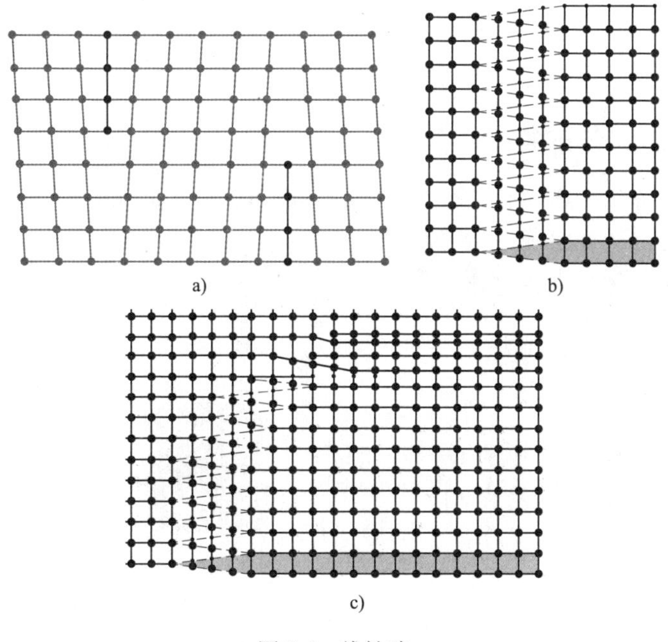

图 2-6　线缺陷

a）刃型位错　b）螺型位错　c）混合型位错

使金属能够比较容易发生塑性变形。图 2-7 所示为透射电镜下钛合金中的位错线（黑线）。

（3）面缺陷　面缺陷是指在晶体的三维空间中，一维方向上尺寸很小，而另外两维方向上尺寸较大的缺陷（见图 2-8）。面缺陷的存在使金属的强度提高。

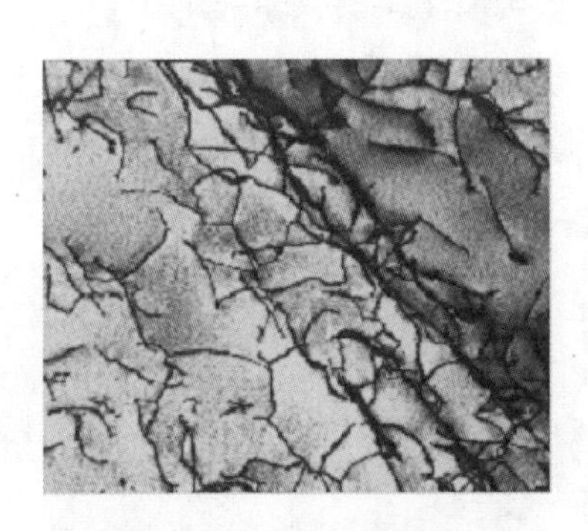

图 2-7　透射电镜下钛合金中的位错线（黑线）

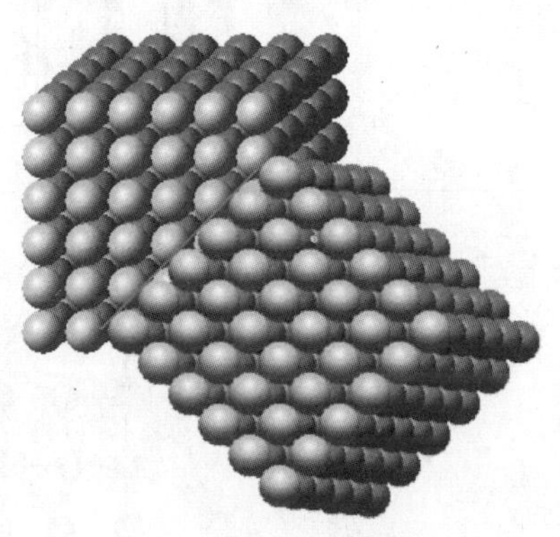

图 2-8　面缺陷

2.2　金属材料的结构

金属材料通常都是晶体材料。金属的晶体结构指的是金属材料内部的原子（离子或分子）排列规律，它决定着材料的显微组织和材料的宏观性能。

2.2.1　金属晶体的特性

1）组成晶体的基本原子在三维空间的排列是有一定规律的。

2）金属晶体具有确定的熔点。

3）金属晶体具有各向异性。

2.2.2　常见的金属晶格

1. 体心立方晶格

体心立方晶格（见图 2-9）的晶胞中，8 个原子处于立方体的角上，一个原子处于立方体的中心，角上 8 个原子与中心原子紧靠。体心立方晶胞特征如下：

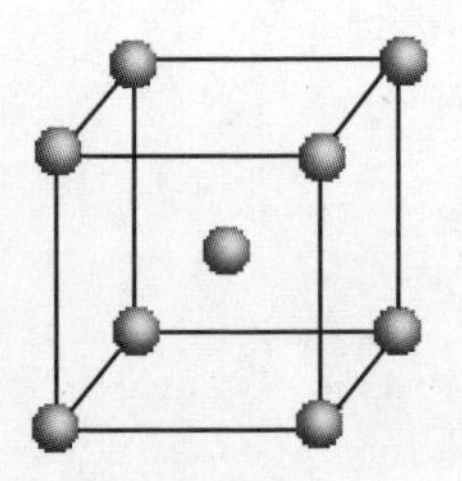

图 2-9　体心立方晶格

1）晶格常数：$a=b=c$，$\alpha=\beta=\gamma=90°$。

2）晶胞原子数（一个晶胞所含的原子数称为晶胞原子数）为 2。

3）原子半径（晶胞中相距最近的两个原子之间距离的一半，或晶胞中原子密度最大的方向上相邻两原子之间距离的一半称为原子半径）$r=\frac{\sqrt{3}}{4}a$。

4）致密度（晶胞中所包含的原子所占有的体积与该晶胞体积之比称为致密度，也称密排系数）为 68%，即晶胞（或晶格）中有 68% 的体积被原子所占据，其余为空隙。

具有体心立方晶格的金属有钼、钨、钒、α-铁等。

2. 面心立方晶格

金属原子分布在立方体的 8 个角上和 6 个面的中心，面中心的原子与该面 4 个角上的原子紧靠，如图 2-10 所示。面心立方晶胞的特征如下：

1）晶格常数：$a=b=c$，$\alpha=\beta=\gamma=90°$。

2）晶胞原子数为 4。

3）原子半径 $r=\frac{\sqrt{2}}{4}a$。

4）致密度为 74%。

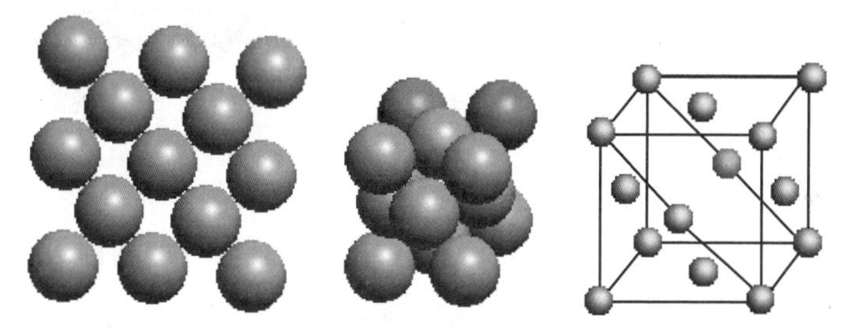

图 2-10　面心立方晶格

具有面心立方晶格的金属有铝、铜、镍、金、银、γ-铁等。

3. 密排六方晶格

密排六方晶格如图 2-11 所示。密排六方晶胞特征如下：

1）晶格常数用底面正六边形的边长 a 和两底面之间的距离 c 来表达，两相邻侧面之间的夹角为 120°，侧面与底面之间的夹角为 90°。

2）晶胞原子数为 6。

3）原子半径 $r=a/2$。

4）致密度为 74%。

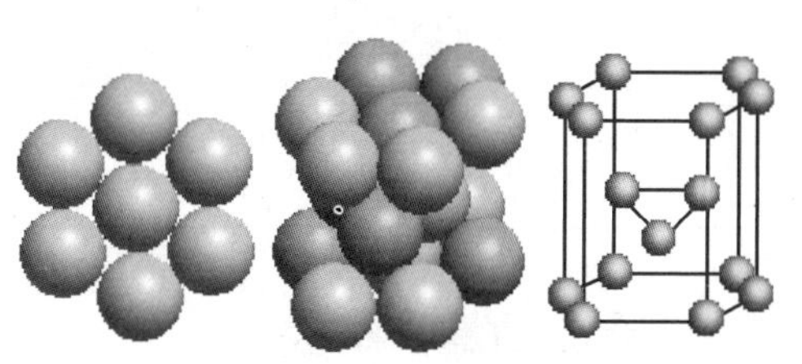

图 2-11　密排六方晶格

具有密排六方晶格的金属有镁、镉、锌、铍等。

以上三种晶格由于原子排列规律不同，它们的性能也不相同。一般来讲，晶体结构为体心立方晶格的金属材料，其强度较大而塑性相对差一些；晶体结构为面心立方晶格的金属材料，其强度较低而塑性较好；晶体结构为密排六方结构的材料，其强度和塑性均较差。当同一种金属的晶格类型发生改变时，金属的性能也会随之发生改变。

2.2.3 金属的实际晶体结构

虽然晶体具有各向异性的特点，但工业生产上实际使用的金属材料一般不具有各向异性，这是因为实际应用的金属材料通常是多晶体结构。晶体内的晶格位向完全一致的晶体称为单晶体，由多晶粒组成的实际晶体结构称为多晶体。多晶体所包含的每一个小晶体内的晶格位向是一致的，但彼此方位不同。而实际的金属晶体是由许多不同方位的晶粒所组成，晶粒与晶粒之间的界面称为晶界，如图 2-12 所示。由于每个晶粒的晶格位向不同，造成晶界上原子的排列不规则，它们自身的各向异性相互抵消，宏观表现出各向同性。

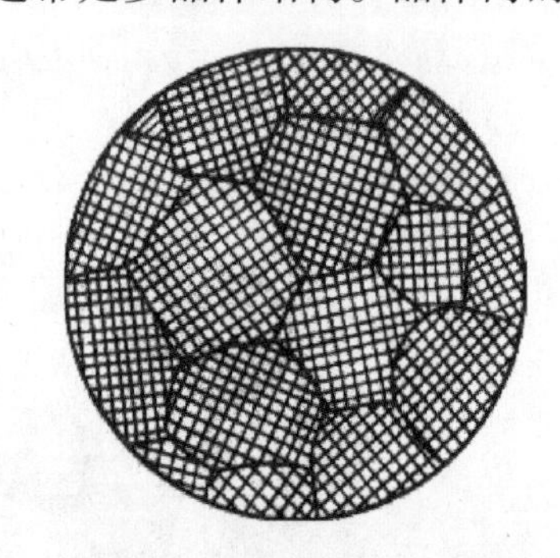

图 2-12　多晶体的晶粒与晶界

常温下，金属的晶粒越细小，其强度和硬度就越高，塑性和韧性也越好。这是因为细晶粒金属晶界较多，晶格畸变较大，使金属的塑性变形抗力增大，从而使其强度和硬度提高。晶粒大小对纯铁力学性能的影响见表 2-1。

表 2-1　晶粒大小对纯铁力学性能的影响

晶粒平均直径/μm	抗拉强度 R_m/MPa	下屈服强度 R_{eL}/MPa	断后伸长率 $A_{11.3}$（%）
1.6	270	66	50.7
2.0	268	58	48.8
25	216	45	39.5
70	184	34	30.6

2.2.4 合金的基本概念

纯金属虽然具有优良的导电性、导热性、化学稳定性和美丽的金属光泽，但几乎各种纯金属的强度、硬度、耐磨性等力学性能都较低，而且纯金属的种类有限，应用受到限制。工业生产中实际应用的金属材料大多为合金。

（1）合金　一种金属元素同另一种或几种其他元素，通过熔化或其他方法结合在一起所形成的具有金属特性的物质称为合金。

（2）组元　组成合金的独立的、最基本的单元称为组元。组元可以是金属、非金属元素或稳定化合物。由两个或多个组元组成的合金称为二元合金或多元合金。铁碳合金就是由铁和碳两个组元组成的二元合金，锰黄铜就是由锰、铜、锌和其他元素组成的多元合金。

（3）组织　组织是指用肉眼或借助于放大镜、显微镜观察到的材料内部的形态结构。一般将用肉眼和放大镜观察到的组织称为宏观组织，在显微镜下观察到组织称为显微组织。

（4）相　在金属或合金中，凡化学成分相同、晶体结构相同并有界面与其他部分分开的均匀组成部分称为相。

2.2.5　合金的相和组织

固态合金的组织可以由单相组成，也可以由两个或两个以上的基本相组成。

1. 固溶体

组成固溶体的组元有溶剂和溶质，溶质原子溶于溶剂晶格中而仍保持溶剂晶格类型的相称为固溶体。固溶体用 α、β、γ 等符号表示。

按溶质原子在溶剂晶格中的位置，固溶体可分为置换固溶体与间隙固溶体两种；按溶质原子在溶剂中的溶解度，固溶体可分为有限固溶体和无限固溶体两种；按溶质原子在固溶体中分布是否有规律，固溶体分无序固溶体和有序固溶体两种。

（1）间隙固溶体　溶质原子处于溶剂原子的间隙中形成的固溶体称为间隙固溶体，如图 2-13a 所示。由于溶剂晶格空隙有限，所以能溶解的溶质原子的数量也是有限的。溶剂晶格空隙尺寸很小，能形成固溶体的溶质原子一般是半径很小的非金属元素，如硼、氮、碳等非金属元素溶于铁中形成的固溶体。

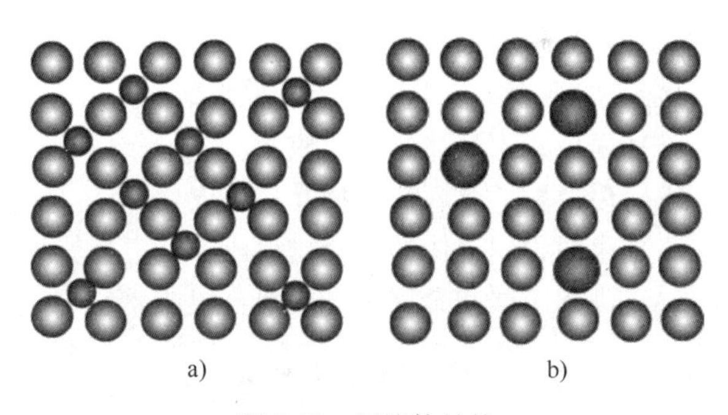

图 2-13　固溶体结构

a）间隙固溶体　b）置换固溶体

（2）置换固溶体　溶质原子置换了溶剂晶格结点上的某些原子形成的固溶体称为置换固溶体，如图 2-13b 所示。

固溶体随着溶质原子的溶入晶格发生畸变，如图 2-14 所示。晶格畸变增大位错运动的阻力，使金属的滑移变形变得更加困难，从而提高合金的强度和硬度。这种通过形成固溶体使金属强度和硬度提高的现象称为固溶强化。固溶强化是金属强化的一种重要形式。在溶质含量适当时，可显著提高材料的强度和硬度，而塑性和韧性没有明显降低。因此，适当控制固溶体中的溶质含量，可以在显著提高金属材料强度和硬度的同时，保持良好的塑性和韧性。

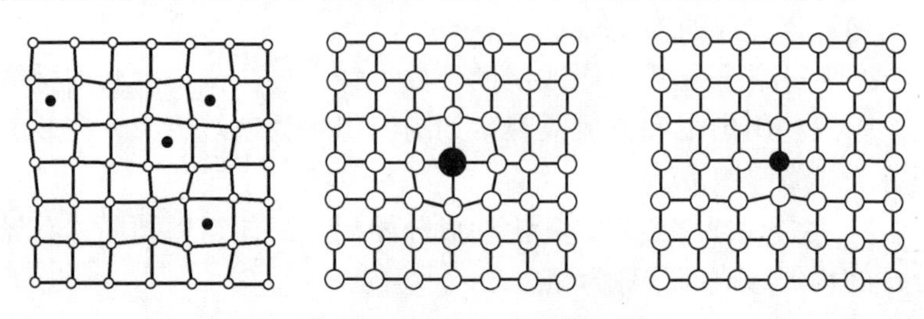

图 2-14　固溶体的晶格畸变

2. 金属化合物

金属化合物是指合金组元发生相互作用而形成一种具有金属特征的物质，可用化学分子式表示。金属化合物可分为正常价化合物、电子化合物和间隙化合物。金属化合物的晶格类型不同于任一组元，具有复杂的晶体结构，熔点一般较高，性能硬而脆，很少单独使用。当它在合金组织中呈细小均匀分布时，能使合金的强度、硬度和耐磨性明显提高，称为弥散强化。金属化合物主要用来作为碳钢、各类合金钢、硬质合金及有色金属的重要组成相、强化相。

3. 合金的组织

合金的组织组成分为以下几种状况：

1）由单相固溶体晶粒组成。

2）由单相的金属化合物晶粒组成。

3）由两种固溶体的混合物组成。

4）由固溶体和金属化合物混合组成。

2.2.6　金属的结晶和细化晶粒

1. 结晶的条件

金属在缓慢的冷却条件下的结晶温度与缓慢加热条件下的熔化温度是同一温度，称为理论结晶温度，用 T_0表示。

实际生产中，金属结晶时的冷却速度往往较快，液态金属总是冷却到理论结晶温度以下的某一温度 T_1才开始结晶，如图 2-15 所示。金属实际结晶温度低于理论结晶温度的这一现象叫作过冷，两者的温度之差称为过冷度。过冷是金属能够自动进行结晶的必要条件。金属结晶时，过冷度的大小与冷却速度有关。冷却速度越快，金属开始结晶温度越低，过冷度就越大。

2. 金属的结晶过程

在一定过冷度的条件下，从液态金属中首先形成一些按一定晶格类型排列的细小而稳定的晶体（称为晶核），然后以它为核心逐渐长大。在晶核长大的同时，液态金属中又不断产生新的晶核并不断长大，直到它们互相接触，液态金属全部消失为止。金属的结晶过程（见图 2-16）是晶核的形成与长大的过程。

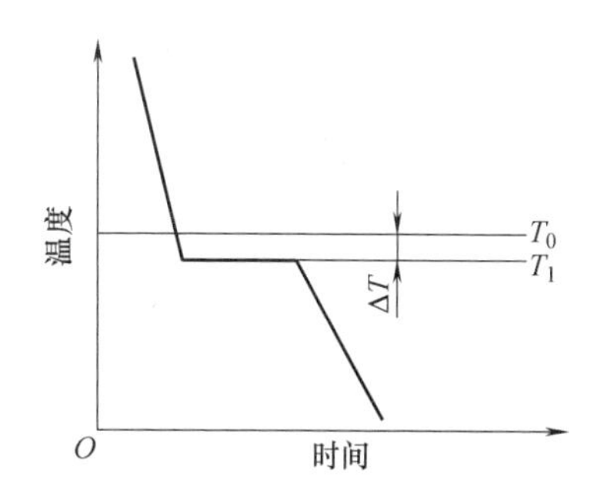

图 2-15　金属实际结晶时的冷却曲线

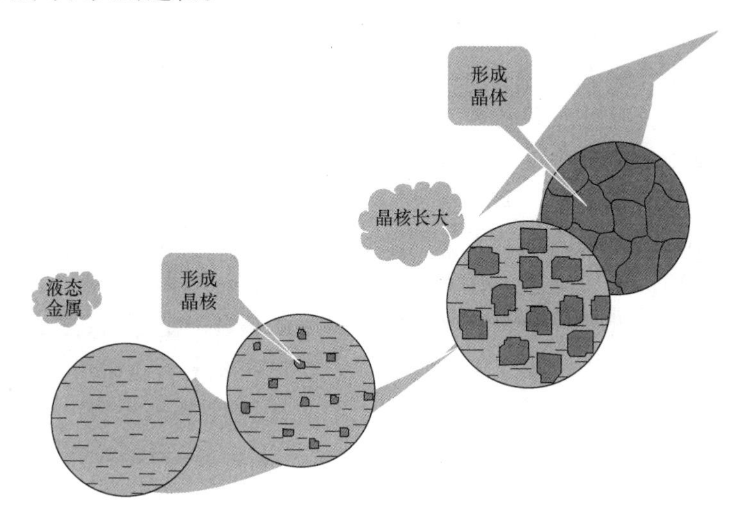

图 2-16　金属的结晶过程

实际金属结晶主要以树枝状长大。这是由于存在负温度梯度，且晶核棱角处的散热条件好，生长快，先形成一次晶轴，一次晶轴又会产生二次晶轴……树枝间最后被填充，如图 2-17 所示。

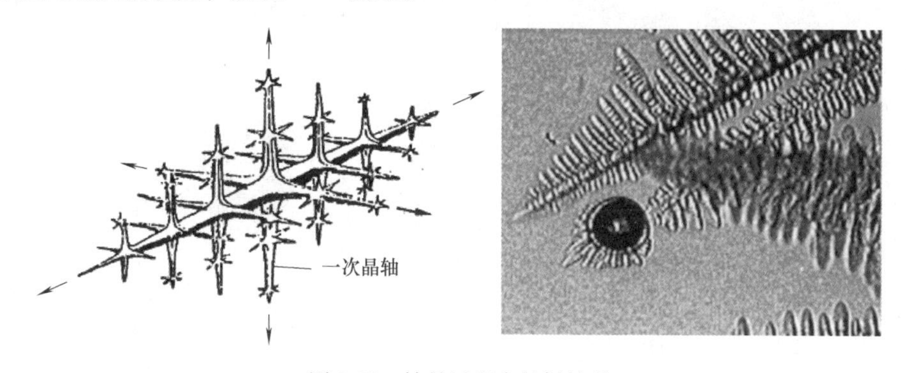

图 2-17　结晶过程中的树枝晶

3. 细化晶粒

金属结晶后，获得由大量晶粒组成的多晶体。一个晶粒是由一个晶核长成的晶体，实际金属的晶粒在显微镜下呈颗粒状。晶粒大小可用晶粒度（见表 2-2）来表示，晶粒度越大晶粒越细。

表 2-2　晶粒度

晶粒度	1	2	3	4	5	6	7	8
单位面积晶粒数/(个/mm^2)	16	32	64	128	256	512	1024	2048
晶粒平均直径/mm	0.250	0.177	0.125	0.088	0.062	0.044	0.031	0.022

在一般情况下，晶粒越小，则金属的强度、塑性和韧性越好。因此，工程上使晶粒细化是提高金属力学性能的重要途径之一，这种方法称为细晶强化。细化铸态金属晶粒有以下措施：

（1）增大金属的过冷度　一定体积的液态金属中，若成核速率 N［单位时间单位体积形成的晶核数，单位为个/($m^3 \cdot s$)］越大，则结晶后的晶粒越多，晶粒就越细小；晶体长大速度 G［单位时间晶体长大的长度，单位为 m/s］越快，则晶粒越粗。冷却速度对晶粒大小的影响如图 2-18 所示。随着过冷度的增加，成核速率和长大速度均会增大。但当过冷度超过一定值后，成核速率和长大速度都会下降。对于液态金属，一般不会得到如此大的过冷度。所以，随着过冷度的增大，成核速率和长大速度都增大，但前者的增大更快，因而比值N/G也增大，结果使晶粒细化。增大过冷度的主要办法是提高液态金属的冷却速度，采用冷却能力较强的铸型。例如，采用金属型铸造比采用砂型铸造获得的铸件晶粒要细小。

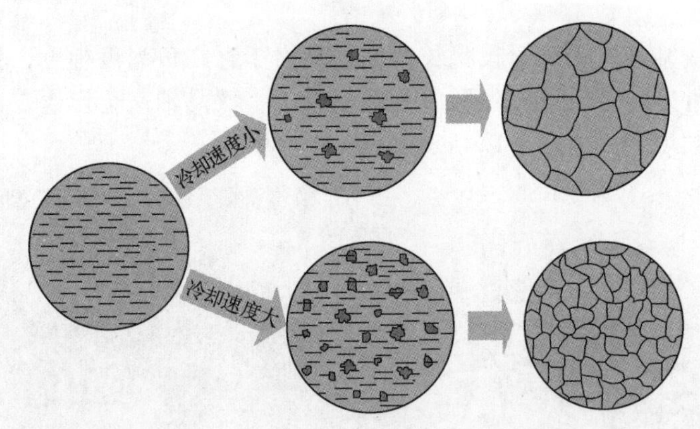

图 2-18　冷却速度对晶粒大小的影响

（2）变质处理　变质处理就是在液态金属中加入变质剂，以细化晶粒和改善组织。变质剂的作用在于增加晶核的数量或者阻碍晶核的长大。例如，在铝合金液中加入钛、锆，在钢液中加入钛、钒、铝等，都可使晶粒细化。变质处理细化晶粒如图 2-19 所示。

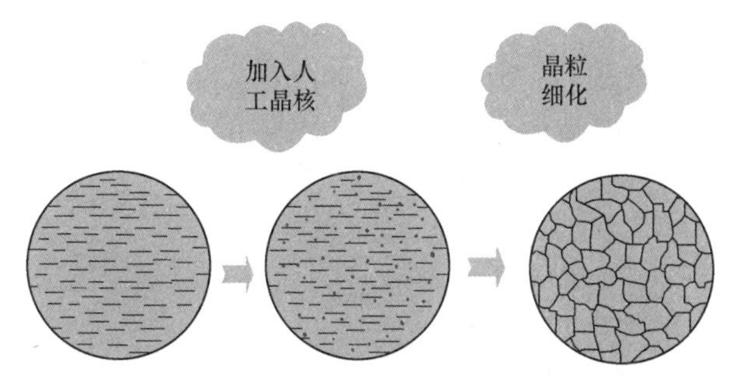

图 2-19　变质处理细化晶粒

（3）振动　金属在结晶时，对液态金属加以机械振动、超声波振动和电磁振动等措施，使生长中的枝晶破碎。这可以使已生长的晶粒因破碎而细化，而且破碎的枝晶又可作为结晶核心，增加形核率，达到细化晶粒的目的。

2.2.7　铁碳合金的组织

1. 铁素体

铁或其内部固溶有一种或数种其他元素所形成的晶体点阵为体心立方的固溶体称为铁素体，如图 2-20 所示。

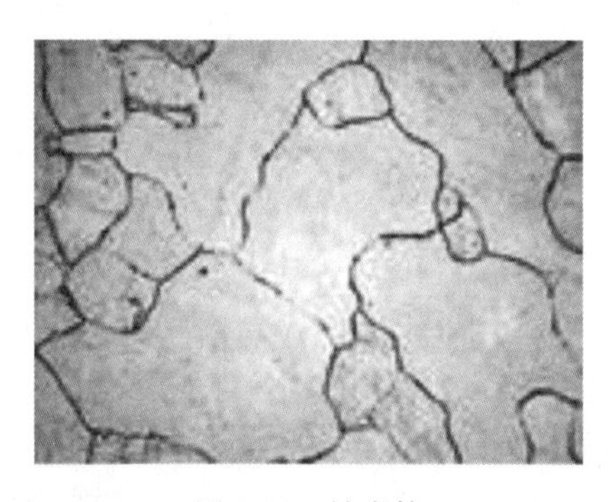

图 2-20　铁素体

碳溶入 δ-Fe 中形成间隙固溶体，呈体心立方晶格结构，因存在的温度较高，故称为高温铁素体或 δ 固溶体，用 δ 表示。高温铁素体存在的范围小，一般很少见到。碳溶入 α-Fe 中形成间隙固溶体，呈体心立方晶格结构，称为铁素体或 α 固溶体，用 α 或 F 表示。

室温下的铁素体的力学性能和纯铁相近，具有较好的塑性和韧性，但强度和硬度较低，要根据所生产的产品的要求来选择。不过，铁素体在工业中单独应用较少，一般是与碳混合成其他的铁碳合金来使用。

2. 奥氏体

奥氏体（见图 2-21）是碳溶解在 γ-Fe 中形成的一种间隙固溶体，呈面心立方晶格结构，无磁性，用符号 A 表示。奥氏体是一般钢在高温下的组织，其存在有一定的温度和成分范围。有些淬火钢能使部分奥氏体保留到室温，这种奥氏体称为残留奥氏体。在合金钢中除碳之外，其他合金元素也可溶于奥氏体中，并扩大或缩小奥氏体稳定区的温度和成分范围。例如，加入锰和镍能将奥氏体临界转变温度降至室温以下，使钢在室温下保持奥氏体组织，即所谓的奥氏体钢。

奥氏体是一种塑性很好、强度较低的固溶体，具有一定韧性，不具有铁磁性。因此，分辨奥氏体不锈钢刀具（常见的18-8型不锈钢）的方法之一就是用磁铁来判断刀具是否具有磁性。

3. 渗碳体

渗碳体（见图2-22）的分子式为Fe_3C，它是一种具有复杂晶格结构的化合物。Fe_3C中碳的质量分数为6.69%，熔点为1227℃左右，不发生同素异形转变，但有磁性转变，它在230℃以下具有弱铁磁性，而在230℃以上则失去铁磁性。其硬度很高（约为800HBW），而塑性和冲击韧性几乎等于零，脆性极大。

图2-21　奥氏体

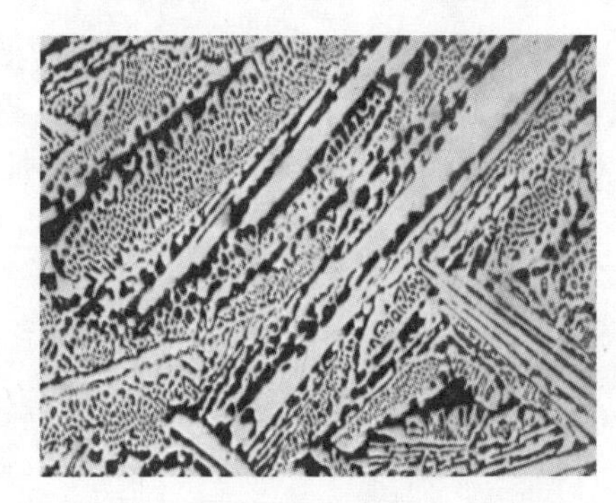

图2-22　渗碳体

渗碳体的显微组织形态很多，在钢和铸铁中与其他相共存时呈片状、粒状、网状或板状等形态。渗碳体是碳钢中主要的强化相，它的形状与分布对钢的性能有很大的影响。同时，Fe_3C又是一种亚稳定相，在一定条件下会发生分解。

渗碳体不易受硝酸乙醇溶液的腐蚀，在显微镜下呈白亮色；但渗碳体受碱性苦味酸钠的腐蚀后，在显微镜下呈黑色。

4. 珠光体

珠光体（见图2-23）是奥氏体发生共析转变所形成的铁素体与渗碳体的共析体，得名自其珍珠般的光泽。其形态一般为铁素体薄层和渗碳体薄层交替重叠的层状复相物，称为片状珠光体，用符号P表示，碳的质量分数为0.77%。在珠光体中铁素体占88%，渗碳体占12%。由于铁素体的

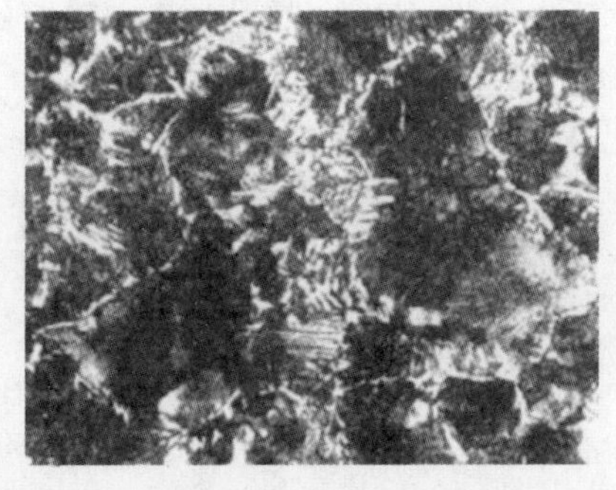

图2-23　珠光体

数量大大多于渗碳体，所以铁素体层片要比渗碳体厚得多。在球化退火条件下，珠光体中的渗碳体也可呈粒状，这样的珠光体称为粒状珠光体。

经 2%~4%（体积分数）硝酸乙醇溶液浸蚀后，在不同放大倍数的显微镜下可以观察到不同特征的珠光体组织。当放大倍数较高时，可以清晰地看到珠光体中平行排布的宽条铁素体和窄条渗碳体；当放大倍数较低时，珠光体中的渗碳体只能看到一条黑线；而当放大倍数继续降低或珠光体变细时，珠光体的层片状结构就不能分辨了，此时珠光体呈一团黑色。

5. 马氏体

马氏体（见图 2-24）是碳溶于 α-Fe 的过饱和固溶体，是奥氏体通过无扩散型相变转变成的亚稳定相，用符号 M 表示。马氏体最初是在钢（中、高碳钢）中发现的：将钢加热到一定温度（形成奥氏体）后经迅速冷却（淬火），得到的能使钢变硬、增强的一种淬火组织称为马氏体。

对于学材料的人来说，马氏体的大名如雷贯耳，那么说到阿道夫・马滕斯又有几个人知道呢？其实马氏体的“马”指的就是他了。马滕斯是一位德国的冶金学家。他早年作为一名工程师从事铁路桥梁的建设工作，并接触到了正在兴起的材料检验方法。于是，他用自制的显微镜观察铁的金相组织，并在 1878 年发表了《铁的显微镜研究》，阐述了金属断口形态以及其抛光和酸浸后的金相组织。他观察到生铁在冷却和结晶过程中的组织排列很有规则，并预言显微镜研究必将成为最有用的分析方法之一。人们为纪念马滕斯，将钢淬火后的硬化组织命名为马氏体。

6. 贝氏体

20 世纪 30 年代初，美国人 E. C. Bain 等发现低合金钢在中温等温处理下可获得一种与高温转变及低温转变相异的组织，后被人们称为贝氏体（见图 2-25）。该组织具有较高的强韧性配合，在硬度相同的情况下贝氏体组织的耐磨性明显优于马氏体，因此在钢铁材料基体组织中获得贝氏体是人们追求的目标。

图 2-24　马氏体

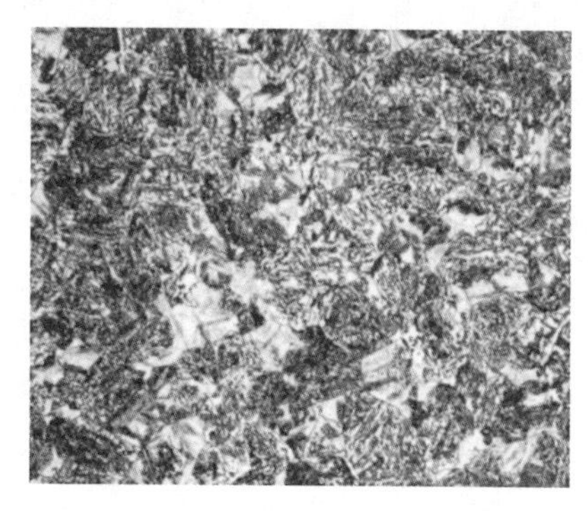

图 2-25　贝氏体

2.3 无机非金属材料的结构

2.3.1 金刚石型结构

金刚石型结构（见图 2-26）晶体中各原子以共价键结合，构成正四面体，键角是 109°，如 C、Si、Ge 等。

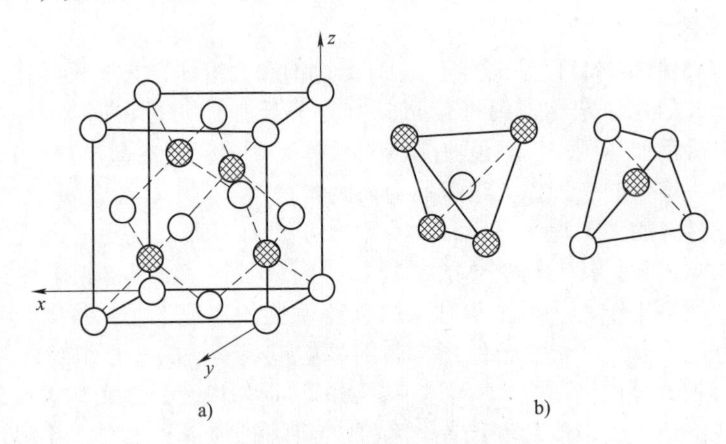

图 2-26 金刚石晶格结构

a）晶格结构 b）四面体配位

2.3.2 硅酸盐结构

硅酸盐结构的基本单元是硅氧四面体。按照硅氧四面体在空间的不同连接方式，硅酸盐结构可分为三类：链状结构、层状结构和网状结构。

1）链状结构中硅氧四面体共有一个氧，连接成链状（见图 2-27），如石棉纤维。

2）层状结构中硅氧四面体连接成片状，许多片叠合在一起形成层状，层之间以分子间作用力结合（见图 2-28），由于该作用力小而容易裂开，如滑石、云母等。

3）网状结构中硅氧四面体在三维方向上相互结合，形成网状结构，如石英，由于结合力强而质地坚硬。

2.3.3 玻璃结构

玻璃是由熔体过冷而形成的非晶结构透明固体材料，在结构上具有长程无序、短程有序的特点，热力学上具有亚稳性，存在熔融态向玻璃态转变的渐变

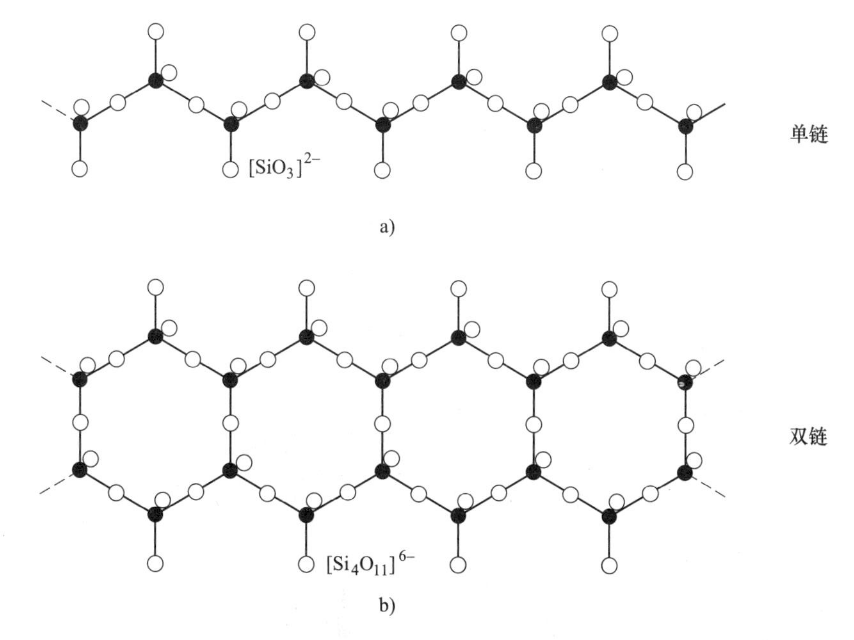

图 2-27　链状硅氧四面体

a）单链　b）双链

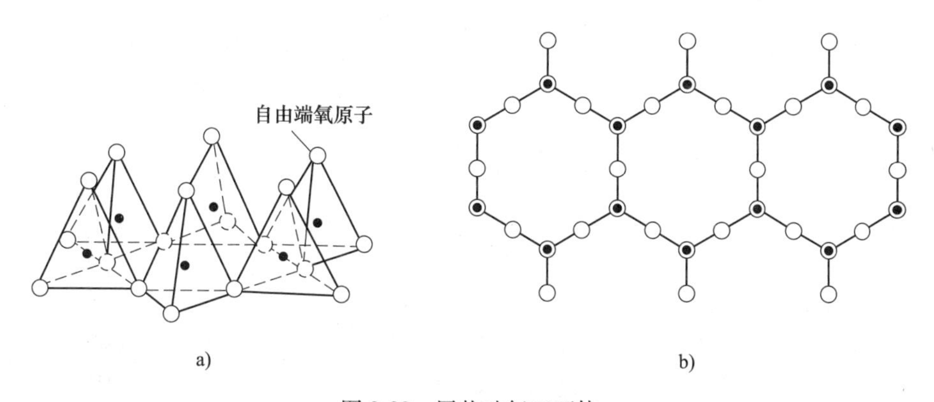

图 2-28　层状硅氧四面体

a）立体图　b）投影图

性。图 2-29 所示为石英晶体与石英玻璃结构对比。关于玻璃结构的理论，主要有无规则网络理论和晶子理论。

1）无规则网络理论认为，玻璃是由离子多面体构成，它们之间通过公共氧搭桥做三维无规则连续排列，形成空间网络结构。

2）晶子理论认为，玻璃是由晶子构成，晶子是与该玻璃成分一致的晶态化合物，但尺寸远小于一般的晶粒。

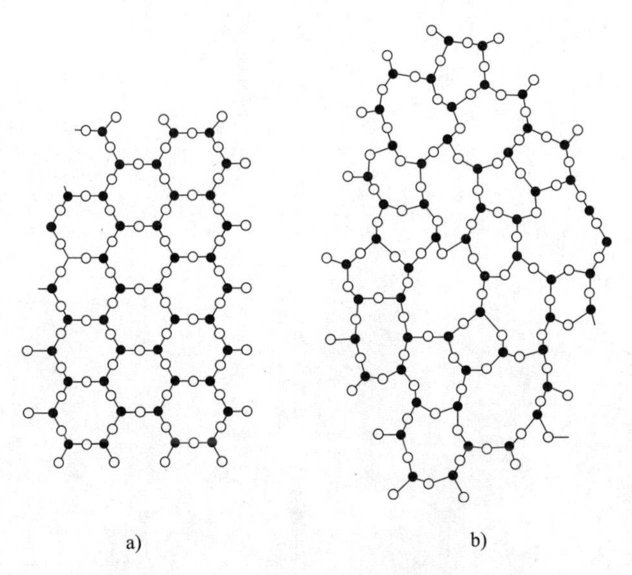

图 2-29　石英晶体与石英玻璃结构对比
a）石英晶体　b）石英玻璃

2.3.4　氧化物和非氧化物结构

氧化物和非氧化物的结构主要取决于：阴阳离子的电荷（决定化学式）或阴阳离子的半径（决定阳离子周围最近邻阴离子的配位数），典型的结构有 NaCl 结构、CsCl 结构、ZnS 结构、CaF_2结构、金红石型结构等。

1）NaCl 结构又称岩盐型结构，属于立方晶系，面心立方点阵，是典型的离子晶体，氯离子形成密堆的面心立方晶格，钠离子占据其八面体间隙，如图 2-30a 所示。

2）CsCl 结构属于立方晶系，简单立方点阵，铯离子处于氯离子的正六面体间隙位置，如图 2-30b 所示。

3）ZnS 结构又称闪锌矿型结构，属于立方晶系，面心立方点阵，其中硫离子组成面心立方晶格，锌离子相间地占据其一半的四面体间隙，如图 2-30c 所示。

4）CaF_2结构又称萤石型结构，属于立方晶系，面心立方点阵，氟离子形成简单立方点阵，钙离子有规则地相间占据一半的氟离子六面体间隙，如图 2-30d 所示。

5）金红石型结构属于四方晶系，简单四方点阵，可近似地认为氧离子做六方密堆，钛离子占据其一半的八面体间隙位置。

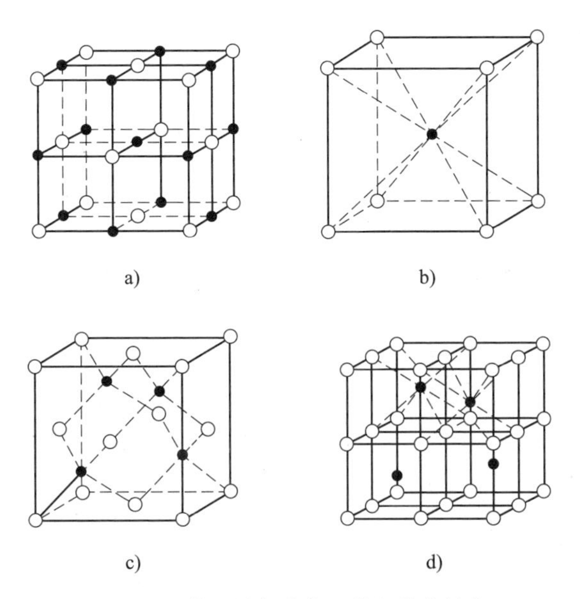

图 2-30　典型的氧化物和非氧化物结构
a）NaCl 结构　b）CsCl 结构　c）ZnS 结构　d）CaF_2 结构

2.4　高分子的结构

2.4.1　高分子的一次结构

高分子一次结构（见图 2-31）又称高分子近程结构，主要是指大分子的结构单元结构，也是指化学结构，除非化学键受到破坏，一般这种结构形态不会改变。

2.4.2　高分子的二次结构

高分子二级结构（见图 2-32）指的是若干链节组成的一段链或整条分子链的排列形状。高分子链由于单键内旋转而产生的在空间的不同形态称为构象（或内旋转异构体），属二级结构。构象与构型的根本区别在于，构象可以通过单键内旋转改变，而构型无法通过单键内旋转改变。二次结构又称远程结构，是指单个的高分子链在空间存在的各种形状。高分子链有五种基本构象，即无规线团、伸直链、折叠链、螺旋链和锯齿形链，如图 2-32 所示。柔顺性是指高分子链的内旋转自由度大小和难易程度，内旋转越容易，自由度越大称作柔顺性越大。最柔顺的情况就是链段等于一个单键，最不柔顺，即最刚硬的就是链段等于一个高分子链。影响柔顺性的因素如图 2-33 所示。

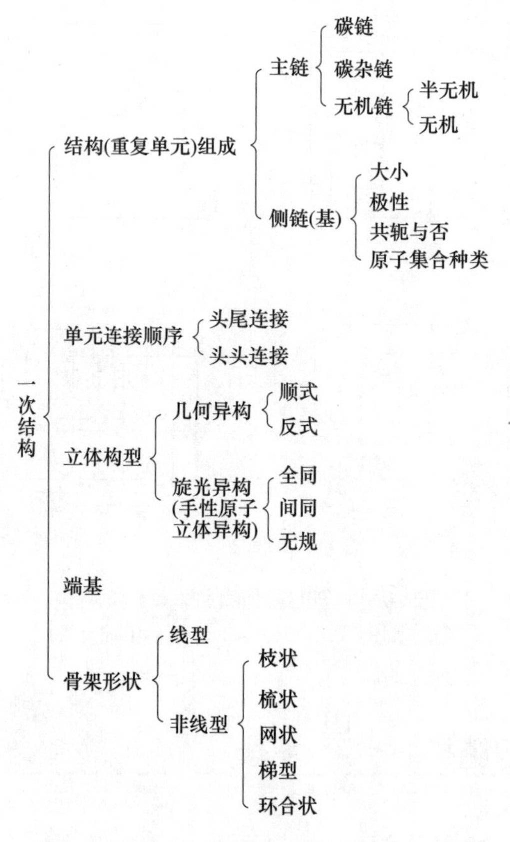

图 2-31　高分子的一次结构

图 2-32　高分子的二次结构

2.4.3　高分子的三次结构

高分子的三次结构又称聚集态结构，是指若干个或几乎全部的高分子链条之间的关系，即它们是如何排列的。聚集态结构是在加工成型中形成的，它影响材料和制品的主要性能。三次结构受二次结构影响很大。三级结构中最重要的是结晶结构。低分子化合物的结晶结构中分子有序排列，但高分子结晶结构中有晶区也有非晶区，一条高分子链同时穿过晶区与非晶区。也就是说，结晶

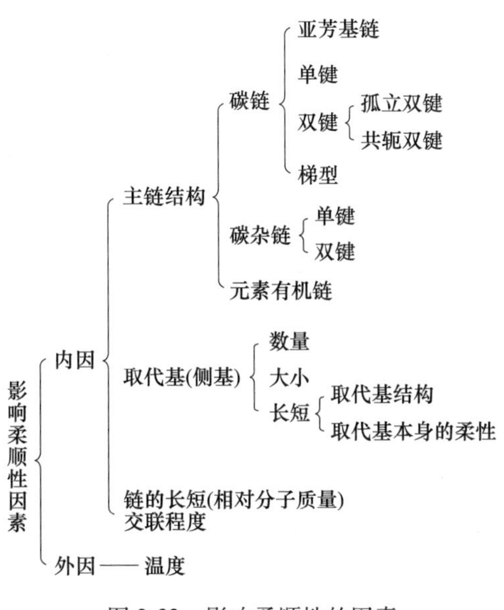

图 2-33　影响柔顺性的因素

高分子不能 100%结晶，其中总是存在非晶部分，所以只能算半结晶高分子。晶区与非晶区的比例显著影响着材料的性质。纤维的晶区较多，橡胶的非晶区较多，塑料居中，因此纤维的力学强度较大，橡胶较小，塑料居中。

2.4.4　高分子的四次结构

高分子的四次结构也称高级结构，是指高分子在材料中的堆砌方式。在将高分子加工成材料的过程中，往往还会添加填料、助剂、颜料等外加成分，有时还可将两种或两种以上高分子混合（称为共混）改性，形成更为复杂的结构。这一层次的结构又称为织态结构。

2.4.5　高分子结构对性能的影响

高分子材料的一次结构、二次结构可以直接影响某些性能，如熔点、密度、耐热性、耐寒性、黏度等。例如，结构单元的连接有“头—尾”连接和“头—头”连接（有取代基的可称为“头”），当“头—头”连接的聚乙烯醇进行缩醛化时，几乎不能进行，就不能作纤维。顺式的聚丁二烯在室温下可作橡胶，而反式的则是塑料。

高分子的三次结构（即聚集态结构）和四结构（即高级结构）是更直接地影响材料性能的因素，这些结构大多是在加工中形成的。

第3章 工程材料的物理性能

03

工程材料的物理性能包括熔点、密度、线胀系数、比热容、热导率、电阻率和平均电阻温度系数。

3.1 熔点

熔点是物质固液两种状态可以共存并处于平衡的温度。物质的熔点并不是固定不变的，影响熔点的因素有压强和物质中的杂质。人们平时所说的物质的熔点，通常是指纯净的物质。但在现实生活中，大部分物质都不是纯净的，例如，冰中溶有盐，其熔点就会明显下降，海水就是因为溶有盐，在冬天结冰温度才比河水低。在冬天下大雪时北方的城市，常常往公路的积雪上撒盐，就是为了让雪的纯度降低。同样的道理，金属合金的熔点总是低于纯金属的熔点。

金属的熔点对材料的熔炼、热加工有直接影响。钢在切削加工时，不会燃烧，但在切削镁合金时，很容易发生镁燃烧的现象，这是因为镁合金的熔点低（镁的熔点是650℃，镁合金的熔点低于这个温度）。

3.2 密度

密度是一种反映物质特性的物理量，物质的特性是指物质本身具有的而又能相互区别的一种性质。人们往往感觉铁块“重”一些，木板“轻”一些，这里的“重”和“轻”实质上指的是密度的大小。密度是物质的一种特性，它不随质量、体积的改变而改变，同种物质的密度是恒定不变的。生活中对密度的应用很普遍。

除了经常提到的密度外，工业生产中还经常用到堆积密度、松装密度和振实密度这几个名词。

（1）堆积密度　堆积密度是把颗粒自由堆集起来，在刚堆积完成时所测得的单位体积的质量。该体积是包括颗粒本身的孔隙及颗粒之间的空隙在内的总体积。

（2）松装密度　如果不是在刚填充完毕时进行测量，而是在一定条件下颗粒自由填充后测得的密度，称为松装密度。松装密度的测定装置如图 3-1 所示。影响松装密度的因素有很多，如颗粒形状、尺寸、表面粗糙度及粒度分布等。通常这些因素因颗粒的制取方法及其工艺条件的不同而有明显差别。一般情况下，松装密度随颗粒尺寸的增大、颗粒非球状系数的增大以及表面粗糙度的增加而减小。颗粒粒度组成对其松装密度的影响不是单一的，常由颗粒填充空隙和架桥两种作用来决定。若以前者为主，则会使颗粒松装密度提高；若以后者为主，则会使颗粒松装密度降低。为获得所需要的颗粒松装密度值，除考虑以上的因素外，合理地分级分批也是一种可行的办法。

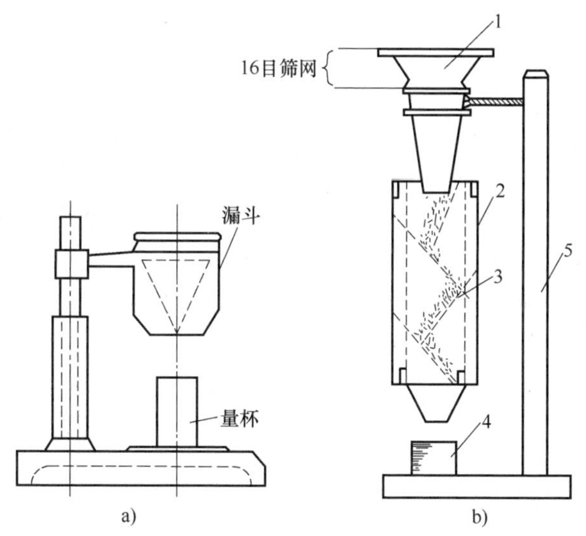

图 3-1　松装密度的测定装置

a）无阻尼隔　b）有阻尼隔

1—漏斗　2—阻尼箱　3—阻尼隔板　4—量杯　5—支架

（3）振实密度　振实密度是指在规定条件下颗粒经振实后所测得的单位体积的质量。

3.3　线胀系数

热胀冷缩现象在自然界中普遍存在，对人类生活和生产有着广泛的影响，这种现象早已被人们所熟知，并被研究和利用。

线胀系数是指单位温度变化引起的单位长度试样的线膨胀量。当温度由 t_1 变到 t_2 时，试样的长度相应地从 L_1 变到 L_2，则材料在该温度区间的平均线胀系数 $\overline{\alpha}$ 可用下式表示：

$$\overline{\alpha}=\frac{L_2-L_1}{L_1(t_2-t_1)}=\frac{\Delta L}{L_1\Delta t}$$

式中 $\overline{\alpha}$——平均线胀系数，单位为℃$^{-1}$；

L_1——试样的初始长度，单位为 mm；

L_2——试样受热膨胀后的长度，单位为 mm；

t_1——试样的初始温度，单位为℃；

t_2——试样的末温度，单位为℃；

ΔL——试样长度变化量，单位为 mm；

Δt——试样温度变化量，单位为℃。

3.4 比热容

同一时刻，为什么海水和沙子的温度不一样？出现这种现象的原因就是物质的比热容不同。比热容又称质量热容，代号为 c，是单位质量的某种物质在温度升高 1℃时吸收的热量或温度降低 1℃时所放出的热量。

比热容的单位是复合单位，在国际单位制中，热量的单位统一为 J，温度的单位是 K 或℃，因此比热容的单位为 J/(kg · K) 或 J/(kg · ℃)。℃和 K 仅在温标表示上有所区别，在表示温差的量值上意义等价，因此其单位中的℃和 K 可以互相替换。

3.5 热导率

市场上销售的不锈钢锅的底部均镀了一层铜，这是什么原因呢？这是因为不锈钢的导热性能差，在加热时，如果没有镀铜，火焰正对部位会局部高温过热，而其余加热部位的温度相对差异较大，就会造成局部食物烧焦。而铜的导热性能良好，镀铜后便可以很好地解决这个问题。这里所说的导热性能可以简单地理解为热导率。

热导率（或称导热系数），是指在物体内部垂直于导热方向取两个相距 1m、面积为 $1m^2$ 的平行平面，若两个平面的温度相差 1℃，则在 1s 内从一个平面传导至另一个平面的热量就规定为该物质的热导率，其单位为 W/(m · K)。

3.6 电阻率

导体在导电的同时还对电流有着阻碍作用，并且不同的导体对电流的阻碍作用不同，也就是不同导体材料的电阻率不同。

电阻率是用来表示各种物质电阻特性的物理量，在常温下（20℃）某种材料制成的长 1m、横截面积为 $1mm^2$ 的导体的电阻，称为这种材料的电阻率。电阻不仅取决于导体的电性能，而且还与导体的几何形状有关。导体电阻大小与导体的长度 l 成正比，与横截面积 S 成反比，关系式如下：

$$R=\rho\frac{l}{S}$$

式中　R——导体的电阻，单位为 Ω；

ρ——导体材料的电阻率，单位为 Ω · m；

l——导体长度，单位为 m；

S——导体的横截面积，单位为 m^2。

电阻率的倒数称为电导率，是导体材料传导电流能力的表征，常用下式表示：

$$\sigma=1/\rho$$

式中　ρ——电阻率，单位为 Ω · m；

σ——电导率，单位为（S/m）。

3.7 平均电阻温度系数

平均电阻温度系数是指当温度改变 1℃时，电阻值的相对变化量，常用下式表示：

$$\overline{\alpha}_{t_1,\ t_2}=\frac{R_2-R_1}{R_0(t_2-t_1)}$$

式中　$\overline{\alpha}_{t_1,\ t_2}$——$t_1\sim t_2$温度范围内的平均电阻温度系数，单位为$℃^{-1}$；

R_1——起始温度 t_1下的电阻值，单位为 Ω；

R_2——终止温度 t_2下的电阻值，单位为 Ω；

R_0——基准温度 t_0下的电阻值，单位为 Ω；

t_1——起始温度，单位为℃；

t_2——终止温度，单位为℃。

3.8 常用金属材料的物理性能

常用金属材料的物理性能见表3-1。

表3-1 常用金属材料的物理性能

元素名称	元素符号	熔点/℃	密度/(g/cm³)	线胀系数/$10^{-6}K^{-1}$	比热容/[J/(g·K)]	热导率/[W/(m·K)]	电阻率/$10^{-8}\Omega\cdot m$	电阻温度系数/$10^{-3}K^{-1}$
钯	Pd	1552	12.02	11.76	0.243	71.8	10.8	3.77
钡	Ba	725	3.512	18.8	0.192	18.4	36.0	6.1
铋	Bi	271.3	9.808	13.5	0.122	7.92	106.8	4.45
铂	Pt	1769	21.45	8.9	0.134	71.6	10.6	3.927
钒	V	1887	5.87	8.3	0.486	30.7	25	—
钙	Ca	839	1.55	22.3	0.658	201	4.06	4.16
锆	Zr	1852	4.574	5.85	0.276	22.7	40.0	4.4
镉	Cd	320.9	8.642	30.6	0.23	96.9	6.83	4.26
铬	Cr	1875	7.19	8.5	0.4598	93.9	13.0	2.5
汞	Hg	-38.47	13.546	181.9	0.1396	8.30	95.8	0.99
钴	Co	1495	8.832	13.7	0.414	69.04	6.24	6.58
镓	Ga	29.78	5.907	18.3	0.3723	33.49	15.05	4.1
钾	K	63.65	0.862	83.0	0.757	102.5	6.15	5.4
金	Au	1064.43	19.32	14.1	0.129	317.9	2.35	3.98
钪	Sc	1541	2.992	10.2	0.5674	15.8	51.4	2.82
铼	Re	3180	21.04	6.6	0.138	71.2	19.3	3.95
铑	Rh	1966	12.41	8.4	0.247	150	4.51	4.57
锂	Li	180.54	0.534	47.0	3.57	84.8	8.55	4.6
钌	Ru	2310	12.41	6.7	0.238	117	7.6	4.2
铝	Al	660.4	2.702	23.2	0.903	247	2.65	4.29
镁	Mg	648.8	1.738	25.2	1.025	156	4.45	3.7
锰	Mn	1244	7.47	22.8	0.477	7.81	144.0	0.17
钼	Mo	2617	10.22	5.0	0.251	138	5.2	4.7
钠	Na	97.82	0.9674	69.6	1.222	142	4.28	5.5
铌	Nb	2468	8.57	7.1	0.267	53.7	12.5	2.28
镍	Ni	1453	8.902	12.7	0.444	90.9	6.84	6.75

（续）

元素名称	元素符号	熔点/℃	密度/(g/cm³)	线胀系数/$10^{-6}K^{-1}$	比热容/[J/(g·K)]	热导率/[W/(m·K)]	电阻率/$10^{-8}\Omega \cdot m$	电阻温度系数/$10^{-3}K^{-1}$
铍	Be	1278	1.852	12.4	1.886	201	4.02	25.2
铅	Pb	327.502	11.3437	28.9	0.130	35.3	20.648	4.22
铷	Rb	38.89	1.532	88.1	0.360	58.2	12.5	5.3
铈	Ce	798	6.6893	6.3	0.1923	11.3	74.4	0.87
钛	Ti	1675	4.507	8.41	0.523	21.9	42.0	5.5
钽	Ta	2996	16.6	6.55	0.144	54.4	12.45	3.83
锑	Sb	630.74	6.697	11.4	0.207	24.4	39.0	5.4
铁	Fe	1538	7.87	11.76	0.447	80.4	9.7	6.16
铜	Cu	1084.88	8.93	16.8	0.385	401	1.67	4.33
钨	W	3410	19.35	4.6	0.134	173	5.65	4.83
锡	Sn	231.968	7.168	21.2	0.222	66.8	11.4	4.5
锌	Zn	419.53	7.133	29.7	0.385	116	5.916	4.19
铱	Ir	2447	22.65	6.8	0.134	147	5.3	4.33
银	Ag	961.9	10.502	19.2	0.236	429	1.59	4.10

第 4 章

04

工程材料的力学性能

4.1 力学性能基础知识

工程材料的力学性能是指工程材料在不同环境（温度、介质、湿度）下，承受各种外加载荷（拉伸、压缩、弯曲、扭转、冲击、交变应力等）时所表现出的力学特征，一般通过强度、弹性、塑性、韧性、硬度、疲劳、耐磨性等指标进行表征。

材料在外力的作用下发生形状和尺寸变化，称为变形。外力去除后能够恢复的变形称为弹性变形，外力去处后不能恢复的变形称为塑性变形。材料的种类很多，常用材料可分为塑性材料和脆性材料两大类。

任何工程材料受力后都将产生变形。这个过程大体上可以分为弹性变形、塑性变形和断裂三个基本阶段。

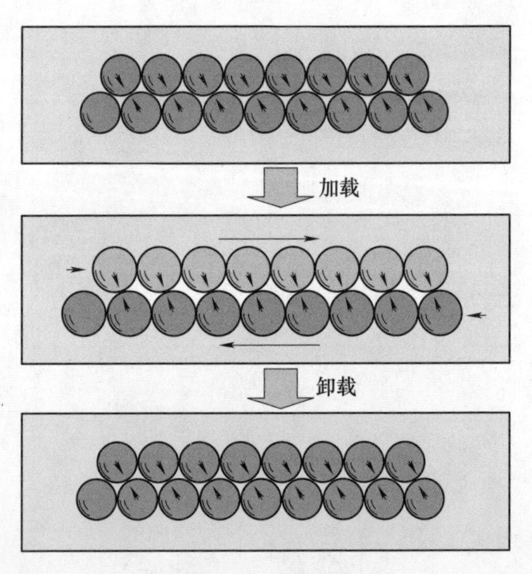

图 4-1　弹性变形

1. 弹性

弹性是指固体材料在外力作用下改变其形状与大小，但当力撤去后即恢复原来状态的性质。弹性变形如图 4-1 所示。

2. 塑性

塑性是指固体材料受到超过特定值的外力作用时，其形状与大小会发生永久性变化的特性。塑性变形如图 4-2 所示。

3. 断裂

断裂是指固体材料受外力作用变形的最终结果，也就是固体材料受力变形产生裂纹和裂纹扩展到一定的临界值后即产生断裂。

4. 应力与应变

（1）应力　在外力作用下，工程材料内部各部分之间产生相互作用的内力，内力是工程材料任意截面上的合力，如弯矩、剪力、轴力等。通常将微小截面单位面积上的内力定义为应力，与截面垂直的应力称为正应力或法向应力，与截面相切的应力称为切应力。按照载荷作用的形式不同，应力又可以分为拉应力、压应力、弯应力和扭转应力等。

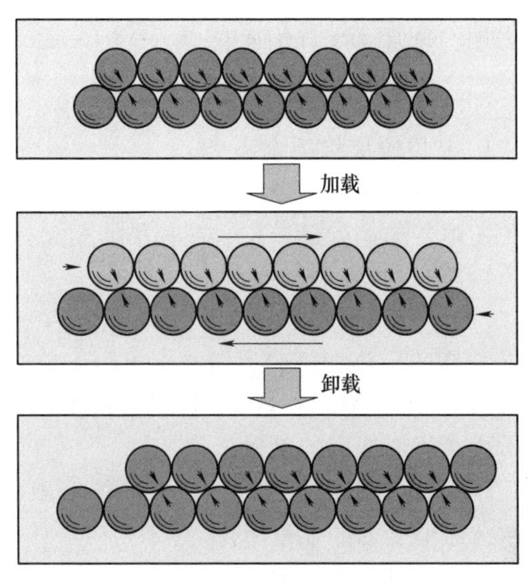

图 4-2　塑性变形

（2）应变　工程材料受力作用产生变形时，变形体内各点处变形程度一般并不相同，通常将微小材料承受应力时所产生的单位长度变形量定义为应变。应变可用来描述材料一点处的变形程度。应变是无量纲的，并与应力有对应关系，与正应力对应的应变称为正应变或线应变，与切应力对应的应变称为切应变或角应变。应变会随着应力的增加而增大，通过胡克定律可以计算得到，也可通过材料的力学试验进行测定。

（3）应力与应变的关系　在载荷作用下，工程材料内部将同时产生应力与应变。应力与应变不仅与点的位置有关，而且与截面的方位有关。通过一点不同截面上的应力情况称为应力状态。通过一点不同方向上的应变情况称为应变状态。应力状态理论是研究指定点处的方位不同截面上的应力之间关系的，应变状态理论则是研究指定点处的不同方向的应变之间关系的。应力状态理论是强度计算的基础，而应变状态理论是实验分析的基础。

4.2　金属材料的力学性能

金属材料的力学性能是指金属材料在外力作用时表现出来的性能，包括硬度、强度、塑性、韧性及疲劳强度等。外力即载荷，有拉伸、压缩、弯曲、剪切、扭转等载荷。

4.2.1 金属材料的硬度

硬度是材料抵抗弹性变形、塑性变形、划痕或破裂等一种或多种作用的能力。

1. 常见硬度相关术语

（1）布氏硬度（HBW） 材料抵抗采用硬质合金球压头施加试验力所产生永久压痕变形的度量单位。在较早的相关标准里还有 HBS 的符号（指压头的材料为钢质），现在已经取消。

（2）洛氏硬度（HR） 材料抵抗采用金刚石圆锥体压头或碳化钨合金球（或钢球）施加试验力所产生永久压痕变形的度量单位。

（3）维氏硬度（HV） 材料抵抗采用金刚石正四棱锥体压头施加试验力所产生永久压痕变形的度量单位。

（4）努氏硬度（HK） 材料抵抗采用金刚石菱形锥体压头施加试验力所产生永久压痕变形的度量单位。

（5）里氏硬度（HL） 用规定质量的冲击体在弹性力作用下，以一定速度冲击试样表面，冲头在距试样表面 1mm 处的回弹速度与冲击速度的比值计算的硬度值。

（6）肖氏硬度（HS） 应用弹性回跳法将撞销（具有尖端的小锥，尖端上常镶有金刚钻）从一定高度落到所测试材料的表面上而发生回跳，用测得的撞销回跳的高度来表示的硬度。

2. 布氏硬度

（1）试验原理

1）用一定直径的硬质合金球施加试验力压入试样表面，保持规定时间后，卸除试验力，测量试样表面压痕的直径，如图 4-3 所示。布氏硬度值是试验力除以压痕表面积所得的数值。

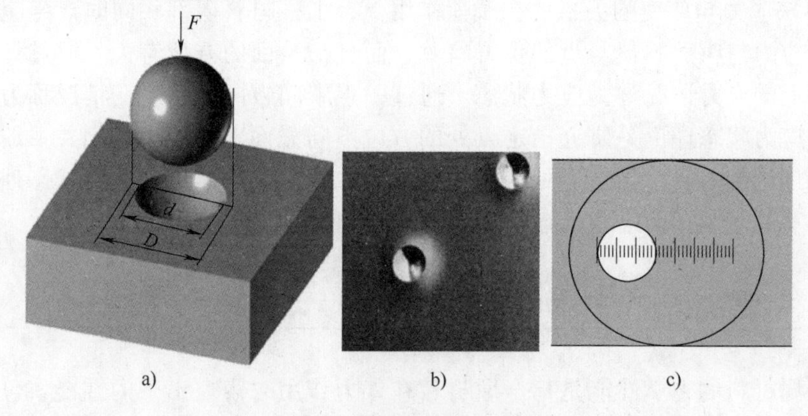

图 4-3 布氏硬度试验原理
a）压入试验 b）压痕 c）读数

2）布氏硬度的计算如下：

$$布氏硬度 = \frac{0.204F}{\pi D(D - \sqrt{D^2 - d^2})}$$

式中　F——试验力，单位为 N；

D——球直径，单位为 mm；

d——压痕平均直径，单位为 mm，$d=(d_1+d_2)/2$，d_1 和 d_2 为在两个相互垂直方向上测量的压痕直径。

（2）硬度值的表示　布氏硬度用符号 HBW 表示。符号 HBW 前面为硬度值，符号后面的数字依次表示球的直径（单位为 mm）、试验力数值（见表 4-1）与规定保持时间（10~15s 不标注）。

表 4-1　不同条件下的试验力

硬度符号	球直径 D/mm	试验力 F/N
HBW10/3000	10	29420
HBW10/1500	10	14710
HBW10/1000	10	9807
HBW10/500	10	9805
HBW10/250	10	2452
HBW10/100	10	980.7
HBW5/750	5	7355
HBW5/250	5	2452
HBW5/125	5	1226
HBW5/62.5	5	612.9
HBW5/25	5	245.2
HBW2.5/187.5	2.5	1839
HBW2.5/62.5	2.5	612.9
HBW2.5/31.25	2.5	306.5
HBW2.5/15.625	2.5	153.2
HBW2.5/6.25	2.5	61.29
HBW1/30	1	294.2
HBW1/10	1	98.07
HBW1/5	1	49.03
HBW1/2.5	1	24.52
HBW1/1	1	9.807

示例1：如350HBW5/750表示用直径5mm的硬质合金球在7.355kN试验力下保持10~15s测定的布氏硬度值为350。

示例2：600HBW1/30/20表示用直径1mm的硬质合金球在294.2N试验力下保持20s测定的布氏硬度值为600。

3. 洛氏硬度

（1）洛氏硬度的标尺　洛氏硬度的试验方法是用一个顶角为120°的金刚石圆锥体或直径为1.5875mm（或3.175mm）的碳化钨合金球（或钢球），在一定载荷下压入被测材料表面，由压痕深度求出材料的硬度。

洛氏硬度在工业生产中应用最多，根据所测材料的不同，试验时要取相应的标尺，一般有A、B、C、D、E、F、G、H、K、N、T共11种标尺，用它们测出的硬度值用HRA、HRB等表示。另外，对于N标尺和T标尺，又各自细分为三类。洛氏硬度标尺适用范围见表4-2。

表4-2　洛氏硬度标尺适用范围

洛氏硬度标尺	硬度符号	压头类型	初试验力 F_0/N	主试验力 F_1/N	总试验力 F/N	适用范围
A	HRA	金刚石圆锥	98.07	490.3	588.4	20~88HRA
B	HRBW	直径1.5875mm球	98.07	882.6	980.7	20~100HRBW
C	HRC	金刚石圆锥	98.07	1373	1471	20~70HRC
D	HRD	金刚石圆锥	98.07	882.6	980.7	40~77HRD
E	HREW	直径3.175mm球	98.07	882.6	980.7	70~100HREW
F	HRFW	直径1.5875mm球	98.07	490.3	588.4	60~100HRFW
G	HRGW	直径1.5875mm球	98.07	1373	1471	30~94HRGW
H	HRHW	直径3.175mm球	98.07	490.3	588.4	80~100HRHW
K	HRKW	直径3.175mm球	98.07	1373	1471	40~100HRKW
15N	HR15N	金刚石圆锥	29.42	117.7	147.1	70~94HR15N
30N	HR30N	金刚石圆锥	29.42	264.8	294.2	42~86HR30N
45N	HR45N	金刚石圆锥	29.42	411.9	441.3	20~77HR45N
15T	HR15TW	直径1.5875mm球	29.42	117.7	147.1	67~93HR15TW
30T	HR30TW	直径1.5875mm球	29.42	264.8	294.2	29~82HR30TW
45T	HR45TW	直径1.5875mm球	29.42	411.9	441.3	10~72HR45TW

（2）洛氏硬度试验原理

1）将压头［金刚石圆锥或碳化钨合金球（或钢球）］按图 4-4 分两个步骤压入试样表面，保持规定时间后，卸除主试验力 F_1，测量在初始试验力 F_0 下的残余压痕深度 h。洛氏硬度试验过程如图 4-5 所示。

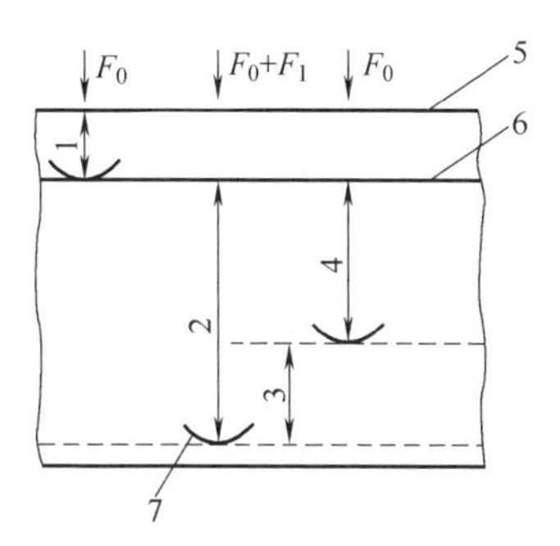

图 4-4　洛氏硬度试验原理

1—在初始试验力 F_0 下的压入深度
2—由主试验力 F_1 引起的压入深度
3—卸除主试验力 F_1 后弹性回复深度
4—残余压痕深度 h　5—试样表面
6—测量基准面　7—压头位置

2）用下式计算洛氏硬度：

$$\text{洛氏硬度} = N - \frac{h}{S}$$

式中　N——给定标尺的硬度数，对于 A、C、D、N 和 T 标尺，N 取 100，对于 B、E、F、G、H 和 K 标尺，N 取 130；

h——残余压痕深度，单位为 mm；

S——给定标尺的单位，对于 A、B、C、D、E、F、G、H 和 K 标尺，S 取 0.002，对于 N 和 T 标尺，S 取 0.001。

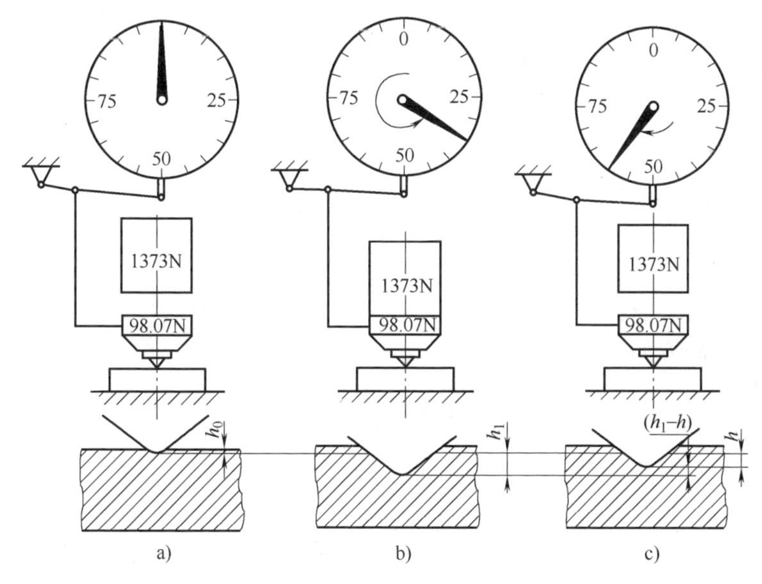

图 4-5　洛氏硬度试验过程

a）加初始试验力　b）加主试验力　c）卸除主试验力

（3）硬度值的表示

1）A、C 和 D 标尺洛氏硬度依次用硬度值、符号 HR、使用的标尺字母表示。示例：56HRC 表示用 C 标尺测得的洛氏硬度值为 56。

2）B、E、F、G、H和K标尺洛氏硬度依次用硬度值、符号HR、使用的标尺和球压头代号（碳化钨合金球为W）表示。

示例：62HRBW表示用碳化钨合金球压头在B标尺上测得的洛氏硬度值为62。

3）N标尺表面洛氏硬度依次用硬度值、符号HR、试验力数值（总试验力）和使用的标尺表示。

示例：60HR30N表示用总试验力为294.2N和标尺为30N测得的表面洛氏硬度值为60。

4）T标尺表面洛氏硬度用硬度值、符号HR、试验力数值（总试验力）、使用的标尺和压头代号表示。

示例：35HR30TW表示用碳化钨合金球压头在总试验力为294.2N和30T标尺测得的表面洛氏硬度值为35。

4. 维氏硬度

与布氏、洛氏硬度试验相比，维氏硬度试验测量范围较宽，从较软材料到超硬材料，几乎涵盖了各种工程材料。

（1）试验原理

1）将顶部两相对面具有规定角度（136°）的正四棱锥体金刚石压头以选定的试验力F压入试样表面，保持规定时间后，卸除试验力，测量试样表面压痕对角线长度，如图4-6所示。维氏硬度值是试验力除以压痕表面积所得的值，压痕被视为具有正方形基面并与压头角度相同的理想形状。

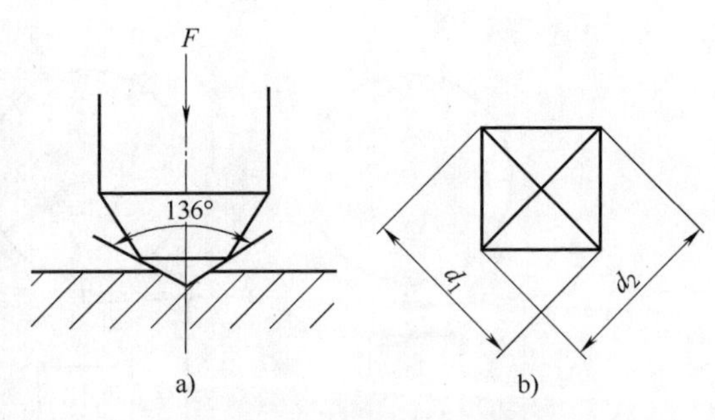

图4-6　维氏硬度试验原理

a）压头（金刚石锥体）　b）维氏硬度压痕

2）维氏硬度的计算如下：

$$维氏硬度=\frac{0.1891F}{d^2}$$

式中　F——试验力，单位为N；

d——压痕平均直径，单位为mm，$d=(d_1+d_2)/2$，d_1和d_2为测量的两对角线长度（见图4-6）。

（2）硬度值的表示　维氏硬度用HV表示，符号之前为硬度值，符号之后依次为选择的试验力值（见表4-3）、试验力保持时间（10~15s不标注）。

示例1：640HV30表示在试验力为294.2N下保持10~15s测定的维氏硬度值为640。

示例2：640HV30/20表示在试验力为294.2N下保持20s测定的维氏硬度值为640。

表 4-3　试验力的选择

维氏硬度试验		小负荷维氏硬度试验		显微维氏硬度试验	
硬度符号	试验力/N	硬度符号	试验力/N	硬度符号	试验力/N
HV5	49.03	HV0.2	1.961	HV0.01	0.09807
HV10	98.07	HV0.3	2.942	HV0.015	0.1471
HV20	196.1	HV0.5	4.903	HV0.02	0.1961
HV30	294.2	HV1	9.807	HV0.025	0.2452
HV50	490.3	HV2	19.61	HV0.05	0.4903
HV100	980.7	HV3	29.42	HV0.1	0.9807

5. 努氏硬度

（1）试验原理

1）将顶部两相对面具有规定角度的菱形棱锥体金刚石压头以试验力 F 压入试样表面，保持规定时间后卸除试验力，测量试样表面压痕长对角线的长度，如图 4-7 和图 4-8 所示。努氏硬度与试验力除以压痕投影面积所得的商成正比，压痕被视为具有与压头顶部角度相同的理想菱形基面棱锥体形状。

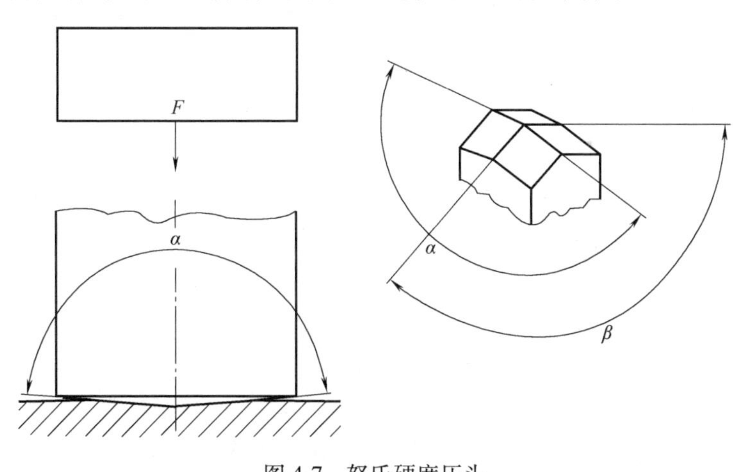

图 4-7　努氏硬度压头

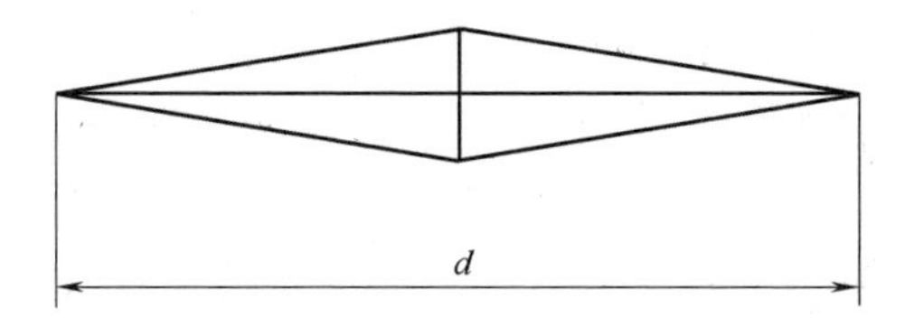

图 4-8　努氏硬度压痕

2）努氏硬度的计算如下：

$$努氏硬度 = \frac{1.451F}{d^2}$$

式中　F——试验力，单位为 N；

d——压痕长对角线长度，单位为 mm。

（2）硬度值的表示　努氏硬度用 HK 表示，符号之前为硬度值，符号之后依次为表示试验力的值、试验力保持时间（10~15s 不标注）。试验力的选择见表 4-4。

表 4-4　试验力的选择

硬度符号	试验力 F/N	硬度符号	试验力 F/N
HK0.01	0.09807	HK0.2	1.961
HK0.02	0.1961	HK0.3	2.942
HK0.025	0.2452	HK0.5	4.903
HK0.05	0.4903	HK1	9.807
HK0.1	0.9807		

示例 1：640HK0.1 表示在试验力为 0.9807N 下保持 10~15s 测定的努氏硬度值为 640。

示例 2：640HK0.1/20 表示在试验力为 0.9807N 下保持 20s 测定的努氏硬度值为 640。

6. 里氏硬度

（1）试验原理　用规定质量的冲击体在弹力作用下以一定速度冲击试样表面，用冲头在距试样表面 1mm 处的回弹速度与冲击速度的比值计算硬度值：

$$里氏硬度 = 1000\frac{v_R}{v_A}$$

式中　v_R——冲击体回弹速度，单位为 mm/s；

v_A——冲击体冲击速度，单位为 mm/s。

（2）硬度值的表示　里氏硬度用 HL 表示，符号前为硬度值，符号后面为冲击装置类型（包括 D、DC、G、C 型）。

示例：700HLD 表示用 D 型冲击装置测定的里氏硬度值为 700。

对于用里氏硬度换算的其他硬度，应在里氏硬度符号之前附以相应的硬度符号。

示例：400HVHLD 表示用 D 型冲击装置测定的里氏硬度值换算的维氏硬度值为 400。

7. 肖氏硬度

（1）试验原理　将规定形状的金刚石冲头从固定的高度 h_0 落在试样表面上，

冲头弹起一定高度 h，用下式计算肖氏硬度值：

$$肖氏硬度 = K\frac{h}{h_0}$$

式中　h_0——固定的高度，单位为 mm；

h——冲头弹起的高度，单位为 mm；

K——肖氏硬度系数，对于计测型（C 型）肖氏硬度计，K 取 $10^4/65$，对于指示型（D 型）肖氏硬度计，K 取 140。

（2）硬度值的表示　肖氏硬度符号为 HS，HS 后面的符号表示硬度计类型。

示例 1：28HSC 表示用 C 型（计测型）肖氏硬度计测定的肖氏硬度值为 28。

示例 2：50HSD 表示用 D 型（指示型）肖氏硬度计测定的肖氏硬度值为 50。

8. 各种硬度间的换算关系（见表 4-5）

表 4-5　各种硬度间的换算关系

洛氏硬度 HRC	肖氏硬度 HS	维氏硬度 HV	布氏硬度 HBW	洛氏硬度 HRC	肖氏硬度 HS	维氏硬度 HV	布氏硬度 HBW	洛氏硬度 HRC	肖氏硬度 HS	维氏硬度 HV	布氏硬度 HBW
70	—	1037	—	52	69. 1	543	—	34	46. 6	320	314
69	—	997	—	51	67. 7	525	501	33	45. 6	312	306
68	96. 6	959	—	50	66. 3	509	488	32	44. 5	304	298
67	94. 6	923	—	49	65	493	474	31	43. 5	296	291
66	92. 6	889	—	48	63. 7	478	461	30	42. 5	289	283
65	90. 5	856	—	47	62. 3	463	449	29	41. 6	281	276
64	88. 4	825	—	46	61	449	436	28	40. 6	274	269
63	86. 5	795	—	45	59. 7	436	424	27	39. 7	268	263
62	84. 8	766	—	44	58. 4	423	413	26	38. 8	261	257
61	83. 1	739	—	43	57. 1	411	401	25	37. 9	255	251
60	81. 4	713	—	42	55. 9	399	391	24	37	249	245
59	79. 7	688	—	41	54. 7	388	380	23	36. 3	243	240
58	78. 1	664	—	40	53. 5	377	370	22	35. 5	237	234
57	76. 5	642	—	39	52. 3	367	360	21	34. 7	231	229
56	74. 9	620	—	38	51. 1	357	350	20	34	226	225
55	73. 5	599	—	37	50	347	341	19	33. 2	221	220
54	71. 9	579	—	36	48. 8	338	332	18	32. 6	216	216
53	70. 5	561	—	35	47. 8	329	323	17	31. 9	211	211

9. 不同硬度试验方法的适用范围（见表 4-6）

表 4-6　不同硬度试验方法适用范围

硬度测量方法	适 用 范 围
布氏硬度试验	测量晶粒粗大且组织不均的零件，对成品件不宜采用。钢铁件的硬度检验中，现已逐渐采用硬质合金球压头测量退火件、正火件、调质件、铸件和锻件的硬度
洛氏硬度试验	批量、成品件及半成品件的硬度检验。对晶粒粗大且组织不均的零件不宜采用。A 标尺适于测量高硬度淬火件、较小与较薄件的硬度，以及具有中等厚度硬化层零件的表面硬度。B 标尺适于测量硬度较低的退火件、正火件及调质件。C 标尺适于测量经淬火、回火等热处理后零件的硬度，以及具有较厚硬化层零件的表面硬度
表面洛氏硬度试验	测量薄件、小件的硬度，以及具有薄或中等厚度硬化层零件的表面硬度。钢铁件硬度检验中一般用 N 标尺
维氏硬度试验	钢铁件硬度检验中，试验力一般不超过 294. 2N。主要用于测量小件、薄件的硬度，以及具有浅或中等厚度硬化层零件的表面硬度
小负荷维氏硬度试验	测量小件、薄件的硬度，以及具有浅硬化层零件的表面硬度。测定表面硬化零件的表层硬度梯度或硬化层深度
显微维氏硬度试验	测量微小件、极薄件或显微组织的硬度，以及具有极端或极硬硬化层零件的表面硬度
肖氏硬度试验	主要用于大件的现场硬度检验，例如轧辊、机床面、重型构件等
努氏硬度试验	实际检验中，试验力一般不超过 9. 807N。主要用于测量微小件、极薄件或显微组织的硬度，以及具有极薄或极硬硬化层零件的表面硬度
里氏硬度试验	大件、组装件、形状较复杂零件等的现场硬度检验
锤击式布氏硬度试验	正火、退火或调质处理大件及原材料的现场硬度检验

硬度虽然没有确切的物理意义，但是它不仅与材料的强度、疲劳强度存在近似的经验关系，还与冷成形性、切削性、焊接性等工艺性能也间接存在某些联系。因此，硬度对于控制材料加工工艺质量有一定的参考意义。此外，表面硬度和显微硬度试验反映了金属表面局部范围内的力学性能，因此可以用于材料表面处理检验或微区组织鉴别。

4. 2. 2　金属材料的拉伸性能

拉伸性能是指材料在拉应力作用下抵抗变形的能力。拉伸试验在拉伸试验机上进行，试验机有机械式、液压式、电液或电子伺服式等形式。试样形式可以是全截面的材料，也可以加工成圆形或矩形的标准试样。钢筋、线材等一些实物样品一般不需要加工，保持其全截面进行试验即可。

1. 应力-应变曲线

试验时，试验机以规定的速率均匀地拉伸试样，并可自动绘制出拉伸力与相对应的伸长量的关系曲线，叫作拉伸力-伸长量曲线，如图 4-9 所示。将拉伸力-伸长量曲线的纵、横坐标分别除以拉伸试样的原始截面积和原始标距，则可得到拉伸应力-应变曲线。应力-应变曲线与拉伸性能指标如图 4-10 所示。

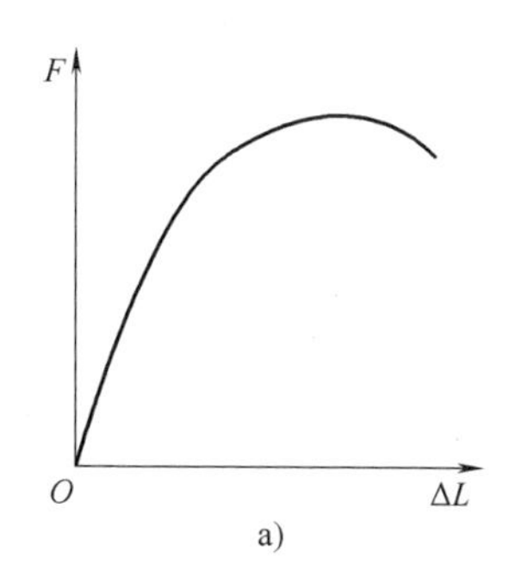

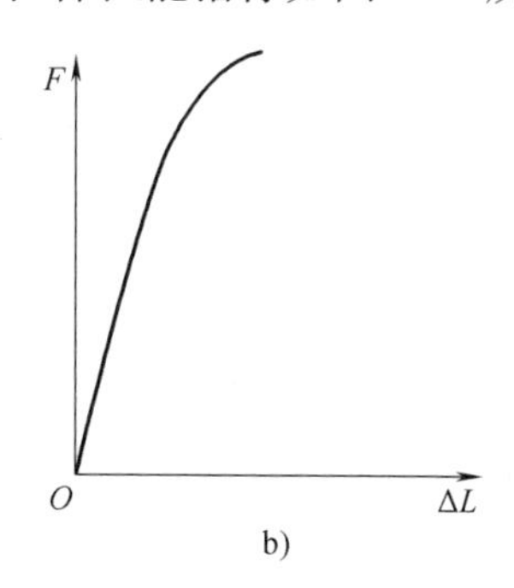

图 4-9　拉伸力-伸长量曲线

a）塑性材料　b）脆性材料

2. 屈服强度

当材料所受到的力达到一定值（超过弹性极限）时，力不再增加而形变却依然在继续，此时除了产生弹性变形外，还产生部分塑性变形。也就是说，此时外力不再增加但材料的破坏却还在继续，材料已经失去了对变形的抵抗能力。当应力达到某值后，塑性应变急剧增加，应力出现微小波动，这种现象称为屈服。将此时材料所受到的应力作为该种材料的屈服强度，或叫作屈服极限。

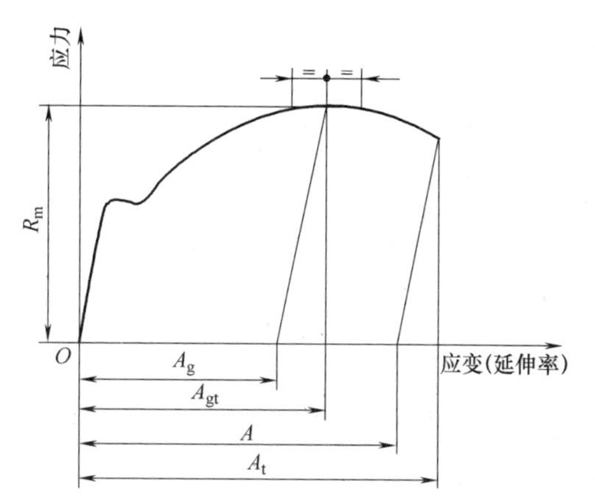

图 4-10　应力-应变曲线与拉伸性能指标

R_m—抗拉强度　A_g—最大力塑性延伸率

A_{gt}—最大力下的总延伸率

A—断后伸长率　A_t—断裂总延伸率

在使用材料时，一般要保证材料受到的应力小于该材料的屈服强度，这样才能安全。而同种材料的不同个体其屈服强度是离散性分布的，因此在实际中使用材料时，还要增加一个安全系数，用材料的屈服强度值除以材料的安全系数，从而得到一个许用强度值，所计算出的材料受到的应力要小于许用强度值才是最安全稳妥的。一般对于塑性材料安全系数可以选用1.2~1.5，而脆性材料的安全系数要选用2~2.5甚至是3或4，这主要还需根据材料的使用场合来确定。例如高温、高压、腐蚀性环境，特别是一旦材料失效会造成重大安全事故和人身伤害的场合，安全系数应选大一些。

有些钢材（如高碳钢）无明显的屈服现象，通常以发生微量的塑性变形（0.2%）时的应力作为该钢材的屈服强度，称为条件屈服强度。

上屈服强度（R_{eH}）是指试样发生屈服而力首次下降前的最高应力。下屈服强度（R_{eL}）是指在屈服期间不计初始瞬时效应时的最低应力，如图4-11所示。

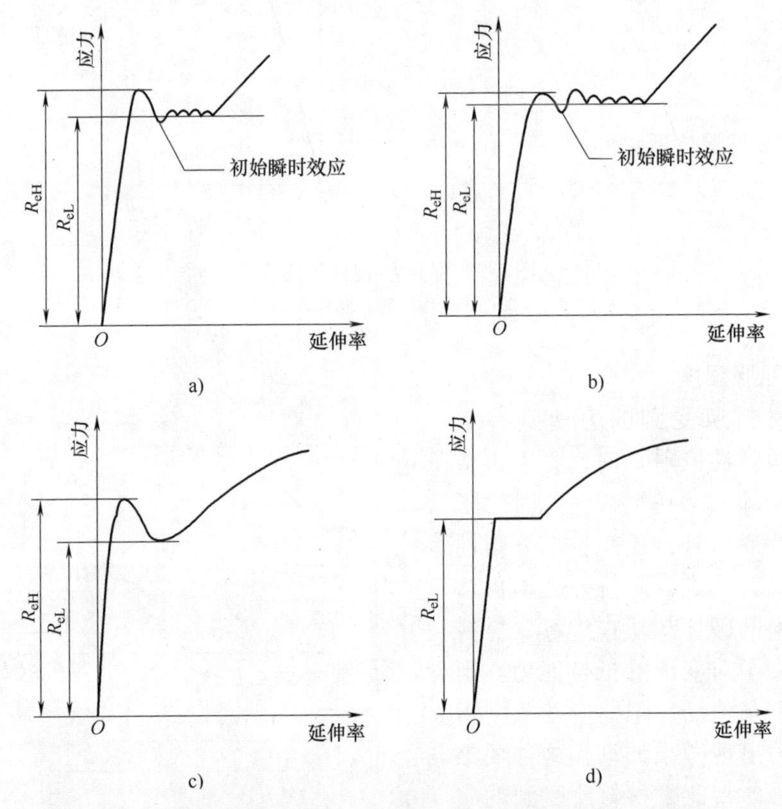

图4-11　不同类型曲线的上屈服强度和下屈服强度（R_{eH}和R_{eL}）

a）Ⅰ类　b）Ⅱ类　c）Ⅲ类　d）Ⅳ类

3. 抗拉强度

当金属材料屈服到一定程度后，由于内部晶粒重新排列，其抵抗变形的能力又重新提高，直至应力达到最大值。此后，金属材料抵抗变形的能力明显降低，并在最薄弱处发生较大的塑性变形，此处试件截面迅速缩小，出现缩颈现象，直至断裂破坏。金属材料受拉断裂前的最大应力值称为抗拉强度或强度极限，用符号 R_m 表示，单位为 MPa。

4. 屈强比

屈是指屈服强度（指材料发生变形时的应力），强是指抗拉强度（指材料发生断裂时的应力），这两个应力（屈服应力与断裂应力）差值越大，其屈强比值越小，塑性越好，刚度越差；相反，若两个应力差值越小，其屈强比值越大，塑性越差，刚度越好。

从上面的解释可以推出屈强比的值在 0~1 之间。理论上认为：①当屈强比等于 1 时，材料不具备塑性（材料此时不能发生变形，一变形便断裂），属于纯刚性材料；②当屈强比等于 0 时，材料不具备刚性，属于纯塑性材料，材料永远不会发生断裂。一般碳素钢的屈强比为 0.6~0.65，低合金结构钢的屈强比为 0.65~0.75，合金结构钢的屈强比为 0.84~0.86。

5. 规定塑性延伸强度

规定塑性延伸强度（R_p）是试样标距部分的塑性延长达到规定的原始标距百分比时的应力，如图 4-12 所示。使用的符号应附以下标说明所规定的百分率，例如 $R_{p0.2}$ 表示规定塑性延伸率为 0.2%时的应力。

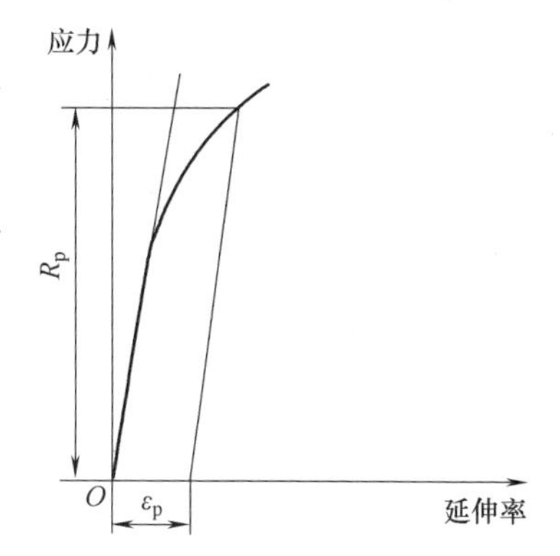

图 4-12　规定塑性延伸强度（R_p）

6. 断后伸长率

断后伸长率（A）是指断后标距的残余伸长（L_u-L_0）与原始标距（L_0）之比的百分比。对于比例试样，若原始标距不为 $5.65\sqrt{S_0}$（S_0 为平行长度的原始横截面积），符号 A 应附以下标说明所使用的比例系数，例如 $A_{11.3}$ 表示原始标距（L_0）为 $11.3\sqrt{S_0}$ 的断后伸长率；对于非比例试样，符号 A 应附以下标说明所使用的原始标距，单位为 mm，例如 A_{80mm} 表示原始标距（L_0）为 80mm 的断后伸长率。

7. 断面收缩率

断面收缩率（Z）指试样拉断后，缩颈处截面积的最大缩减量与原横断面积的百分比称为断面收缩率。

8. 拉伸试样的宏观断口形态

拉伸试样被拉断后的自然表面称为拉伸断口。由于材料中裂纹总是沿着阻力最小的路径扩展，所以断口一般是材料中性能最弱或应力最大部位。断口的形貌、轮廓线和表面粗糙度等特征，真实地记录了断裂的整个过程。因此，分析断口可查明断裂发生的原因，为分析断裂过程提供依据，并且可据此分析断裂性质及断裂机制，为改进设计、改善加工工艺、合理选材和用材等指明方向，以防止类似事故再次发生。

宏观断口是指用肉眼、放大镜或低倍显微镜所观察到的断口形貌。宏观断口分析是一种非常简便而又实用的分析方法，在断裂事故分析中总是首先进行宏观断口分析。从宏观断口分析中，大体上可以判断出断裂的类型（韧性断裂、脆性断裂、疲劳断裂），同时也可以大体上找出裂纹源位置和裂纹扩展途径，并粗略地找出破坏原因。

光滑圆柱拉伸试样宏观韧塑断口呈杯锥状，由纤维区、放射区和剪切唇三个区域（即断口特征三要素）组成，如图 4-13 所示。杯锥状断口的形成如图 4-14 所示。

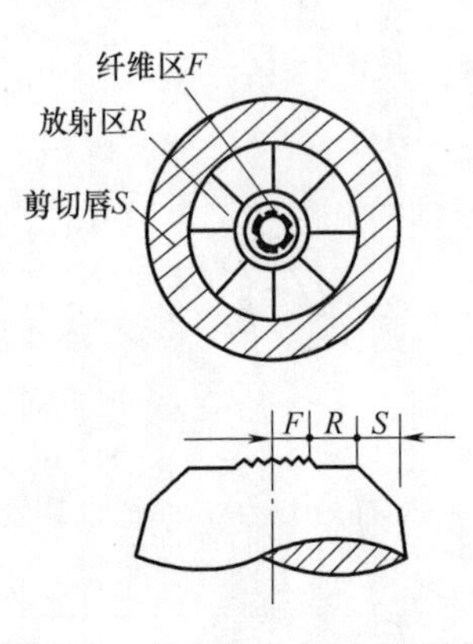

图 4-13　拉伸断口的三个区域

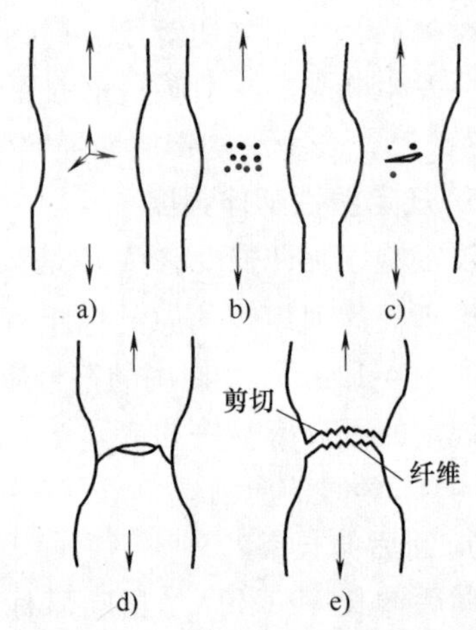

图 4-14　杯锥状断口形成示意图
a）缩颈导致三向应力　b）显微孔洞形成
c）孔洞长大　d）孔洞连接形成锯齿状
e）边缘剪切断裂

4.2.3　金属材料的冲击性能

材料抵抗冲击载荷的能力叫作材料的冲击性能。冲击载荷是指以较高的速度施加到零件上的载荷。当零件承受冲击载荷时，瞬间冲击所引起的应力和变形比静载荷时要大得多，因此在制造这类零件时，就必须考虑到材料的冲击性能。众所周知的泰坦尼克号的沉没就与船体材料的冲击性能有直接关系。

冲击试验是根据能量守恒原理，将具有一定形状和尺寸的带有 V 型或 U 型缺口的试样（见图 4-15），在冲击载荷作用下冲断，以测定其冲击吸收能量的一种试验方法。冲击试验是试样在冲击试验力的作用下的一种动态力学性能试验。冲击试验对材料的缺陷很敏感，它能灵敏地反映出材料的宏观缺陷、显微组织的微小变化和材料品质，因此冲击试验是生产上用来检验冶炼、热加工工艺质量的有效方法。

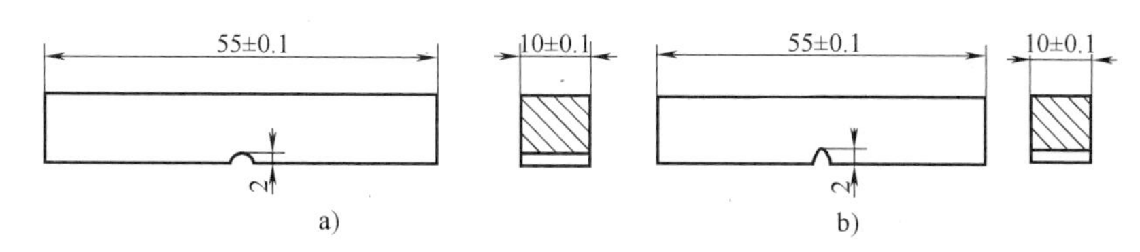

图 4-15　冲击试样

a）U 型缺口试样　b）V 型缺口试样

金属的冲击性能用冲击吸收能量 K 来表示，它是通过一次摆锤冲击试验获得的。

试验时，先将标准冲击试样放置在摆锤冲击试验机的支座上，把质量 m（单位为 kg）的摆锤提高到距试样高度为 h（单位为 m）的位置，摆锤势能为 mgh，然后使其下落，将试样冲断，冲断试件后摆锤又上升到距原试件的高度为 h'之处，此时摆锤剩余势能为 mgh'，那么冲断试样所消耗掉的能量为 $mgh-mgh'$，称为冲击吸收能量 K（单位为 J），即 $K=mg(h-h')$。

冲击吸收能量 K 值越高，表示材料的冲击韧性越好。一般把冲击吸收能量 K 值高的材料称为韧性材料，K 值低的材料称为脆性材料。

冲击吸收能量 K 是由指针或其他指示装置示出的能量值。用字母 V 和 U 表示标准冲击试样缺口几何形状，用下标数字 2 或 8 表示摆锤刀刃半径，如 KV_2。

对于冲头、空气锤锤杆等承受冲击的零件，应具有一定的韧性才能满足其使用性能要求。但也不能要求过高，因为冲击吸收能量 K 升高时，往往其硬度值和强度值会降低，耐磨性和承载性能会下降，零件的使用寿命也会缩短。

由于冲击吸收能量的大小与很多因素有关，很难准确地反映材料的脆性和韧性，所以冲击吸收能量一般仅作为选用材料时的参考，而不直接用于强度计算。

4.2.4　金属材料的扭转性能

材料抵抗扭矩作用的性能称为扭转性能。扭转试验是测试材料在切应力作用下的力学性能的试验技术，可以测定脆性材料和塑性材料的强度和塑性，对于制造承受扭矩的零件，如轴、弹簧等所用材料常需进行扭转试验。扭转试验在扭转试验机上进行。试验时在圆柱形试样的标距两端施加扭矩，测量扭矩及其相应的扭角，一般扭至断裂，便可测出金属材料的各项扭转性能指标。这对于承受剪切扭转的机械零件具有重要的实际意义。扭转试样如图 4-16 所示。

进行扭转试验时，在试样两端缓慢地施加扭转力矩，从试验开始直至破断，试样工作长度上塑性变形都是均匀的。横截面上经受切应力，当最大切应力大于材料的抗剪强度时，材料呈切断，断面垂直于试样轴线。当最大正应力大于

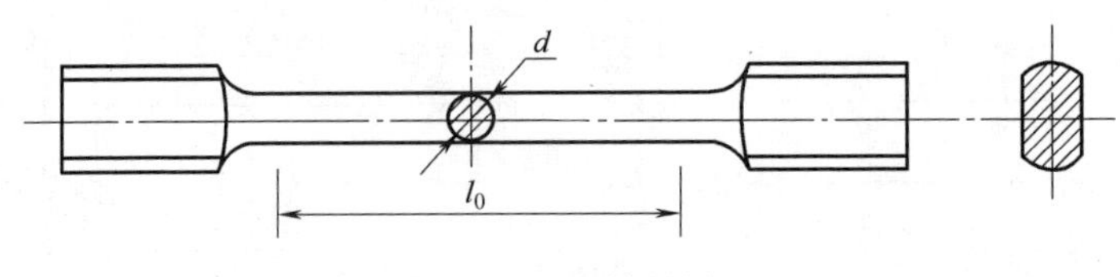

图 4-16 扭转试样

材料的抗拉强度时，材料呈正断，断面和试样轴线呈 45°角。因此，扭转试验可明显地区分材料是正断还是切断。在扭转试验过程中，试样横截面沿直径方向的切应力和切应变是不均匀的（见图 4-17），试样表面所受的切应力和切应变最大。扭转的断裂源首先产生于试样表面，故扭转试验可灵敏地显示金属的表面缺陷。

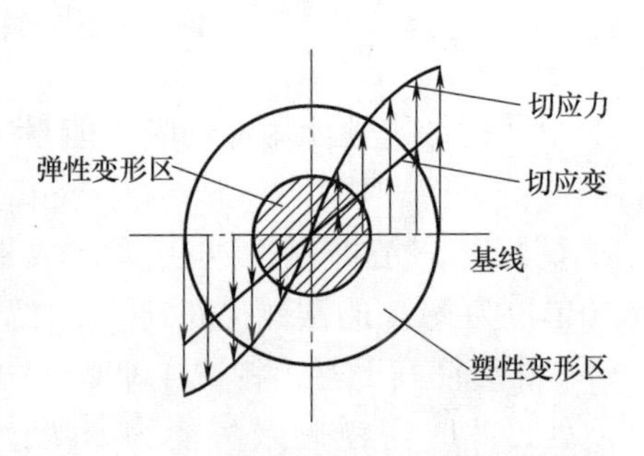

图 4-17 扭转试样断面应力和应变分布

试样的扭转断裂类型、外观形貌及断口特征典型分类见表 4-7。

表 4-7 试样的扭转断裂类型、外观形貌及断口特征典型分类

断裂类型	类型编号		外观形貌	断口特征描述	断裂面
正常扭转断裂	1	a		断裂面平滑且垂直于线材轴线（或稍微倾斜），断裂面上无裂纹	或
		b		脆性断裂面与线材轴线约呈 45°，断裂面上无裂纹	
局部裂纹断裂（表面有局部裂纹）	2	a		断裂面平滑且垂直于线材轴线（或稍微倾斜），并有局部裂纹	或
		b		阶梯式，部分断裂面平滑，并有局部裂纹	
		c		不规则断裂面，断裂面上无裂纹	

（续）

断裂类型	类型编号		外观形貌	断口特征描述	断裂面
螺旋裂纹断裂（试样全长或大部分长度上有螺旋型裂纹）	3	a		断裂面平滑且垂直于线材轴线（或稍微倾斜），断裂面上有局部或贯穿整个截面的裂纹	
		b		阶梯式，部分断裂面平滑，有局部或贯穿整个截面的裂纹	
		c		脆性断裂面与线材轴线约呈 45°，并有局部或贯穿整个截面的裂纹	
				不规则断裂面，并有局部或贯穿整个截面的裂纹	

4.2.5　金属材料的压缩性能

压缩性能是指材料在压应力作用下抵抗变形的能力。

压缩试验是在万能试验机或压力试验机上进行的，对试样施加轴向压力，在其变形和断裂过程中测定材料的强度和塑性。实际上，压缩与拉伸仅仅是受力方向相反，因此拉伸试验时所定义的力学性能指标和相应的计算公式，在压缩试验中基本都能适用。但两者之间也存在差别，与拉伸试验相比，压缩试验有如下特点：

1）塑性较好的金属材料（如退火钢、黄铜等）只能被压扁，一般不会被破坏，其压缩曲线如图 4-18 所示。

2）脆性材料压缩破坏的形式有剪坏和拉坏两种。剪坏的断裂面与底面约呈 45°。拉坏是由于试样的纤维组织与压应力方向一致，压缩试验时试样横截面积增加，而横向纤维伸长超过一定限度而破断的。

3）压缩试验时，试样端面存在很大的摩擦力，这将阻碍试样端面的横向变形（使试样呈腰鼓状），影响试验结果的准确性。试样高度与直径之比（L/d_0）越小，其端面摩擦力对试验结果的影响越大。为了减小试样端面摩擦力的影响，可增大L/d_0的比值，但也不宜过大，以免引起纵向失稳。

1. 抗压强度的测定

1）试样压至破坏，从F-ΔL图上确定最大压缩力F_{mc}（见图4-19），或从测力度盘读取最大压缩力的值。最大压缩力F_{mc}除以试样原始横截面积S即为抗压强度R_{mc}。

2）对于塑性材料，根据应力-应变曲线在规定应变下，测定其抗压强度，在报告中应指明所测应力处的应变。

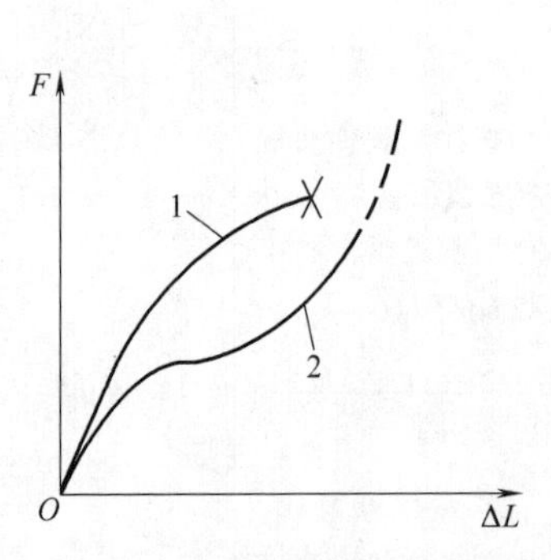

图4-18　金属材料的压缩曲线

1—脆性材料　2—塑性材料

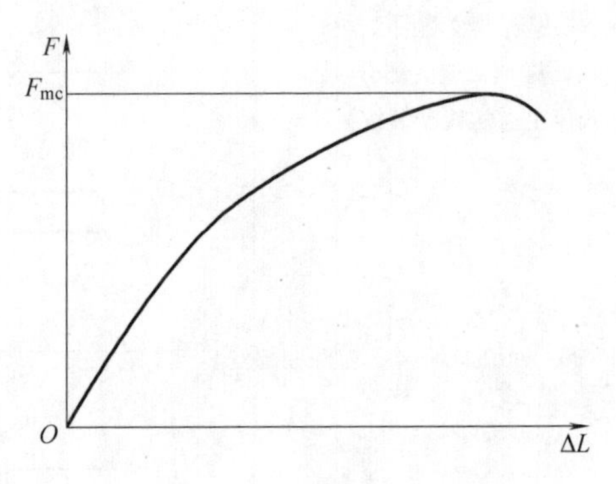

图4-19　图解法求F_{mc}

2. 压缩试样的破坏形式

压缩试验时，试样的破坏形式与材料的性质及端面的支承情况有关。对于塑性材料，在试验过程中仅做侧向扩张，即高度降低，断面扩大，形成鼓形或圆板状。对于脆性材料（如铸铁、高碳钢等材料），在压缩时，由于端面存在很大摩擦力，阻碍试样端面的横向变形，出现上下两端面小而中间凸的腰鼓形。图4-20所示为脆性材料在有端面摩擦和无端面摩擦时的破坏情况。压缩试验时，要设法减少端面摩擦的影响，以得到稳定的试验结果。为此，要求试样压头和端面的表面粗糙度值要小，试验时

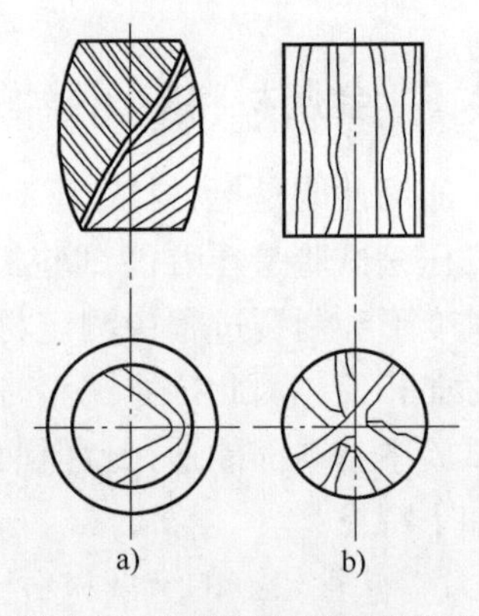

图4-20　脆性材料端面摩擦力对压缩破坏的影响

a）有端面摩擦　b）无端面摩擦

端面涂以润滑脂，还可以采用端面上带有蓄油槽的试样。

4.2.6　金属材料的弯曲性能

弯曲性能是指材料承受弯曲载荷时的力学性能。

用脆性材料制造的刀具和机器零件，在使用过程中都受到不同程度的弯曲载荷，对它们来说，弯曲试验具有特别重要的意义。弯曲试验主要用于测定脆性和低塑性材料（如铸铁、高碳钢、工具钢等）的抗弯强度和能反映塑性指标的挠度，还可用来检查材料的表面质量。弯曲试验在万能材料试验机上进行，有三点弯曲和四点弯曲两种加载方式。试样的截面有圆形和矩形两种，试验时的跨距一般为直径的 10 倍。对于脆性材料的弯曲试验，一般只产生少量的塑性变形即可破坏，而对于塑性材料则不能测出弯曲断裂强度，但可检验其延性和均匀性。塑性材料的弯曲试验称为冷弯试验。试验时将试样加载，使其弯曲到一定程度，观察试样表面有无裂纹。此外，淬硬的工具钢、硬质合金、铸铁等进行试验时，由于试样太硬或者太小，难于加工成拉伸试样，或由于过脆，试验时试样中心轴线略有偏差就会影响试验结果的准确性，都不宜做拉伸试验。生产上常用弯曲试验评定上述材料的抗弯强度及塑性变形的大小。

脆性材料在做拉伸试验时变形很小就断裂了，因而塑性指标不易测定；但在做弯曲试验时，用挠度表示塑性，就能明显地显示脆性材料和低塑性材料的塑性。

弯曲试验不受试样偏斜的影响，可以较好地测定脆性材料和低塑性材料的抗弯强度。进行弯曲试验时，试样表面上的应力分布不均匀，表面应力最大，故对表面缺陷较敏感，所以弯曲试验常用来比较和鉴定渗碳处理及高频感应淬火等表面热处理工件的表面质量和缺陷。

三点弯曲试验和四点弯曲试验如图 4-21 和图 4-22 所示。

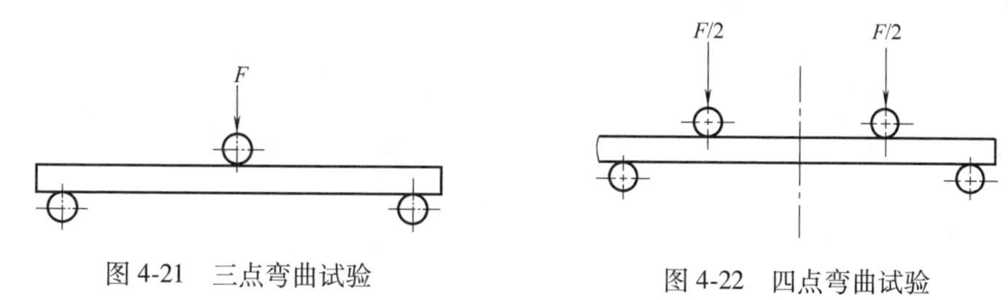

图 4-21　三点弯曲试验

图 4-22　四点弯曲试验

4.2.7　金属材料的剪切性能

金属材料承受大小相等、方向相反、作用线相近的外力作用时，抵抗沿外力作用线平行的受剪面产生错动的能力，称为材料的剪切性能。

工程结构中的一些零件除承受拉伸、压缩和弯曲等载荷作用外，还有一些零件，如桥梁结构中的铆钉、销子等，主要承受剪力的作用，对这些零件所使用的材料要进行剪切试验，提供材料的抗剪强度作为材料的设计依据。

1. 双剪切试验

双剪切试验如图 4-23 所示，它是以剪断圆柱状试样的中间段方式来实现的。

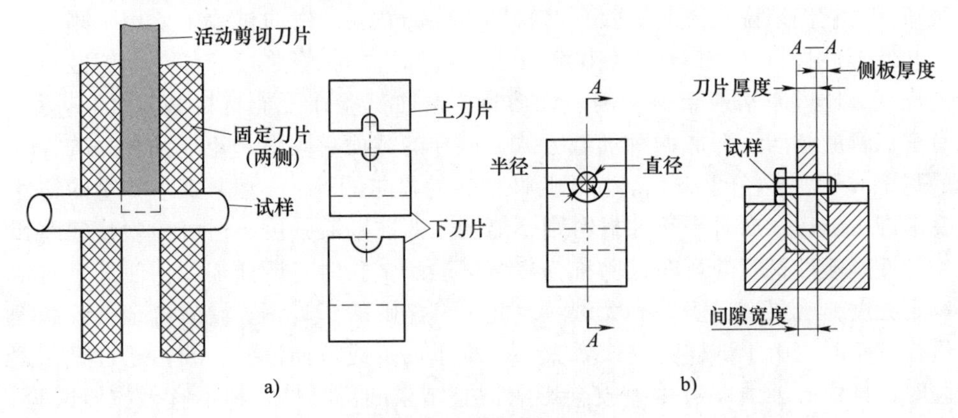

图 4-23 双剪切试验

a）试验示意图 b）夹具刀口形状

双剪切试验的特点是有两个处于垂直状态下的剪切刀片。上下刀片都做成孔状，孔径等于试样直径，利用万能拉伸试验机便可开展双剪切试验。进行双剪切试验时，刀片应当平行、对中，剪切刃不应有擦伤、缺口或不平整的磨损。

2. 单剪切试验

单剪切试验夹具使用两个剪切刀片，固定剪切刀片中间带孔，如图 4-24 所示。试验时固定剪切刀片固定不动，活动剪切刀片在图示平行面内移动时产生单剪切作用，剪断试样。

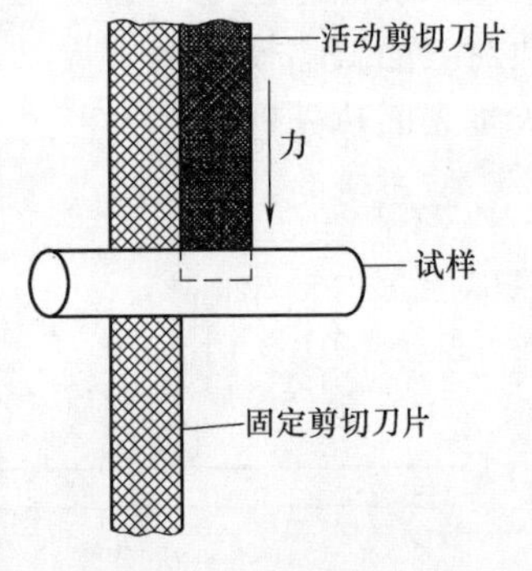

图 4-24 单剪切试验装置

单剪切试验适合于测定因长度太短不能进行双剪切的紧固件的剪切值，包括杆长小于直径 2.5 倍的紧固杆件。单剪切试验的准确度低于双剪切试验，如果发现单剪切值有问题时，可以用双剪切值做校正。

3. 冲压剪切试验

剪切试验中更简单的方法是利用冲头-模具直接从板材或带材中冲出一个小圆片的方法，如图 4-25 所示。这种方法主要用于铝工业中厚度不大于 1.8mm 的材料。为了能获得规则的剪切边缘，冲压剪切试验值应低于双剪切试验值的

12%～14%。

4.2.8　金属材料的疲劳性能

虽然零件所承受的交变应力数值小于材料的屈服强度，但在长时间运转后因累积损伤而引起的断裂，称为疲劳断裂。据统计，机械零件断裂中有 80%是由于疲劳引起。图 4-26 所示为零件的疲劳断口。

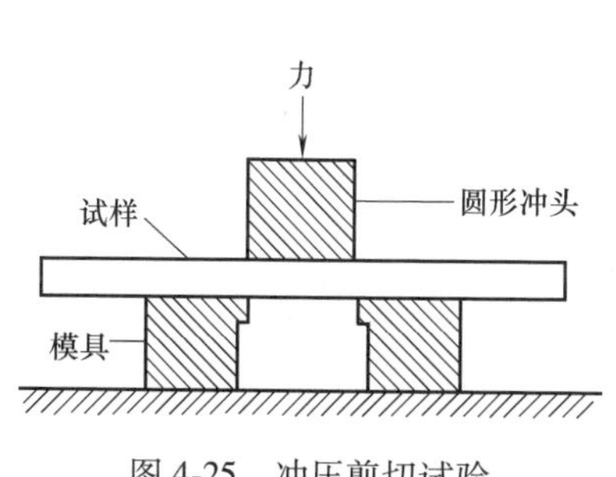

图 4-25　冲压剪切试验

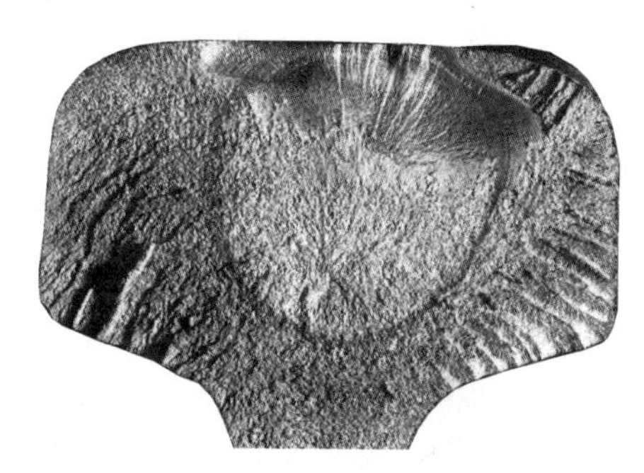

图 4-26　零件的疲劳断口

试验证明，金属材料所受最大交变应力 σ_{max} 越大，则断裂前所受的循环周次 N（定义为疲劳寿命）越少，这种交变应力 σ 与疲劳寿命 N 的关系曲线称为疲劳曲线，如图 4-27 所示。一般钢铁材料的疲劳寿命为 10^7 次，有色金属材料的疲劳寿命为 10^8 次。

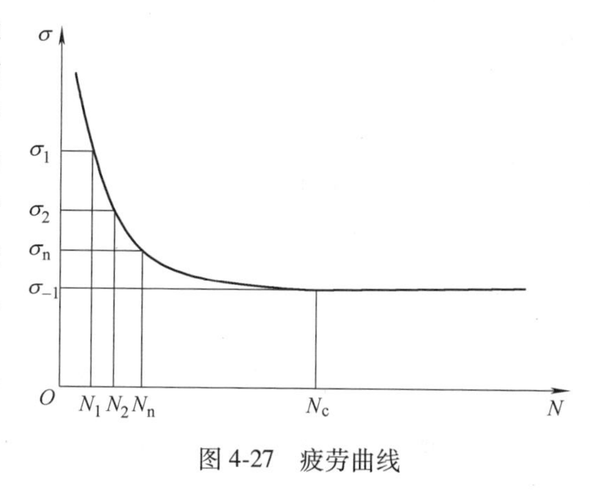

图 4-27　疲劳曲线

工程上规定，材料经受相当循环周次不发生断裂的最大应力称为疲劳极限，以符号 σ_{-1} 表示。

4.3　无机非金属材料的力学性能

4.3.1　无机非金属材料的力学性能术语

（1）弹性模量　在弹性变形范围内，轴向拉应力与轴向应变呈线性比例关系范围内的两者的比值称为弹性模量。

（2）硬度　由于无机非金属材料脆性大，容易压裂，所以其硬度一般用维氏硬度（HV）来表征。维氏硬度是指材料抵抗采用金刚石正四棱锥体压头施加试验力所产生永久压痕变形的度量单位。

(3) 抗拉强度　无机非金属材料受拉断裂前的最大应力称为抗拉强度，其单位为 MPa。

(4) 抗弯强度　在弯曲试验中，无机非金属材料试样在产生裂纹或者断裂以前能够承受的最大应力称为抗弯强度，其单位为 MPa。在弯曲试验中未产生裂纹时称为弯曲屈服强度而不称为抗弯强度。

(5) 抗压强度　无机非金属材料试样在施加压力时的极限强度称为抗压强度，其单位为 MPa。

4.3.2 无机非金属材料的力学性能特点

1. 刚度大

刚度是由弹性模量决定的，弹性模量反映结合键的强度，所以具有强大化学键的无机非金属材料（例如陶瓷）都有很高的弹性模量。

2. 硬度大

与刚度一样，无机非金属材料的硬度也决定于键的强度。陶瓷的硬度很高，这是它的最大特点。例如，各种陶瓷的硬度多为 1000~5000HV，而淬火钢仅为 500~800HV。

3. 抗拉强度低，抗弯强度和抗压强度高

按照理论计算，无机非金属材料的代表产品陶瓷的强度应该很高，但实际上其强度一般只为理论值的 0.1%~1%，甚至更低。陶瓷实际强度比理论值低得多的原因是组织中存在晶界，晶界上存在空隙，晶界上原子间键被拉长，键强度被削弱，相同电荷离子的靠近产生斥力，可能造成裂纹。陶瓷的实际强度受致密度、杂质和各种缺陷的影响也很大，对应力状态特别敏感，它的抗拉强度很低，抗弯强度较高，而抗压强度非常高。

4. 塑性差

无机非金属材料的代表产品陶瓷在室温下几乎没有塑性。塑性变形是在切应力作用下由位错运动所引起的密排原子面间的滑移变形。陶瓷晶体的滑移系很少，比金属少得多，受载时不发生塑性变形就在较低的应力下断裂了，因此其塑性差，韧性极低，脆性极高，断裂韧度也很低，大多比金属低一个数量级以上。

4.4 高分子材料的力学性能

4.4.1 高分子材料的力学状态

1. 线型非晶态高分子材料的力学状态

线型非晶态高分子材料在不同温度下表现出三种物理状态：玻璃态、高弹态和黏流态。在恒定载荷作用下，线型非晶态高分子材料的变形度-温度曲线如图 4-28 所示。

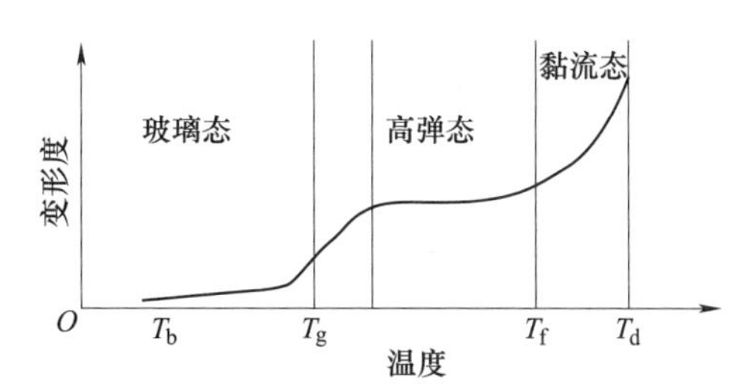

图 4-28　线型非晶态高分子材料的变形度-温度曲线

T_b—脆化温度　T_g—玻璃化温度

T_f—黏流温度　T_d—分解温度

（1）玻璃态　在玻璃化温度 T_g 以下曲线基本上是水平的，变形度小，而弹性模量较高，高分子材料较刚硬，处于所谓玻璃态。此时，高分子材料受力的变形符合胡克定律，应变与应力呈直线关系，高分子材料保持为无定形的玻璃态。处于玻璃态的高分子材料适于制造塑料制品，其使用温度的下限为脆化温度 T_b。

（2）高弹态　在玻璃化温度 T_g 以上曲线急剧变化，但很快即稳定而趋于水平。在这个阶段，变形度很大，而弹性模量显著降低，外力去除后变形可以恢复，弹性是可逆的。高分子材料表现为柔软而富有弹性，具有橡胶的特性，处于所谓高弹态或橡胶态。处于高弹态的高分子材料适于制造橡胶制品。

（3）黏流态　温度高于黏流温度 T_f 后，变形度迅速增加，弹性模量再次很快下降，高分子材料开始产生黏性流动，处于所谓黏流态，此时变形已变为不可逆。

2. 线型晶态高分子材料的力学状态

对于完全晶态的线型高分子材料，则和低分子晶体材料一样，没有高弹态；对于部分晶态的线型高分子材料，非晶态区在玻璃化温度 T_g 以上和晶态区在熔点 T_m 温度以下存在一种即韧又硬的皮革态。此时，非晶态区处于高弹态，具有柔韧性，晶态区则具有较高的强度和硬度，两者复合组成皮革态。因此结晶度对高分子材料的物理状态和性能有显著影响。

3. 体型高分子材料的力学状态

体型非晶态高分子材料具有网状分子链，其交联点的密度对高分子材料的物理状态有重要影响。若交联点密度较小，材料具有高弹态，弹性好，如轻度硫化的橡胶；若交联点密度很大，材料高弹态消失，高分子材料就与低分子非晶态固体（如玻璃）一样，其性能硬而脆，如酚醛塑料。

4.4.2　高分子材料的力学性能术语

（1）拉伸强度　在拉伸试验过程中，试样承受的最大拉伸应力称为拉伸强度，其单位为 MPa。

（2）拉伸弹性模量　在拉伸试验过程中，两应力的差值与对应的两应变的差值之比称为拉伸弹性模量，其单位为 MPa。

（3）断裂伸长率　在拉力作用下，试样（除橡胶材质外）断裂时标距范围内所产生的相对伸长率称为断裂伸长率。

（4）拉断伸长率　在拉力作用下，橡胶试样断裂时标距范围内所产生的相对伸长率称为拉断伸长率。

（5）泊松比　在材料的比例极限范围内，由均匀分布的轴向应力引起的横向应变与相应的轴向应变之比的绝对值称为泊松比。

（6）邵氏硬度　在规定的试验力作用下，将一定形状的钢制压针压入试样表面，当压头平面与试样表面紧密贴合时，测出压针相对压头平面的伸出长度 L（单位为 mm），用 100 减去 L 与 0.025mm 的比值即为邵氏硬度值。邵氏硬度分为 A 型、B 型、C 型、D 型四种，A 型用于测量软质橡胶，C 型和 D 型用于测量半硬质胶和硬质胶，A、B、C、D 型用于测量塑料。

（7）冲击强度　试样在冲击破坏过程中所吸收的能量与试样原始横截面积之比称为冲击强度，其单位为 kJ/m^2，包括无缺口试样冲击强度和缺口试样冲击强度。

（8）剪切强度　在剪切应力作用下，试样破坏时所承受的最大剪切应力称为剪切强度，其单位为 MPa。

（9）压缩强度　在压缩试验中，试样破坏时的最大压缩应力称为压缩强度，其单位为 MPa。

（10）弯曲强度　在弯曲试验中，试样破坏时的最大弯曲应力称为弯曲强度，其单位为 MPa。

4.4.3　高分子材料的力学性能特点

各种人造高分子材料也是由各类单体分子通过聚合反应形成的聚合物，包括塑料、橡胶、化纤、胶黏剂等。聚合物具有自重轻、价廉、便于加工成形、耐化学腐蚀和电绝缘性能好等优点，在工农业生产和日常生活中应用广泛。聚合物的力学性能主要由其结构决定，不同的聚合物的力学性能差别很大。图 4-29 所示为高分子材料的典型拉伸应力-应变曲线。有些属于脆性材料（如聚苯乙烯），如图 4-29a 所示；有些属于塑性材料（如尼龙和聚四氟乙烯），如图 4-29a 所示；有些属于高弹性材料（如合成橡胶），与橡胶类似。图 4-29b 所示为用途日益广泛的聚氯乙烯 PVC 与共混型工程塑料 ABS 在常温下的拉伸应力-应变曲线。聚合物也有很强的黏弹性行为，主要缺点是不耐高温，一般只能在 100℃下长期使用。聚合物的另一个缺点是在光、热和氧的作用下易老化变质。

与金属材料比较，高分子材料的力学性能具有下述特点：

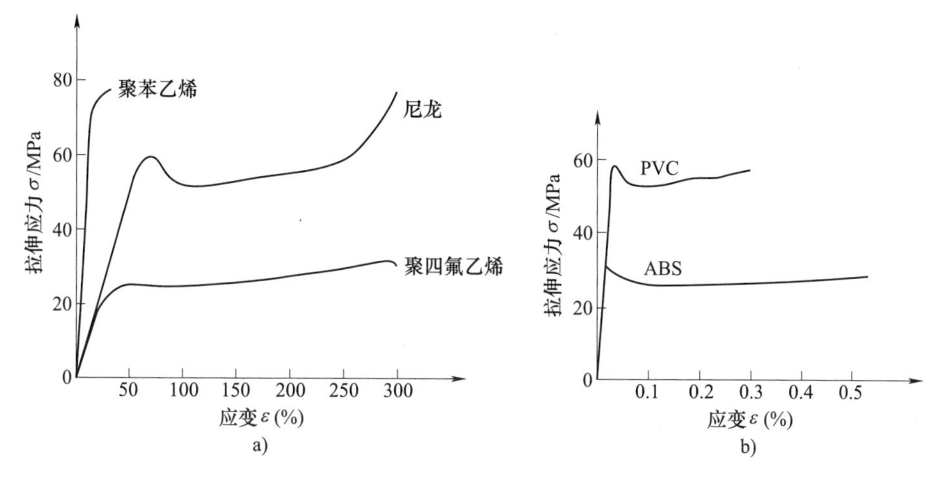

图 4-29　高分子材料的典型拉伸应力-应变曲线

a）Ⅰ类高分子材料　b）Ⅱ类高分子材料

1. 强度低

强度受温度和变形速度的影响大。高分子材料的强度平均为 100MPa，比金属材料低得多，但由于其密度小，许多高分子材料的比强度还是很高的，某些工程塑料的比强度高于钢铁材料。

对于黏弹性的高分子材料，其强度主要受温度和变形速度的影响。随着温度的升高，高分子材料的力学状态发生变化，高分子材料的性能由硬脆到柔韧逐步发生变化。

高分子材料的性能也受加载速度的影响。加载速度较慢时，分子链来得及运动，呈韧性状态；加载速度较高时，分子链来不及运动，表现出脆性行为。低速拉伸时强度较低，拉断伸长率较大，发生韧性断裂；高速拉伸时强度高而拉断伸长率小。

2. 弹性高，弹性模量低

高分子材料的弹性变形度大，可达到 100%～1000%。高分子材料的弹性模量低，为 2～20MPa，而一般金属材料的弹性模量为 200～1200MPa。

3. 具有黏弹性

大多数高分子材料的高弹性基本上是“平衡弹性”，即应变与应力即时达到平衡；但还有一些高分子材料（如橡胶）高弹性表现出强烈的时间依赖性，应变相对于应力有所滞后，这就是黏弹性，它是高分子材料的又一重要特性。

4. 塑性高

多数高分子材料，如聚乙烯等热塑性塑料、高弹态的橡胶等，具有如图 4-30 所示的应力-应变曲线。由图 4-30 可以看出，高分子材料的屈服应变比金属大得多，大多数金属材料的屈服应变约为1%甚至更小，而高分子材料的可达20%以上。冷拉变形以细颈扩展的方式进行，颈缩变形阶段很长。高分子材料缓慢拉伸时，颈缩部分变形大，分子链趋于沿受力方向被拉伸并定向分布，使强度提高，即产生取向强化，因此继续受拉时细颈不会变细或被拉断，而是向两端逐渐扩展。

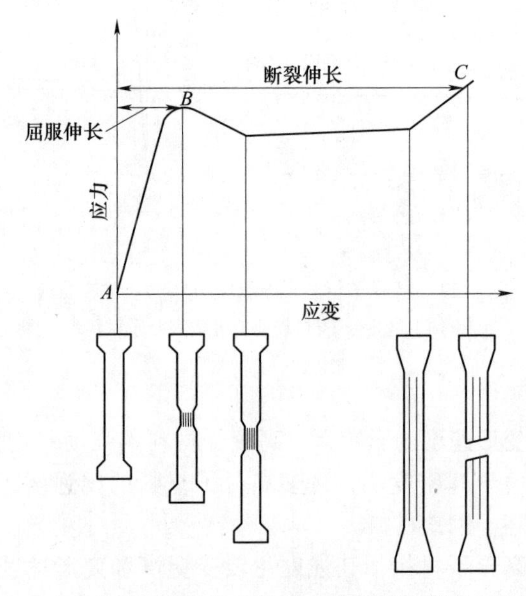

图4-30　高分子材料的应力-应变曲线及其试样变形的情况

A—起始点　B—屈服点　C—断裂点

5. 韧性低

对于高分子材料，其韧性用冲击强度来表示。与金属材料相比，高分子材料的冲击强度很小，仅为金属材料的1%~9%。通过提高高分子材料的强度，可以提高其韧性。

6. 硬度小

高分子材料的硬度一般很小，比金属差几个数量级，所以其耐磨性较差。

第 5 章

金属材料

5.1 金属材料的分类

5.1.1 钢铁材料的分类

1）生铁的分类见表 5-1。

表 5-1 生铁的分类

分类方法	分类名称		说明
按用途分类	炼钢生铁		指用于平炉、转炉炼钢用的生铁，一般硅含量较低（硅的质量分数不大于 1.75%），硫含量较高（硫的质量分数不大于 0.07%）。这种生铁是炼钢用的主要原料，在生铁产量中占 80%～90%。炼钢生铁质硬而脆，断口呈白色，所以也叫白口铁
	铸造生铁		指用于铸造各种铸件的生铁，俗称翻砂铁。一般硅含量较高（硅的质量分数达 3.75%），硫含量稍低（硫的质量分数小于 0.06%）。它在生铁产量中约占 10%，是钢铁厂中的主要商品铁，其断口为灰色，所以也叫灰口铁
按化学成分分类	普通生铁		指不含其他合金元素的生铁，如炼钢生铁、铸造生铁都属于这一类生铁
	特种生铁	天然合金生铁	指用含有共生金属（如铜、钒、镍等）的铁矿石或精砂，或用还原剂还原而炼成的一种特种生铁，它含有一定量的合金元素（一种或多种，由矿石的成分来决定），可用来炼钢，也可用于铸造
		铁合金	铁合金是在炼铁时特意加入其他成分，炼成含有多种合金元素的特种生铁。铁合金是炼钢的原料之一，也可用于铸造。在炼钢时作钢的脱氧剂和合金元素添加剂，用以改善钢的性能。铁合金的品种很多，如按所含的元素来分，可分为硅铁、锰铁、铬铁、钨铁、钼铁、钛铁、钒铁、磷铁、硼铁、镍铁、铌铁、硅锰合金及稀土合金等，其中用量最大的是锰铁、硅铁和铬铁；按照生产方法的不同，可分为高炉铁合金、电炉铁合金、炉外法铁合金、真空碳还原铁合金等

2）铸铁的分类见表 5-2。

表 5-2　铸铁的分类

分类方法	分类名称	说　明
按断口颜色分类	灰口铸铁	1）这种铸铁中的碳大部分或全部以自由状态的石墨形式存在，其断口呈灰色或灰黑色。灰口铸铁包括灰铸铁、球墨铸铁、蠕墨铸铁等 2）有一定的力学性能和良好的可加工性，在工业上应用普遍
	白口铸铁	1）白口铸铁是组织中完全没有或几乎完全没有石墨的一种铁碳合金，其中碳全部以渗碳体形式存在，断口呈白亮色 2）硬而且脆，不能进行切削加工，工业上很少直接应用其来制造机械零件。在机械制造中，只能用来制造对耐磨性要求较高的零件 3）可以用激冷的办法制造内部为灰铸铁组织、表层为白口铸铁组织的耐磨零件，如火车轮圈、轧辊、犁铧等。这种铸铁具有很高的表面硬度和耐磨性，通常又称为激冷铸铁或冷硬铸铁
	麻口铸铁	这是介于白口铸铁和灰口铸铁之间的一种铸铁，其组织为珠光体+渗碳体+石墨，断口呈灰白相间的麻点状，故称麻口铸铁。这种铸铁性能不好，极少应用
按化学成分分类	普通铸铁	普通铸铁是指不含任何合金元素的铸铁，一般常用的灰铸铁、可锻铸铁和球墨铸铁等都属于这一类铸铁
	合金铸铁	在普通铸铁内有意识地加入一些合金元素，以提高铸铁某些特殊性能而配制成的一种高级铸铁，如各种耐蚀、耐热、耐磨的特殊性能铸铁，都属于这一类铸铁
按生产方法和组织性能分类	灰铸铁	1）灰铸铁中碳以片状石墨形式存在 2）灰铸铁具有一定的强度、硬度，良好的减振性和耐磨性，较高的导热性和抗热疲劳性，同时还具有良好的铸造工艺性能及可加工性，生产简便，成本低，在工业和民用生活中得到了广泛的应用
	孕育铸铁	1）孕育铸铁是铁液经孕育处理后获得的亚共晶灰铸铁。在铁液中加入孕育剂，造成人工晶核，从而可获得细晶粒的珠光体和细片状石墨组织 2）这种铸铁的强度、塑性和韧性均比一般灰铸铁要好得多，组织也较均匀一致，主要用来制造力学性能要求较高而截面尺寸变化较大的大型铸铁件
	可锻铸铁	1）由一定成分的白口铸铁经石墨化退火后而成，其中碳大部或全部呈团絮状石墨的形式存在，由于其对基体的破坏作用较之片状石墨大大减轻，因而比灰铸铁具有较高的韧性 2）可锻铸铁实际并不可以锻造，只不过具有一定的塑性而已，通常多用来制造承受冲击载荷的铸铁
	球墨铸铁	1）球墨铸铁是通过在浇注前往铁液中加入一定量的球化剂（如纯镁或其合金）和墨化剂（硅铁或硅钙合金），以促进碳呈球状石墨结晶而获得的 2）由于石墨呈球形，应力大为减轻，因而这种铸铁的力学性能比灰铸铁高得多，也比可锻铸铁好 3）具有比灰铸铁好的焊接性和热处理工艺性 4）和钢相比，除塑性、韧性稍低外，其他性能均接近，是一种同时兼有钢和铸铁优点的优良材料，因此在机械工程上获得了广泛的应用
	特殊性能铸铁	这是一类具有某些特性的铸铁，根据用途的不同，可分为耐磨铸铁、耐热铸铁、耐蚀铸铁等。这类铸铁大部分属于合金铸铁，在机械制造上应用也较为广泛

3）钢的分类见表 5-3。

表 5-3　钢的分类

分类方法	分类名称		说　　明
按冶炼方法分类	按冶炼设备分类	平炉钢	1）指用平炉炼钢法炼制出来的钢 2）按炉衬材料不同，分酸性平炉钢和碱性平炉钢两种。一般平炉钢都是碱性的，只有特殊情况下才在酸性平炉内炼制 3）平炉炼钢法具有原料来源广、设备容量大、品种多、质量好等优点。平炉钢以往曾在世界钢总产量中占绝对优势，现在世界各国有停建平炉的趋势 4）平炉钢的主要品种是普通碳素钢、低合金钢和优质碳素钢
		转炉钢	1）指用转炉炼钢法炼制出来的钢 2）除分为酸性和碱性转炉钢外，还可分为底吹、侧吹、顶吹和空气吹炼、纯氧吹炼等转炉钢，常可混合使用 3）我国现在大量生产的为侧吹碱性转炉钢和氧气顶吹转炉钢。氧气顶吹转炉钢具有生产速度快、质量高、成本低、投资少、基建快等优点，是当代炼钢的主要方法 4）转炉钢的主要品种是普通碳素钢，氧气顶吹转炉也可生产优质碳素钢和合金钢
		电炉钢	1）指用电炉炼钢法炼制出的钢 2）可分为电弧炉钢、感应电炉钢、真空感应电炉钢、电渣炉钢、真空自耗炉钢、电子束炉钢等 3）工业上大量生产的主要是碱性电弧炉钢，品种是优质碳素钢和合金钢
	按脱氧程度和浇注制度分类	沸腾钢	1）指脱氧不完全的钢，浇注时在钢模里产生沸腾，所以称沸腾钢 2）其特点是收缩率高，成本低，表面质量及深冲性能好 3）成分偏析大，质量不均匀，耐蚀性和力学性能较差 4）大量用于轧制普通碳素钢的型钢和钢板
		镇静钢	1）脱氧完全的钢，浇注时钢液镇静，没有沸腾现象，所以称镇静钢 2）成分偏析少，质量均匀，但金属的收缩率低（缩孔多），成本较高 3）通常情况下，合金钢和优质碳素钢都是镇静钢
		半镇静钢	1）脱氧程度介于沸腾钢和镇静钢之间的钢，浇注时沸腾现象较沸腾钢弱 2）钢的质量、成本和收缩率也介于沸腾钢和镇静钢之间。生产较难控制，故目前在钢产量中占比例不大

（续）

分类方法	分类名称		说　明
按化学成分分类	碳素钢		1）指碳的质量分数≤2%，并含有少量锰、硅、硫、磷和氧等杂质元素的铁碳合金 2）按钢中碳含量分类 低碳钢：碳的质量分数≤0.25%的钢 中碳钢：碳的质量分数为>0.25%~0.60%的钢 高碳钢：碳的质量分数>0.60%的钢 3）按钢的质量和用途的不同，又分为普通碳素结构钢、优质碳素结构钢和碳素工具钢3大类
	合金钢		1）在碳素钢基础上，为改善钢的性能，在冶炼时加入一些合金元素（如铬、镍、硅、锰、钼、钨、钒、钛、硼等）而炼成的钢 2）按其合金元素的总含量分类 低合金钢：这类钢的合金元素总质量分数≤5% 中合金钢：这类钢的合金元素总质量分数>5%~10% 高合金钢：这类钢的合金元素总质量分数>10% 3）按钢中主要合金元素的种类分类 三元合金钢：指除铁、碳以外，还含有另一种合金元素的钢，如锰钢、铬钢、硼钢、钼钢、硅钢、镍钢等 四元合金钢：指除铁、碳以外，还含有另外两种合金元素的钢，如硅锰钢、锰硼钢、铬锰钢、铬镍钢等 多元合金钢：指除铁、碳以外，还含有另外3种或3种以上合金元素的钢，如铬锰钛钢，硅锰钼钒钢等
按用途分类	结构钢	建筑及工程用结构钢	1）用于建筑、桥梁、船舶、锅炉或其他工程上制造金属结构件的钢，多为低碳钢。由于大多要经过焊接施工，故其碳含量不宜过高，一般都是在热轧供应状态或正火状态下使用 2）主要类型如下 普通碳素结构钢：按用途又分为一般用途的普通碳素结构钢和专用普通碳素结构钢 低合金钢：按用途又分为低合金结构钢、耐腐蚀用钢、低温用钢、钢筋钢、钢轨钢、耐磨钢和特殊用途专用钢
		机械制造用结构钢	1）用于制造机械设备上的结构零件 2）这类钢基本上都是优质钢或高级优质钢，需要经过热处理、冷塑成形和机械切削加工后才能使用 3）主要类型有优质碳素结构钢、合金结构钢、易切结构钢、弹簧钢、滚动轴承钢

（续）

<table>
<tr><th>分类方法</th><th colspan="2">分类名称</th><th>说　　明</th></tr>
<tr><td rowspan="3">按用途分类</td><td colspan="2">工具钢</td><td>1）指用于制造各种工具的钢
2）这类钢按其化学成分分为碳素工具钢、合金工具钢、高速工具钢
3）按照用途又可分为刃具钢（或称刀具钢）、模具钢（包括冷作模具钢和热作模具钢）、量具钢</td></tr>
<tr><td colspan="2">特殊钢</td><td>1）指用特殊方法生产，具有特殊物理性能、化学性能和力学性能的钢
2）主要包括不锈钢、耐热钢、高电阻合金钢、低温用钢、耐磨钢、磁钢（包括硬磁钢和软磁钢）、抗磁钢和超高强度钢（指 $R_m \geqslant 1400\text{MPa}$ 的钢）</td></tr>
<tr><td colspan="2">专业用钢</td><td>指各工业部门专业用途的钢，例如，农机用钢、机床用钢、重型机械用钢、汽车用钢、航空用钢、宇航用钢、石油机械用钢、化工机械用钢、锅炉用钢、电工用钢、焊条用钢等</td></tr>
<tr><td rowspan="12">按金相组织分类</td><td rowspan="4">按退火后的金相组织分类</td><td>亚共析钢</td><td>碳的质量分数<0.77%，组织为游离铁素体+珠光体</td></tr>
<tr><td>共析钢</td><td>碳的质量分数约为 0.77%，组织全部为珠光体</td></tr>
<tr><td>过共析钢</td><td>碳的质量分数>0.77%，组织为游离碳化物+珠光体</td></tr>
<tr><td>莱氏体钢</td><td>实际上也是过共析钢，但其组织为碳化物和珠光体的共晶体</td></tr>
<tr><td rowspan="4">按正火后的金相组织分类</td><td>珠光体钢、贝氏体钢</td><td>当合金元素含量较少时，在空气中冷却得到珠光体或索氏体、托氏体的钢，就属于珠光体钢；得到贝氏体的钢，就属于贝氏体钢</td></tr>
<tr><td>马氏体钢</td><td>当合金元素含量较高时，在空气中冷却得到马氏体的钢称为马氏体钢</td></tr>
<tr><td>奥氏体钢</td><td>当合金元素含量较高时，在空气中冷却，奥氏体直到室温仍不转变的钢称为奥氏体钢</td></tr>
<tr><td>碳化物钢</td><td>当碳含量较高并含有大量碳化物组成元素时，在空气中冷却，得到由碳化物及其基体组织（珠光体或马氏体、奥氏体）所构成的混合物组织的钢称为碳化物钢。最典型的碳化物钢是高速工具钢</td></tr>
<tr><td rowspan="4">按加热、冷却时有无相变和室温时的金相组织分类</td><td>铁素体钢</td><td>碳含量很低并含有大量的形成或稳定铁素体的元素，如铬、硅等，故在加热或冷却时，始终保持铁素体组织</td></tr>
<tr><td>半铁素体钢</td><td>碳含量较低并含有较多的形成或稳定铁素体的元素，如铬、硅等，在加热或冷却时，只有部分发生 $\alpha \rightleftharpoons \gamma$ 相变，其他部分始终保持 α 相的铁素体组织</td></tr>
<tr><td>半奥氏体钢</td><td>含有一定的形成或稳定奥氏体的元素，如镍、锰等，故在加热或冷却时，只有部分发生 $\alpha \rightleftharpoons \gamma$ 相变，其他部分始终保持 γ 相的奥氏体组织</td></tr>
<tr><td>奥氏体钢</td><td>含有大量的形成或稳定奥氏体的元素，如锰、镍等，故在加热或冷却时，始终保持奥氏体组织</td></tr>
</table>

（续）

分类方法	分类名称	说明
按品质分类	普通钢	1）含杂质元素较多，其中磷、硫的质量分数均应≤0.07% 2）主要用作建筑结构和要求不太高的机械零件 3）主要类型有普通碳素钢、低合金结构钢等
	优质钢	1）含杂质元素较少，质量较好，其中硫、磷的质量分数均应≤0.04%，主要用于机械结构零件和工具 2）主要类型有优质碳素结构钢、合金结构钢、碳素工具钢和合金工具钢、弹簧钢、轴承钢等
	高级优质钢	1）含杂质元素极少，其中硫、磷的质量分数均应≤0.03%，主要用于重要机械结构零件和工具 2）属于这一类的钢大多是合金结构钢和工具钢，为了区别于一般优质钢，这类钢的钢号后面，通常加符号“A”，以便识别
按制造加工形式分类	铸钢	1）指采用铸造方法而生产出来的一种钢铸件，其碳的质量分数一般为0.15%～0.60% 2）铸造性能差，往往需要用热处理和合金化等方法来改善其组织和性能，主要用于制造一些形状复杂、难于进行锻造或切削加工成形，而又要求较高的强度和塑性的零件 3）按化学成分分为铸造碳钢和铸造合金钢，按用途分为铸造结构钢、铸造特殊钢和铸造工具钢
	锻钢	1）采用锻造方法生产出来的各种锻材和锻件 2）塑性、韧性和其他方面的力学性能比铸钢件高，用于制造一些重要的机器零件 3）冶金工厂中某些截面较大的型钢可采用锻造方法来生产和供应一定规格的锻材，如锻制圆钢、方钢和扁钢等
	热轧钢	1）指用热轧方法生产出的各种热轧钢材。大部分钢材都是采用热轧轧成的 2）热轧常用于生产型钢、钢管、钢板等大型钢材，也用于轧制线材
	冷轧钢	1）指用冷轧方法生产出的各种钢材 2）与热轧钢相比，冷轧钢的特点是：表面光洁，尺寸精确，力学性能好 3）冷轧常用来轧制薄板、钢带和钢管
	冷拔钢	1）指用冷拔方法生产出的各种钢材 2）特点是：精度高，表面质量好 3）冷拔主要用于生产钢丝，也用于生产直径在50mm以下的圆钢和六角钢，以及直径在76mm以下的钢管

4）钢产品分类见表5-4。

表5-4 钢产品分类

序号	类别	释　义
1	液态钢	通过冶炼或直接熔化原料而获得的液体状态钢，用于铸锭或连续浇注或铸造铸钢件
2	钢锭和半成品	钢锭：将液态钢浇注到具有一定形状的锭模中得到的产品 半成品：由轧制或锻造钢锭获得的，或者由连铸获得的产品
3	轧制成品和最终产品	包括扁平产品和长材 扁平产品：包括无涂层扁平产品、电工钢、包装用镀锡和相关产品、热轧或冷轧扁平镀层产品、压型钢板、复合产品 长材：包括盘条、钢丝、热成形棒材、光亮产品，钢筋混凝土用和预应力混凝土用产品、热轧型材、焊接型钢、冷弯型钢、管状产品
4	其他产品	包括钢丝绳、自由锻产品、模锻和冲压件、铸件、粉末冶金产品

5.1.2 有色金属材料的分类

1）有色金属的分类见表5-5。

表5-5 有色金属的分类

类型	性能特点与用途
轻金属（Al、Mg、Ti、Na、K、Ca、Sr、Ba）	密度在4.5g/cm^{3}以下，化学性质活泼。其中Al的生产量最大，占有色金属总产量的1/3以上，使用最为广泛。纯的轻金属主要利用其特殊的物理或化学性能，Al、Mg、Ti用于配制轻质合金
重金属（Cu、Ni、Co、Zn、Sn、Pb、Sb、Cd、Bi、Hg）	密度均大于4.5g/cm^3，其中Cu、Ni、Co、Pb、Cd、Bi、Hg的密度都大于铁的密度（7.87g/cm^3）。纯金属状态多利用其独特的物理或化学性能，如Cu应用于电工及电子工业。Ni、Co用于配制磁性合金、高温合金及用作钢中的重要合金元素。Pb、Zn、Sn、Cd、Cu用于轴承合金与印刷合金，Ni、Cu还用于催化剂
贵金属（Au、Ag、Pt、Ir、Os、Ru、Pd、Rh）	储量少，提取困难，价格昂贵，化学活性低，密度大（10.5~22.5g/cm^3）。Au、Ag、Pt、Pd具有良好的塑性，Au、Ag还有良好的导电和导热性能。应用于电工、电子、宇航、仪表和化学催化剂
稀有金属	稀有金属是指储量稀少，难以提取的金属，通常可包括：锂（Li）、铍（Be）、钪（Sc）、钒（V）、镓（Ga）、锗（Ge）、铷（Rb）、钇（Y）、锆（Zr）、铌（Nb）、钼（Mo）、铟（In）、铯（Cs）、镧系元素（La、Ce、Pr、Nd等15个元素）、铪（Hf）、钽（Ta）、钨（W）、铼（Re）、铊（Tl）、钋（Po）、钫（Fr）、镭（Ra）、锕系元素（Ac、Th、Pa、U）及人造超铀元素。根据这些稀有金属元素的物理、化学性能或生产特点又可分为：稀有轻金属、稀有难熔金属、稀有分散金属、稀土金属、稀有放射性金属5类

（续）

类型	性能特点与用途
稀有轻金属（Li、Be、Rb、Cs）	密度均小于 $2g/cm^3$，其中锂的密度仅为 $0.534g/cm^3$。化学性质活泼。除了利用它们特殊的物理或化学性能外，还作为特殊性能合金中的重要合金元素使用，如铝锂（Al-Li）合金、铍合金等
稀有难熔金属（W、Mo、Ta、Nb、Zr、Hf、V、Re）	熔点高（如锆的熔点为1852℃，钨的熔点为3387℃），硬度高，耐蚀性好，可形成非常坚硬和难溶的碳化物、氮化物、硅化物和硼化物。用作硬质合金、电热合金、灯丝、电极等的重要材料，并作为钢和其他合金的合金元素
稀土金属	共17个金属元素，从La至Eu（原子序数57~63）称为轻稀土金属，从Gd至Lu（原子序数64~71）称为重稀土金属。200年前，人们只能获得外观近似碱土金属氧化物的稀土金属氧化物，故起名“稀土”，沿用至今。稀土金属元素的原子结构接近，物理、化学性能也相似，在矿石中伴生，在提取过程中需经繁杂的工艺步骤才能将各个元素分离。工业上有时可使用混合稀土，即轻稀土金属的合金或重稀土金属的合金。稀土金属化学性质活泼，与非金属元素可形成稳定的氧化物、氢化物等。稀土金属和稀土化合物具有一系列特殊的物理、化学性能，可资利用，同时还是其他合金熔炼过程中的优良脱氧剂和净化剂，少量的稀土金属对改善合金的组织和性能常起到显著作用，稀土金属也是一系列特殊性能合金的主要成分之一
稀有放射性金属	包括天然放射性元素：钋（Po）、镭（Ra）、锕（Ac）、钍（Th）、镤（Pa）、铀（U）及人造超铀元素钫（Fr）、锝（Tc）、镎（Np）、钚（Pu）、镅（Am）、锔（Cm）、锫（Bk）、锎（Cf）、锿（Es）、镄（Fm）、钔（Md）、锘（No）和铹（Lw）。它们是科学研究和核工业的重要材料

2）工业上常用有色合金的分类见表5-6。

表5-6　工业上常用有色合金的分类

合金类型	合金品种	合金系列
铜合金	普通黄铜	Cu-Zn合金，可变形加工或铸造
	特殊黄铜	在Cu-Zn基础上还含有Al、Si、Mn、Pb、Sn、Fe、Ni等合金元素，可变形加工或铸造
	锡青铜	在Cu-Sn基础上加入P、Zn、Pb等合金元素，可变形加工或铸造
	特殊青铜	不以Zn、Sn或Ni为主要合金元素的铜合金，有铝青铜、硅青铜、锰青铜、铍青铜、锆青铜、铬青铜、镉青铜、镁青铜等，可变形加工或铸造
	普通白铜	Cu-Ni合金，可变形加工
	特殊白铜	在Cu-Ni基础上加入其他合金元素，有锰白铜、铁白铜、锌白铜、铝白铜等，可变形加工

（续）

合金类型	合金品种	合金系列
铝合金	变形铝合金	以变形加工方法生产管、棒、线、型、板、带、条、锻件等。合金系列有：工业纯铝（质量分数>99%）、Al-Cu 或 Al-Cu-Li、Al-Mn、Al-Si、Al-Mg、Al-Mg-Si、Al-Zn-Mg、Al-Li-Sn、Zr、B、Fe 或 Cu 等
	铸造铝合金	浇注异型铸件用的铝合金，合金系列有工业纯铝、Al-Cu、Al-Si-Cu 或 Al-Mg-Si、Al-Si、Al-Mg、Al-Zn-Mg、Al-Li-Sn（Zr、B 或 Cu）
镁合金	变形镁合金	以变形加工方法生产板、棒、型、管、线、锻件等，合金系列有 Mg-Al-Zn-Mn、Mg-Al-Zn-Cs、Mg-Al-Zn-Zr、Mg-Th-Zr、Mg-Th-Mn 等，其中含 Zr、Th 的镁合金可时效硬化
	镁造镁合金	合金系与变形合金类似，砂型铸造的镁合金中还可含有质量分数为 1.2%～3.2%的稀土元素或质量分数为 2.5%的 Be
钛合金	α 钛合金	具有 α（密排六方 hcp）固溶体的晶体结构，含有稳定 α 相和固溶强化的合金元素铝（提高 α—β 转变温度）以及固溶强化的合金元素铜与锡，铜还有沉淀强化作用。合金系是 Ti-Al、Ti-Cu-Sn
	近 α 钛合金	通过化学成分调整和不同的热处理制度可形成 α 或“α+β”的相结构，以满足某些性能要求
	α+β 钛合金	同时含有稳定 α 相的合金元素铝和稳定 β 相（降低 α—β 转变温度）的合金元素钒或钽、钼、铌，在室温下具有“α+β”的相结构。合金系为 Ti-Al-V（Ta、Mo、Nb）
	β 钛合金	含有稳定 β 相的合金元素钒或钼，快冷后在室温下为亚稳 β 结构。合金系为 Ti-V（Mo、Ta、Nb）
高温合金	镍基高温合金	高温合金是指在 1000℃左右高温下仍具有足够的持久强度、蠕变强度、热疲劳强度、高温韧性及足够的化学稳定性的热强性材料，可用于在高温下工作的热动力部件。合金系为 Ni-Cr-Al、Ni-Cr-Al-Ti 等，常含有其他合金元素
	钴基高温合金	合金系为 Co-Cr、Co-Ni-W、Co-Mo-Mn-Si-C 等
锌合金	变形加工锌合金	合金系为 Zn-Cu 等
	铸造锌合金	合金系为 Zn-Al 等
轴承合金	铅基轴承合金	合金系为 Pb-Sn、Pb-Sb、Pb-Sb-Sn 等
	锡基轴承合金	合金系为 Sn-Sb 等
	其他轴承合金	合金系为铜合金、铝合金等

（续）

合金类型	合金品种	合金系列
硬质合金	碳化钨	以钴作为黏结剂的合金，用于切削铸铁或制成矿山用钻头
	碳化钨、碳化钛	以钴作为黏结剂的合金，用于钢材的切削
	碳化钨、碳化钛、碳化铌	以钴作为黏结剂的合金，具有较高的高温性能和耐磨性，用于加工合金结构钢和镍铬不锈钢

5.2　金属材料牌号表示方法

5.2.1　钢铁材料牌号表示方法

1. 生铁牌号表示方法

生铁牌号通常由字母和数字两部分组成。

1）生铁牌号的第一部分（字母）是一位或两位大写汉语拼音字母（见表5-7）。

表5-7　生铁牌号的第一部分（字母）

生铁名称	采用字母	备注	
		采用的汉字	拼音
炼钢用生铁	L	炼	Lian
铸造用生铁	Z	铸	Zhu
球墨铸铁用生铁	Q	球	Qiu
耐磨生铁	NM	耐磨	NaiMo
脱碳低磷粒铁	TL	脱粒	TuoLi
含钒生铁	F	钒	Fan

2）第二部分是两位阿拉伯数字，表示主要元素平均含量（以千分之几计）。炼钢用生铁、铸造用生铁、球墨铸铁用生铁、耐磨生铁为硅元素平均含量，脱碳低磷粒铁为碳元素平均含量，含钒生铁为钒元素平均含量。

例如：Z30表示硅的平均质量分数为3.0%左右的铸造用生铁；TL14表示碳的平均质量分数为1.4%左右的脱碳低磷粒铁；F04表示钒的平均质量分数为0.4%左右的含钒生铁。

2. 铁合金牌号表示方法

铁合金的牌号有四种类型。

1）材料牌号开头是铁元素符号“Fe”，例如FeNb60-B（铌铁）、FeW78-A（钨铁）。

2）材料牌号开头是字母“J”“JC”“ZK”“DJ”“FZ”“Y”等，见表 5-8。

表 5-8　铁合金牌号开头字母含义

符号	名称	备注		示例
		汉字	拼音	
J	金属铬、金属锰（电硅热法）	金	Jin	JMn97-A
JC	金属锰（电解重熔法）	金重	JinChong	JCMn98
ZK	真空法微碳铬铁	真空	ZhenKong	ZKFeCr65C0. 010
DJ	电解金属锰	电金	DianJin	DJMn-A
FZ	钒渣	钒渣	FanZha	FZ1
Y	氧化钼块	氧	Yang	YMo55. 0-A

3）材料牌号开头是钒元素符号“V”，例如 VN12（钒氮合金）、$V_2O_5$98（五氧化二钒）。

4）材料牌号开头是钙元素符号“Ca”，例如 Ca31Si60（硅钙合金）。

3. 铸铁牌号表示方法

铸铁牌号一般用力学性能、化学成分或两种共用表示，无论哪一种方法，在牌号的开头均用代表该类铸铁的字母表示。各种铸铁名称及代号见表 5-9。

表 5-9　各种铸铁名称及代号

铸铁名称	代号	铸铁名称	代号
灰铸铁	HT	耐热球墨铸铁	QTR
灰铸铁	HT	耐蚀球墨铸铁	QTS
奥氏体灰铸铁	HTA	蠕墨铸铁	RuT
冷硬灰铸铁	HTL	可锻铸铁	KT
耐磨灰铸铁	HTM	白心可锻铸铁	KTB
耐热灰铸铁	HTR	黑心可锻铸铁	KTH
耐蚀灰铸铁	HTS	珠光体可锻铸铁	KTZ
球墨铸铁	QT	白口铸铁	BT
球墨铸铁	QT	抗磨白口铸铁	BTM
奥氏体球墨铸铁	QTA	耐热白口铸铁	BTR
冷硬球墨铸铁	QTL	耐蚀白口铸铁	BTS
抗磨球墨铸铁	QTM		

1）以力学性能表示：

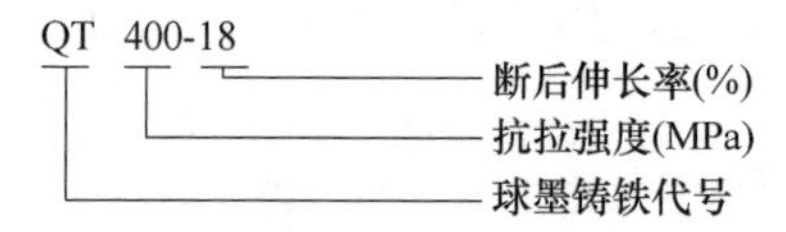

2）以化学成分表示：

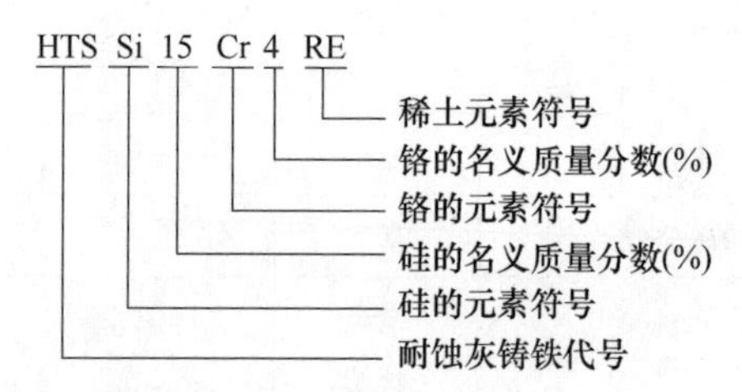

3）以力学性能和化学成分表示：

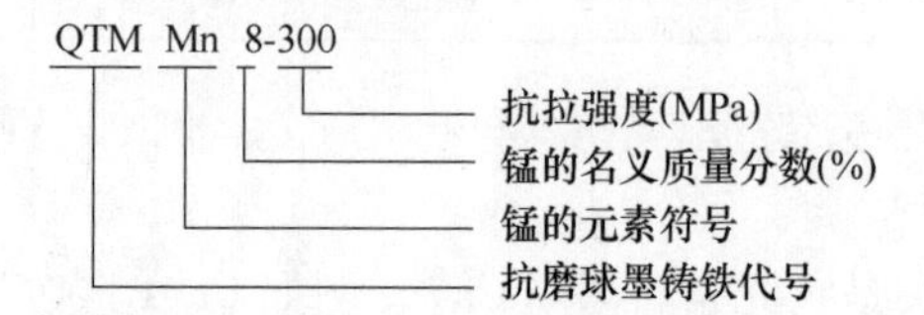

对于灰铸铁，在1988年以前其牌号曾表示为

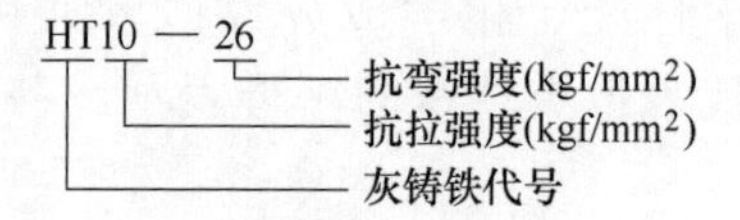

灰铸铁牌号新旧对照关系见表5-10。

表5-10 灰铸铁牌号新旧对照关系

旧牌号（GB/T 5675—1985）	HT10—26	HT15—33	HT20—40	HT25—47	HT30—54	HT35—60	HT40—68
新牌号（GB/T 9439—2010）	HT100	HT150	HT200	HT250	HT300	HT350	—

4. 铸钢牌号表示方法

铸钢牌号一般用力学性能或化学成分表示，无论哪一种方法，在牌号的开头均用代表铸钢的字母“ZG”表示。

1）以力学性能表示：

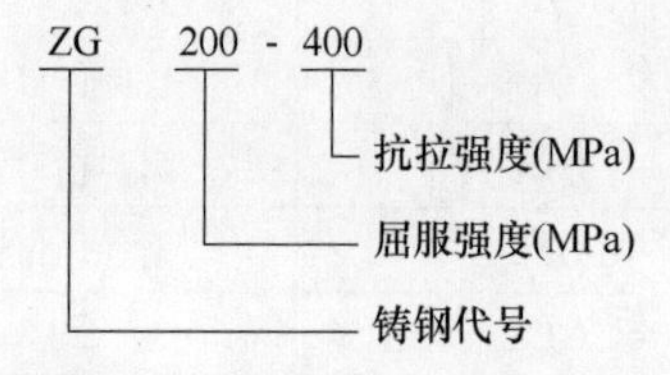

2）以化学成分表示：

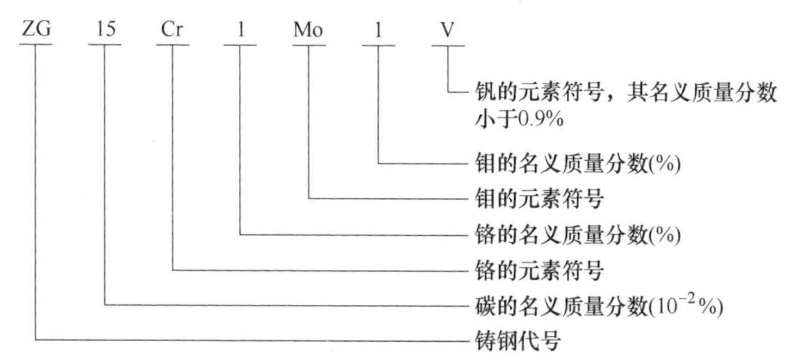

需要说明的是，长期以来，人们在工业生产中仍习惯用 1985 年以前的旧牌号。铸钢新旧牌号对照关系见表 5-11。

表 5-11　铸钢新旧牌号对照关系

新牌号（GB/T 11352—2009）	ZG 200-400	ZG 230-450	ZG 270-500	ZG 311-570	ZG 340-640
旧牌号（GB/T 979—1967）	ZG15	ZG25	ZG35	ZG45	ZG55

5. 碳素结构钢和低合金结构钢牌号表示方法

碳素结构钢和低合金结构钢牌号由前缀符号、屈服强度值、质量等级符号、脱氧方法符号、后缀符号按顺序组成：

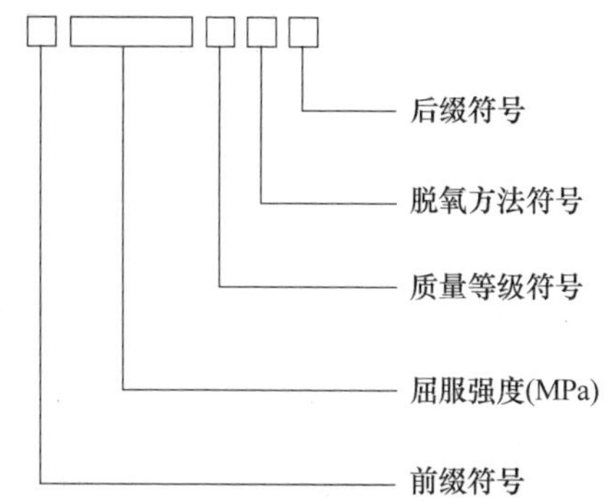

1）产品名称对应的前缀符号见表 5-12。

表 5-12　产品名称对应的前缀符号

产品名称	前缀符号
通用结构钢	Q
细晶粒热轧带肋钢筋	HRBF
冷轧带肋钢筋	CRB
预应力混凝土用螺纹钢筋	PSB
焊接气瓶用钢	HP
管线用钢	L
船用锚链钢	CM
煤机用钢	M

2）质量等级分为 A、B、C、D 四个等级。

3）脱氧方法有 F（沸腾钢）、Z（镇静钢）、特殊镇静钢（TZ）和半镇静钢（bZ）四种，其中“Z”和“TZ”一般情况下省略。

4）产品名称对应的后缀符号见表 5-13。

表 5-13　产品名称对应的后缀符号

产品名称	后缀符号
锅炉和压力容器用钢	R
锅炉用钢（管）	G
低温压力容器用钢	DR
桥梁用钢	Q
耐候钢	NH
高耐候钢	GNH
汽车大梁用钢	L
高性能建筑结构用钢	GJ
低焊接裂纹敏感性钢	CF
保证淬透性钢	H
矿用钢	K

示例 1：Q235AF 表示最小屈服强度为 235MPa 的 A 级碳素结构钢（沸腾钢）。

示例 2：HP345 表示最小屈服强度为 345MPa 的焊接气瓶用钢（镇静钢或特殊镇静钢）。

示例 3：Q235R 表示最小屈服强度为 345MPa 的锅炉和压力容器用钢（镇静钢或特殊镇静钢）。

6. 优质碳素结构钢和优质碳素弹簧钢牌号表示方法

优质碳素结构钢和优质碳素弹簧钢牌号表示方法如下：

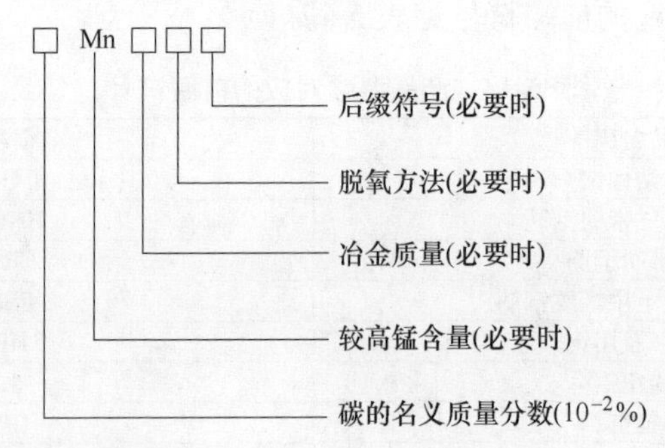

1）如果锰含量较低时则不必写出“Mn”。

2）冶金质量分为优质钢（不标注）、高级优质钢（A）和特级优质钢

(E)。

3）脱氧方式有沸腾钢（F）、半镇静钢（b）和镇静钢（不标注）。

4）后缀符号与普通碳素结构钢相同，见表5-13。

示例1：50MnE表示碳的名义质量分数为0.50%、锰的质量分数较高的特级优质碳素结构钢（镇静钢）。

示例2：08F表示碳的名义质量分数为0.08%、锰的质量分数较低的优质碳素结构钢（沸腾钢）。

示例3：45AH表示碳的名义质量分数为0.45%、锰的质量分数较低的高级优质保证淬透性钢（镇静钢）。

7. 易切削钢牌号表示方法

易切削钢牌号表示方法如下：

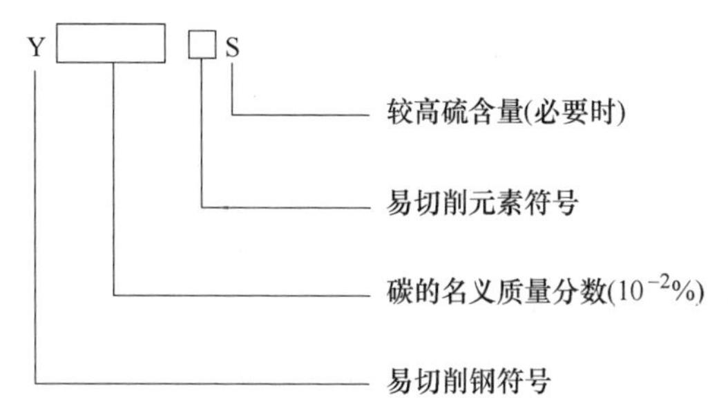

对于易切削元素符号按下列规定：

1）含钙、铅、锡等易切削元素时，分别用Ca、Pb、Sn表示，加硫和加硫、磷时，不加符号S和P。

2）如果是锰含量较高的加硫或加硫、磷的易切削钢，用符号Mn表示。

示例1：Y45Ca表示碳的名义质量分数为0.45%、含有钙的易切削钢。

示例2：Y45Mn表示碳的名义质量分数为0.45%、锰的质量分数较高、硫的质量分数较低的易切削钢。

示例3：Y45MnS表示碳的名义质量分数为0.45%、锰的质量分数较高、硫的质量分数较高的易切削钢。

8. 车辆车轴及机车车辆用钢牌号表示方法

1）车辆车轴用钢牌号表示方法如下：

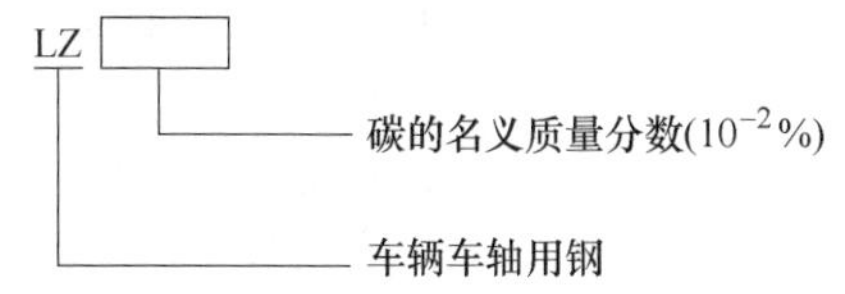

示例：LZ45表示碳的名义质量分数为0.45%的车辆车轴用钢。

2）机车车辆用钢牌号表示方法如下：

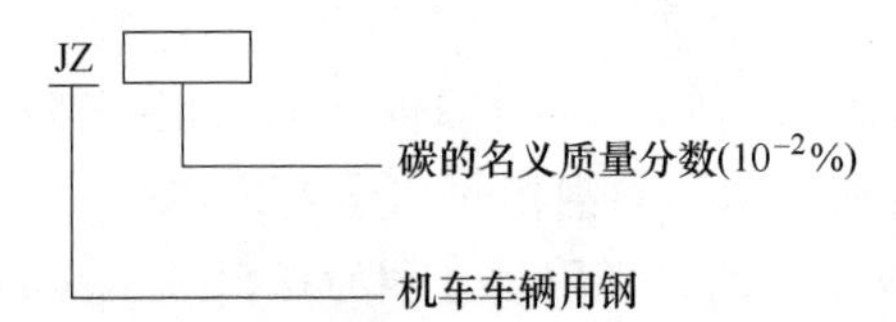

示例：JZ40 表示碳的名义质量分数为 0.40%的机车车辆用钢。

9. 合金结构钢和合金弹簧钢牌号表示方法

合金结构钢和合金弹簧钢牌号表示方法如下：

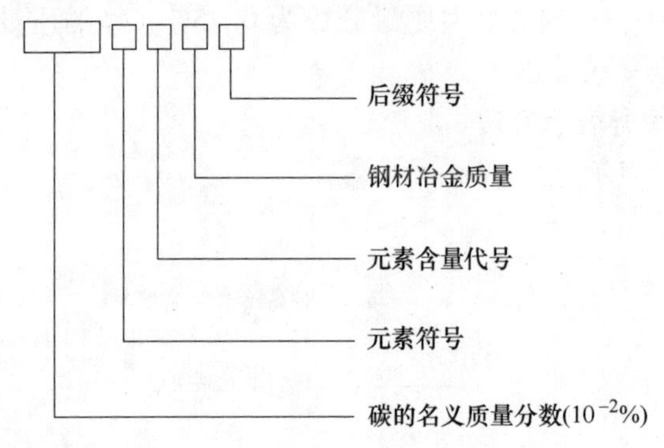

1）元素含量代号见表 5-14。

表 5-14　元素含量代号

元素平均质量分数（%）	<1.50	1.50~2.49	2.50~3.49	3.50~4.49	4.50~5.49	…
含量代号	不标注	2	3	4	5	…

2）化学元素符号的排列顺序按含量递减进行。

3）高级优质钢的冶金质量符号为 A，特级优质钢的冶金质量符号为 E，优质钢不标注。

4）后缀符号表示方法见表 5-13。

示例 1：25Cr2MoVA 表示碳的名义质量分数为 0.25%、铬的质量分数为 1.50%~2.49%、钼的质量分数小于 1.5%、钒的质量分数小于 1.5%的高级优质钢。

示例 2：18MnMoNbER 表示碳的名义质量分数为 0.18%、锰的质量分数小于 1.5%、钼的质量分数小于 1.5%、铌的质量分数小于 1.5%的锅炉和压力容器用特级优质钢。

示例 3：60Si2Mn 表示碳的名义质量分数为 0.60%、硅的质量分数为 1.50%~2.49%、锰的质量分数小于 1.5%的优质钢。

10. 非调质机械结构钢牌号表示方法

非调质机械结构钢牌号表示方法如下：

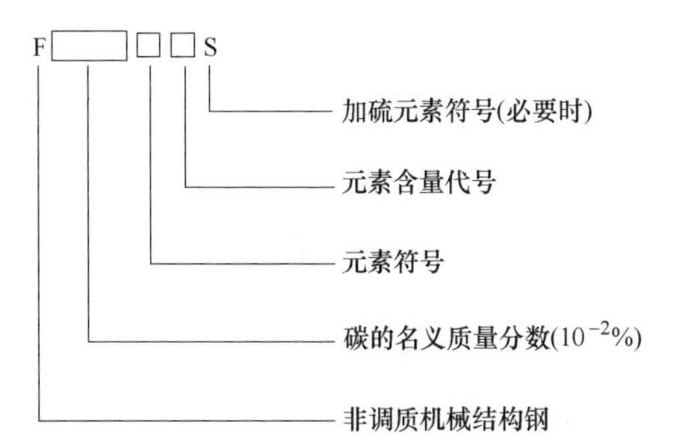

元素含量代号见表5-14。

示例1：F35MnVS表示碳的名义质量分数为0.35%、锰的质量分数小于1.5%、钒的质量分数小于1.5%、含有硫元素的非调质机械结构钢。

示例2：F12Mn2VBS表示碳的名义质量分数为0.12%、锰的质量分数为1.50%~2.49%、钒的质量分数小于1.5%、硼的质量分数小于1.5%、含有硫元素的非调质机械结构钢。

11. 碳素工具钢牌号表示方法

碳素工具钢牌号表示方法如下：

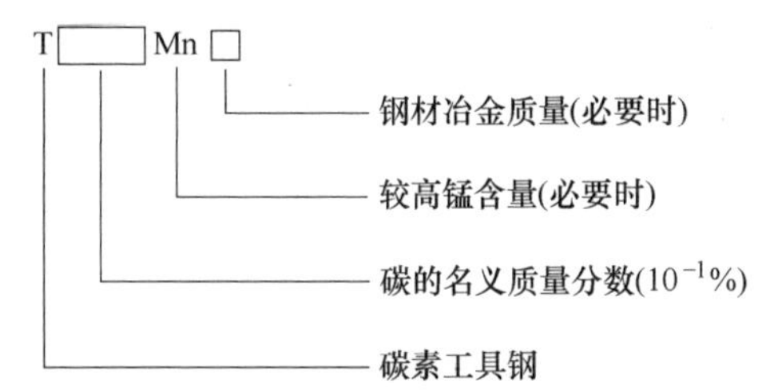

示例1：T8表示碳的名义质量分数为0.8%的碳素工具钢。

示例2：T8Mn表示碳的名义质量分数为0.8%、锰的质量分数较大的碳素工具钢。

示例3：T13E表示碳的名义质量分数为1.3%的特级优质碳素工具钢。

12. 合金工具钢牌号表示方法

合金工具钢牌号表示方法如下：

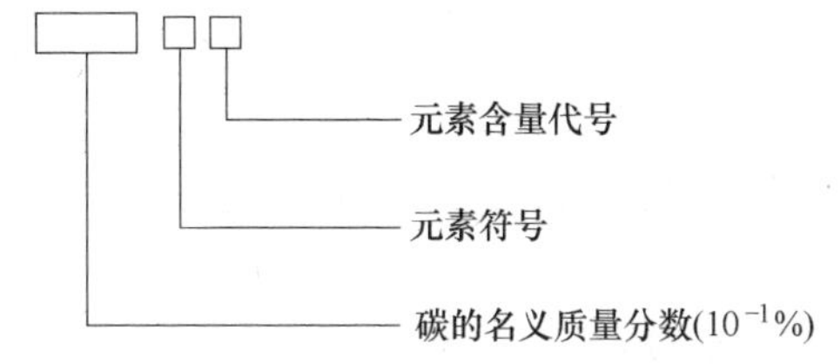

1）如果碳的名义质量分数小于1.00%时，采用一位阿拉伯数字表示（以千分之几计）；如果碳的名义质量分数不小于1.00%时，不标注。

2）元素含量代号按表5-14的规定，如果铬的质量分数小于1%时，在铬含量（以千分之几计）前面加数字“0”。

示例1：9SiCr表示碳的名义质量分数为0.9%、硅的质量分数小于1.5%、铬的质量分数为1.0%～<1.5%的合金工具钢。

示例2：Cr06表示碳的名义质量分数不小于1%、铬的质量分数为0.6%的合金工具钢。

示例3：3Cr2W8V表示碳的名义质量分数为0.3%、铬的质量分数为1.5%～2.49%、钨的质量分数为7.50%～8.49%、钒的质量分数小于1.5%的合金工具钢。

13. 高速工具钢牌号表示方法

高速工具钢牌号表示方法与合金结构钢相同，但在牌号头部一般不标明表示碳含量的阿拉伯数字。为了区别牌号，在牌号头部可以加“C”，表示高碳高速工具钢，如W3Mo3Cr4V2、CW6Mo5Cr4V2。

14. 轴承钢牌号表示方法

1）高碳铬轴承钢牌号表示方法如下：

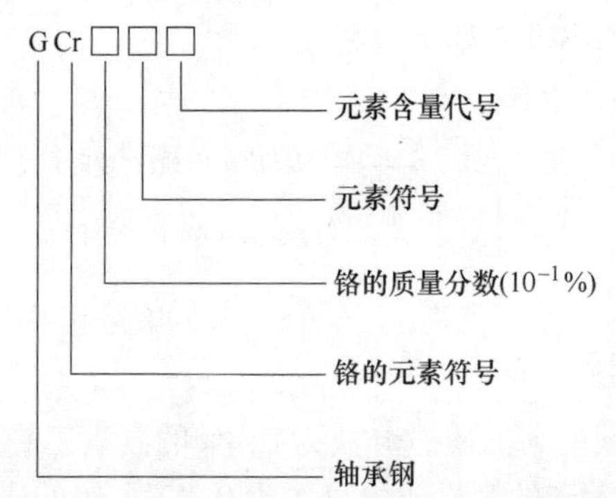

示例1：GCr15表示铬的质量分数为1.5%的高碳铬轴承钢。

示例2：GCr15SiMn表示铬的质量分数为1.5%、硅的质量分数小于1.5%、锰的质量分数小于1.5%的高碳铬轴承钢。

2）渗碳轴承钢的表示方法是在头部加符号“G”，采用合金结构钢的牌号表示方法，高级优质渗碳轴承钢的牌尾加“A”。

示例：G20CrNiMoA表示碳的质量分数为0.20%、铬的质量分数小于1.5%、镍的质量分数小于1.5%、钼的质量分数小于1.5%的高级优质渗碳轴承钢。

15. 不锈钢及耐热钢牌号表示方法

不锈钢和耐热钢的牌号采用化学元素符号和表示各元素含量的阿拉伯数字表示，各元素含量的阿拉伯数字表示应符合下列规定：

（1）碳含量　用两位或三位阿拉伯数字表示碳的质量分数最佳控制值（以

万分之几或十万分之几计）。

1）只规定碳含量上限者，当碳的质量分数上限不大于0.10%时，以其上限的3/4表示碳含量；当碳的质量分数上限大于0.10%时，以其上限的4/5表示碳含量。例如：碳的质量分数上限为0.08%，碳含量以06表示；碳的质量分数上限为0.20%，碳含量以16表示；碳的质量分数上限为0.15%，碳含量以12表示。对超低碳不锈钢（即碳的质量分数不大于0.030%），用三位阿拉伯数字表示碳的质量分数最佳控制值（以十万分之几计）。例如：碳的质量分数上限为0.03%时，其牌号中的碳含量以022表示；碳的质量分数上限为0.02%时，其牌号中的碳含量以015表示。

2）规定上、下限者，以平均碳的质量分数乘以100表示。例如：碳的质量分数为0.16%~0.25%时，其牌号中的碳含量以20表示。

（2）合金元素含量 合金元素含量以化学元素符号及阿拉伯数字表示，表示方法同合金结构钢第二部分。钢中加入的铌、钛、锆、氮等合金元素，虽然含量很低，也应在牌号中标出。

示例1：碳的质量分数不大于0.08%、铬的质量分数为18.00%~20.00%、镍的质量分数为8.00%~11.00%的不锈钢，牌号为06Cr19Ni10。

示例2：碳的质量分数不大于0.030%、铬的质量分数为16.00%~19.00%、钛的质量分数为0.10%~1.00%的不锈钢，牌号为022Cr18Ti。

示例3：碳的质量分数为0.15%~0.25%、铬的质量分数为14.00%~16.00%、锰的质量分数为14.00%~16.00%、镍的质量分数为1.50%~3.00%、氮的质量分数为0.15%~0.30%的不锈钢，牌号为20Cr15Mn15Ni2N。

示例4：碳的质量分数不大于0.25%、铬的质量分数为24.00%~26.00%、镍的质量分数为19.00%~22.00%的耐热钢，牌号为20Cr25Ni20。

5.2.2 有色金属材料牌号表示方法

1. 铝及铝合金牌号（代号）表示方法

（1）铸造纯铝牌号表示方法 铸造纯铝牌号由铸造代号“Z”（“铸”的汉语拼音第一个字母）和基体金属的化学元素符号Al，以及表明产品纯度百分含量的数字组成，如ZAl99.5。

（2）铸造铝合金牌号表示方法 铸造铝合金牌号由铸造代号“Z”和基体金属的化学元素符号Al、主要合金化学元素符号，以及表明合金化元素名义百分含量的数字组成。

1）当合金化元素多于两个时，合金牌号中应列出足以表明合金主要特性的元素符号及其名义百分含量的数字。

2）合金化元素符号按其名义百分含量递减的次序排列。当名义含量相等时，则按元素符号字母顺序排列。当需要表明决定合金类别的合金化元素首先列出时，不论其含量多少，该元素符号均应置于基体元素符号之后。

3）除基体元素的名义百分含量不标注外，其他合金化元素的名义百分含量均标注于该元素符号之后。当合金化元素含量规定为大于或等于1%（质量分数）的某个范围时，采用其平均含量的修约化整值。必要时也可用带一位小数的数字标注。合金化元素含量小于1%（质量分数）时，一般不标注，只有对合金性能起重大影响的合金化元素，才允许用一位小数标注其平均含量。

4）数值修约按 GB/T 8170—2008 的规定进行。

5）对具有相同主成分，需要控制低间隙元素的合金，在牌号后的圆括弧内标注 ELI。

6）对杂质限量要求严、性能要求高的优质合金，在牌号后面标注大写字母“A”表示优质。

示例：

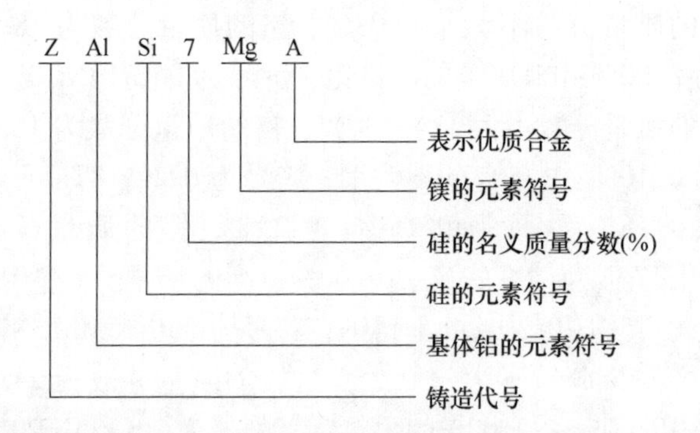

注：除铸造铝及铝合金外，其他铸造有色金属材料的牌号参照以上方法进行表示。

7）压铸铝合金牌号由压铸铝合金代号“YZ”（“压”和“铸”的汉语拼音第一个字母）和基体金属的化学元素符号 Al、主要合金化学元素符号，以及表明合金化元素名义百分含量的数字组成，如 YZAlSi10Mg。

（3）铸造铝合金代号表示方法

1）铸造铝合金（除压铸外）代号由字母“Z”“L”（它们分别是“铸”“铝”的汉语拼音第一个字母）及其后的三个阿拉伯数字组成。ZL 后面第一个数字表示合金系列，其中 1、2、3、4 分别表示铝硅、铝铜、铝镁、铝锌系列合金，ZL 后面第二、三两个数字表示顺序号。优质合金在数字后面附加字母“A”。

示例：

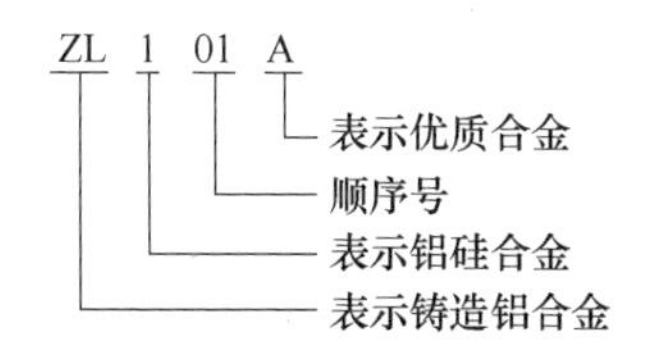

2）压铸铝合金代号由字母“Y”“L”（它们分别是“压”“铝”的汉语拼音第一个字母）及其后的三个阿拉伯数字组成。YL 后面第一个数字表示合金系列，其中 1、2、3、4 分别表示铝硅、铝铜、铝镁、铝锡系列合金，YL 后面第二、三两个数字表示顺序号。

示例：

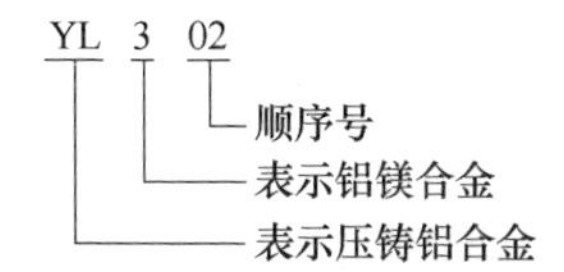

（4）变形铝及铝合金牌号表示方法　变形铝及铝合金牌号表示方法见表 5-15，铝及铝合金的组别见表 5-16，合金元素极限含量的变化量见表 5-17。变形铝及铝合金新旧牌号对照见表 5-18。

表 5-15　变形铝及铝合金牌号表示方法

四位字符体系牌号命名方法	四位字符体系牌号的第一、三、四位为阿拉伯数字，第二位为英文大写字母（C、I、L、N、O、P、Q、Z 字母除外）。牌号的第一位数字表示铝及铝合金的组别，见表 5-16。除改型合金外，铝合金组别按主要合金元素（6×××系按 Mg_2Si）来确定，主要合金元素指极限含量算术平均值最大的合金元素。当有一个以上的合金元素极限含量算术平均值同为最大时，应按 Cu、Mn、Si、Mg、Mg_2Si、Zn、其他元素的顺序来确定合金组别。牌号的第二位字母表示原始纯铝或铝合金的改型情况，最后两位数字用以表示同一组中不同的铝合金或表示铝的纯度
纯铝的牌号命名法	铝的质量分数不低于 99.00%时为纯铝，其牌号用 1×××系列表示。牌号的最后两位数字表示最低铝百分含量（质量分数）。当最低铝的质量分数精确到 0.01%时，牌号的最后两位数字就是最低铝百分含量中小数点后面的两位。牌号第二位的字母表示原始纯铝的改型情况。如果第二位的字母为 A，则表示原始纯铝；如果是 B～Y 的其他字母，则表示原始纯铝的改型，与原始纯铝相比，其元素含量略有改变

（续）

铝合金的牌号命名法	铝合金的牌号用2×××~8×××系列表示。牌号的最后两位数字没有特殊意义，仅用来区分同一组中不同的铝合金。牌号第二位的字母表示原始合金的改型情况。如果牌号第二位的字母是A，则表示原始合金；如果是B~Y的其他字母（按国际规定用字母表的次序运用），则表示原始合金的改型合金。改型合金与原始合金相比，化学成分的变化，仅限于下列任何一种或几种情况 1）一个合金元素或一组组合元素①形式的合金元素，极限含量算术平均值的变化量应符合表5-17规定 2）增加或删除了极限含量算术平均值不超过0.30%（质量分数）的一个合金元素；增加或删除了极限含量算术平均值不超过0.40%（质量分数）的一组组合元素①形式的合金元素 3）为了同一目的，用一个合金元素代替了另一个合金元素 4）改变了杂质的极限含量 5）细化晶粒的元素含量有变化

① 组合元素是指在规定化学成分时，对某两种或两种以上的元素总含量规定极限值时，这两种或两种以上的元素的统称。

表5-16　铝及铝合金的组别

组　　别	牌号系列
纯铝（铝的质量分数不小于99.00%）	1×××
以铜为主要合金元素的铝合金	2×××
以锰为主要合金元素的铝合金	3×××
以硅为主要合金元素的铝合金	4×××
以镁为主要合金元素的铝合金	5×××
以镁和硅为主要合金元素并以Mg_2Si相为强化相的铝合金	6×××
以锌为主要合金元素的铝合金	7×××
以其他合金元素为主要合金元素的铝合金	8×××
备用合金组	9×××

表5-17　合金元素极限含量的变化量

原始合金中的极限含量（质量分数）算术平均值范围	极限含量（质量分数）算术平均值的变化量
≤1.0%	≤0.15%
>1.0%~2.0%	≤0.20%
>2.0%~3.0%	≤0.25%
>3.0%~4.0%	≤0.30%
>4.0%~5.0%	≤0.35%
>5.0%~6.0%	≤0.40%
>6.0%	≤0.50%

注：改型合金中的组合元素极限含量的算术平均值，应与原始合金中相同组合元素的算术平均值或各相同元素（构成该组合元素的单个元素）的算术平均值之和相比较。

表 5-18　变形铝及铝合金新旧牌号对照

新牌号	旧牌号	新牌号	旧牌号
1035	L4	2A17	LY17
1050	L3	2A20	LY20
1060	L2	2A21	214
1070	L1	2A25	215
1100	L5-1	2A49	149
1200	L5	2A50	LD5
5056	LF5-1	2B50	LD6
5083	LF4	2A70	LD7
6061	LD30	2B70	LD7-1
6063	LD31	2A80	LD8
6070	LD2-2	2A90	LD9
7003	LC12	3A21	LF21
1A99	LG5	4A01	LT1
1A97	LG4	4A11	LD11
1A93	LG3	4A13	LT13
1A90	LG2	4A17	LT17
1A85	LG1	4A91	491
1A50	LB2	5A01	LF15
1A30	L4-1	5A02	LF2
2A01	LY1	5A03	LF3
2A02	LY2	5A05	LF5
2A04	LY4	5B05	LF10
2A06	LY6	5A06	LF6
2A10	LY10	5B06	LF14
2A11	LY11	5A12	LF12
2B11	LY8	5A13	LF13
2A12	LY12	5A30	LF16
2B12	LY9	5A33	LF33
2A13	LY13	5A41	LT41
2A14	LD10	5A43	LF43
2A16	LY16	5A66	LT66
2B16	LY16-1	6A01	6N01

（续）

新牌号	旧牌号	新牌号	旧牌号
6A02	LD2	7A09	LC9
6B02	LD2-1	7A10	LC10
6A51	651	7A15	LC15
7A01	LB1	7A19	LC19
7A03	LC3	7A31	183-1
7A04	LC4	7A33	LB733
7A05	705	7A52	LC52
7B05	7N01	8A06	L6

（5）变形铝及铝合金基础状态代号及名称　变形铝及铝合金基础状态代号及名称见表5-19。

表5-19　变形铝及铝合金基础状态代号及名称

序号	代号	名称
1	F	自由加工状态
2	O	退火状态
3	H	加工硬化状态
4	W	固溶处理状态
5	T	不同于F、O或H状态的热处理状态
	T1	高温成形+自然时效 适用于高温成形后冷却、自然时效，不再进行冷加工（或影响力学性能极限的矫平、矫直）的产品
	T2	高温成形+冷加工+自然时效 适用于高温成形后冷却，进行冷加工（或影响力学性能极限的矫平、矫直）以提高强度，然后自然时效的产品
	T3	固溶处理+冷加工+自然时效 适用于固溶处理后，进行冷加工（或影响力学性能极限的矫平、矫直）以提高强度，然后自然时效的产品
	T4	固溶处理+自然时效 适用于固溶处理后，不再进行冷加工（或影响力学性能极限的矫直、矫平），然后自然时效的产品
	T5	高温成形+人工时效 适用于高温成形后冷却，不经冷加工（或影响力学性能极限的矫直、矫平），然后进行人工时效的产品

（续）

序 号	代 号	名 称
5	T6	固溶处理+人工时效 适用于固溶处理后，不再进行冷加工（或影响力学性能极限的矫直、矫平），然后人工时效的产品
	T7	固溶处理+过时效 适用于固溶处理后，进行过时效至稳定化状态，为获取除力学性能外的其他某些重要特性，在人工时效时，强度在时效曲线上越过了最高峰点的产品
	T8	固溶处理+冷加工+人工时效 适用于固溶处理后，经冷加工（或影响力学性能极限的矫直、矫平）以提高强度，然后人工时效的产品
	T9	固溶处理+人工时效+冷加工 适用于固溶处理后人工时效，然后进行冷加工（或影响力学性能极限的矫直、矫平）以提高强度的产品
	T10	高温成形+冷加工+人工时效 适用于高温成形后冷却，经冷加工（或影响力学性能极限的矫直、矫平）以提高强度，然后进行人工时效的产品

2. 镁及镁合金牌号（代号）表示方法

1）铸造镁及镁合金牌号表示方法如下：

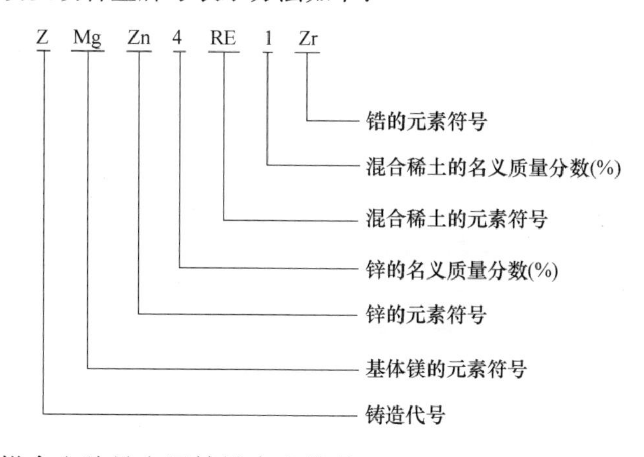

2）压铸镁合金牌号由压铸镁合金代号“YZ”（“压”和“铸”的汉语拼音第一个字母）和基体金属的化学元素符号Mg、主要合金化学元素符号，以及表明合金化元素名义百分含量的数字组成，如YZMgAl2Si。

3）铸造镁合金（除压铸外）代号由字母“Z”“M”（它们分别是“铸”“镁”的汉语拼音第一个字母）及其后的一个阿拉伯数字组成。ZM后面数字表示合金的顺序号。示例如下：

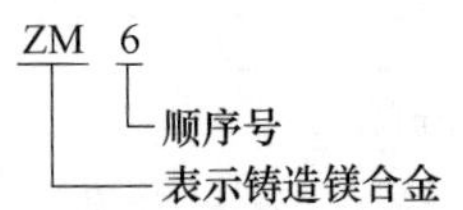

4）压铸镁合金代号由字母“Y”“M”（它们分别是“压”“镁”的汉语拼音第一个字母）及其后的三个阿拉伯数字组成。YM后面第一个数字表示合金系列，其中1、2、3分别表示镁铝硅、镁铝锰、镁铝锌系列合金，YM后面第二、三两个数字表示顺序号。示例如下：

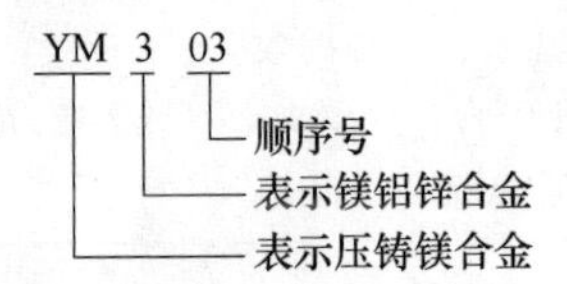

5）纯镁牌号以Mg加数字的形式表示，Mg后的数字表示Mg的质量分数。

6）镁合金牌号以英文字母加数字再加英文字母的形式表示。前面的英文字母是其最主要的合金组成元素代号（元素代号符合表5-20的规定，可以是一位也可以是两位），其后的数字表示其最主要的合金组成元素的大致含量。最后面的英文字母为标识代号，用以标识各具体组成元素相异或元素含量有微小差别的不同合金。

表5-20　镁及镁合金中的元素代号

元素代号	元素名称	元素代号	元素名称
A	铝	M	锰
B	铋	N	镍
C	铜	P	铅
D	镉	Q	银
E	稀土	R	铬
F	铁	S	硅
G	钙	T	锡
H	钍	W	镱
K	锆	Y	锑
L	锂	Z	锌

示例：

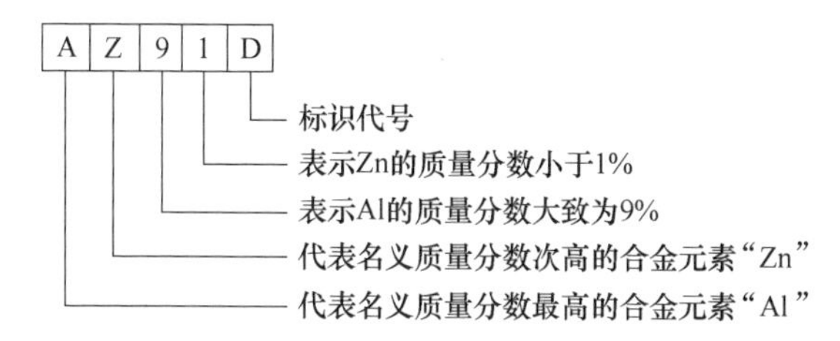

3. 铜及铜合金牌号表示方法

（1）铸造铜合金牌号表示方法

1）铸造铜及铜合金牌号表示方法示例：

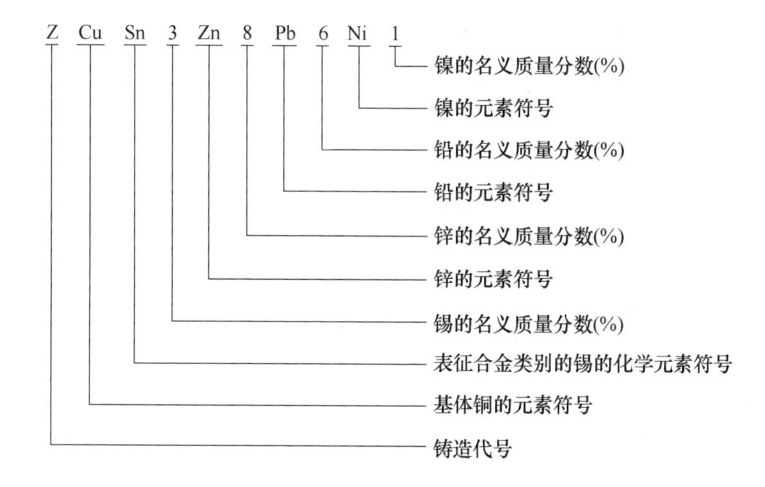

2）在加工铜及铜合金牌号的命名方法的基础上，牌号的最前端加上“铸造”一词汉语拼音的第一个大写字母“Z”。

以上两种牌号表示方法均符合要求。

（2）加工铜及铜合金牌号表示方法

1）铜和高铜合金牌号表示方法。高铜合金是指以铜为基体金属，在铜中加入一种或几种微量元素以获得某些预定特性的合金。一般铜的质量分数为 96%～99.3%，用于冷、热压力加工。铜和高铜合金牌号中不体现铜的含量，其命名方法如下：

① 铜以“T+顺序号”或“T+第一主添加元素化学符号+各添加元素含量（质量分数，数字间以“-”隔开）”命名。

示例 1：铜的质量分数（含银）≥99.90%的二号纯铜的牌号为

示例 2：银的质量分数为 0.06%~0.12%的银铜的牌号为

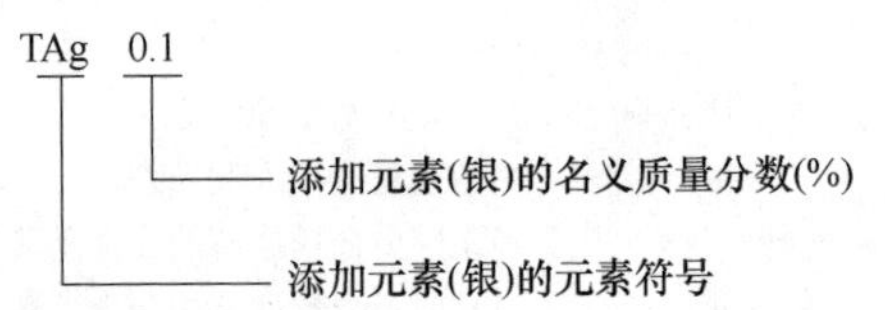

示例 3：银的质量分数为 0.08%～0.12%、磷的质量分数为 0.004%～0.012%的银铜的牌号为

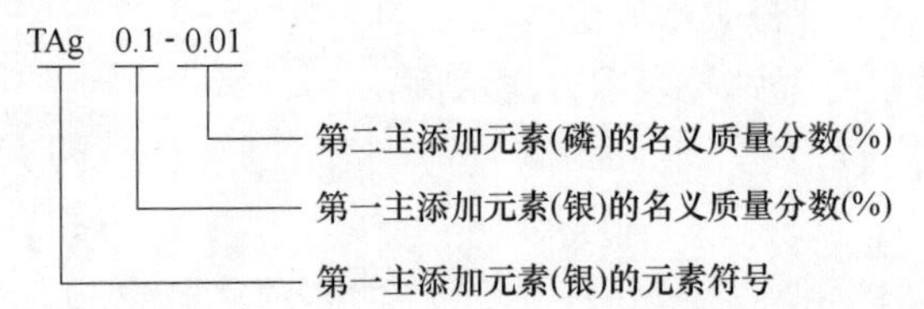

② 无氧铜以“TU+顺序号”或“TU+添加元素的化学符号+各添加元素含量（质量分数）”命名。

示例 1：氧的质量分数≤0.002%的一号无氧铜的牌号为

示例 2：银的质量分数为 0.15%~0.25%、氧的质量分数≤0.003%的无氧银铜的牌号为

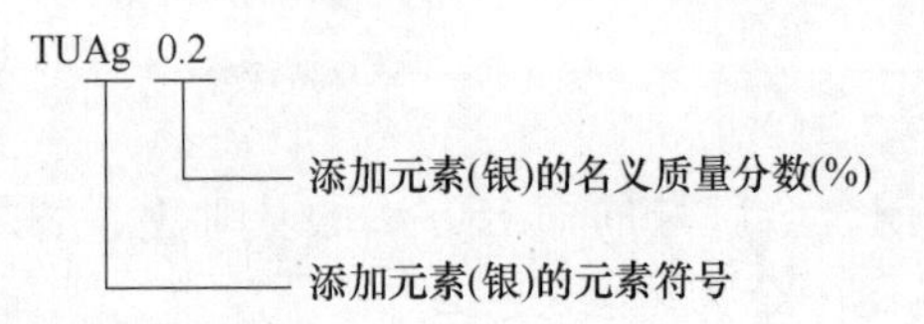

③ 磷脱氧铜以“TP+顺序号”命名。

示例：磷的质量分数为 0.015%~0.040%的二号磷脱氧铜的牌号为

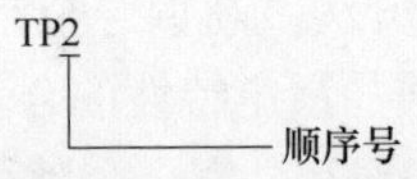

④ 高铜合金以“T+第一主添加元素化学符号+各添加元素含量（质量分数，数字间以“-”隔开）”命名。

示例：铬的质量分数为 0.50%~1.50%、锆的质量分数为 0.05%~0.25%的高铜的牌号为

2）黄铜牌号表示方法。黄铜中锌为第一主添加元素，但牌号中不体现锌的

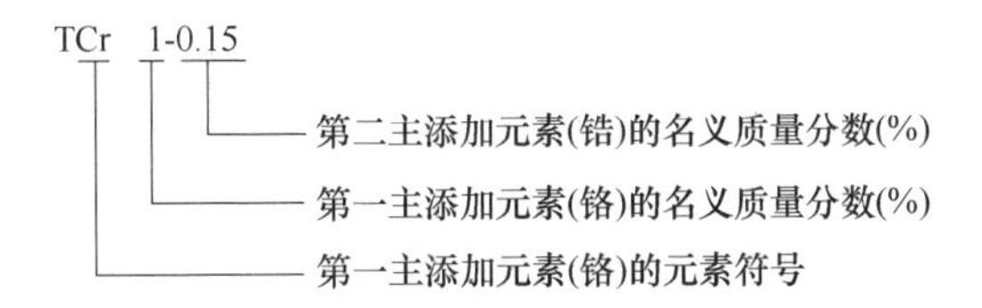

含量。其命名方法如下：

① 普通黄铜以“H+铜含量（质量分数）”命名。

示例：铜的质量分数为63%~68%的普通黄铜的牌号为

② 复杂黄铜以“H+第二主添加元素化学符号+铜含量（质量分数）+除锌以外的各添加元素含量（质量分数，数字间以“-”隔开）”命名。

示例：铅的质量分数为0.8%~1.9%、铜的质量分数57.0%~60.0%的铅黄铜的牌号为

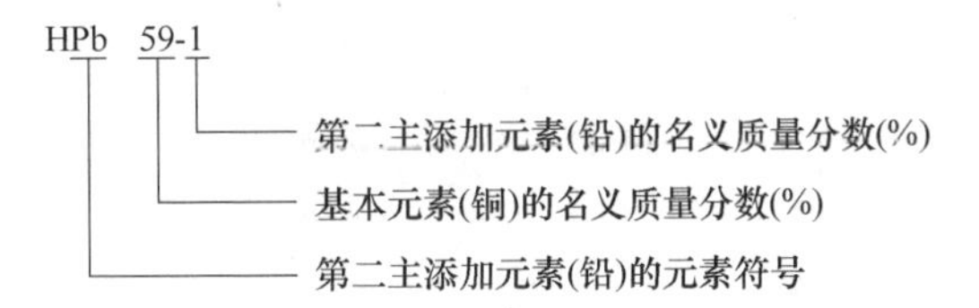

3）青铜牌号表示方法。青铜以“Q+第一主添加元素化学符号+各添加元素含量（质量分数，数字间以“-”隔开）”命名。

示例 1：铝的质量分数为4.0%~6.0%的铝青铜的牌号为

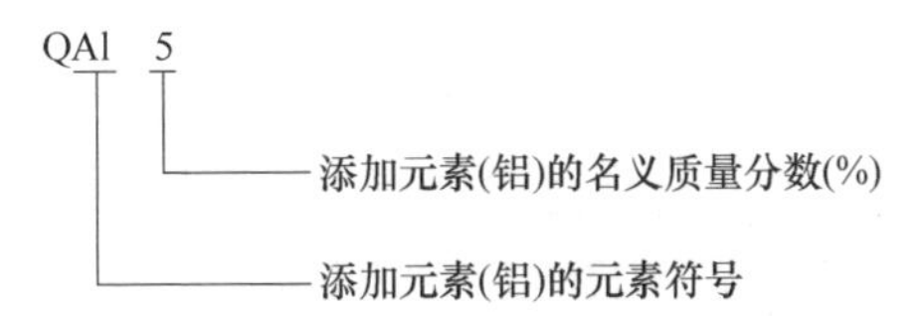

示例 2：锡的质量分数为6.0%~7.0%、磷的质量分数为0.10%~0.25%的锡磷青铜的牌号为

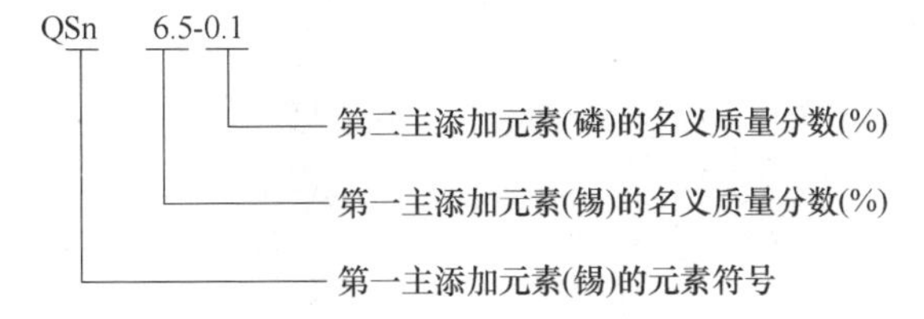

4）白铜牌号表示方法。白铜牌号命名方法如下：

① 普通白铜以“B+铜含量（质量分数）”命名。

示例：镍的质量分数（含钴）为29%~33%的普通白铜的牌号为

② 复杂白铜包括铜为余量的复杂白铜和锌为余量的复杂白铜：铜为余量的复杂白铜，以“B+第二主添加元素化学符号+镍含量（质量分数）+各添加元素含量（质量分数，数字间以“-”隔开）”命名；锌为余量的锌白铜，以“B+Zn元素化学符号+第一主添加元素（镍）含量（质量分数）+第二主添加元素（锌）含量（质量分数）+第三主添加元素含量（质量分数，数字间以“-”隔开）”命名。

示例1：镍的质量分数为9.0%~11.0%、铁的质量分数为1.0%~1.5%、锰的质量分数为0.5%~1.0%的铁白铜的牌号为

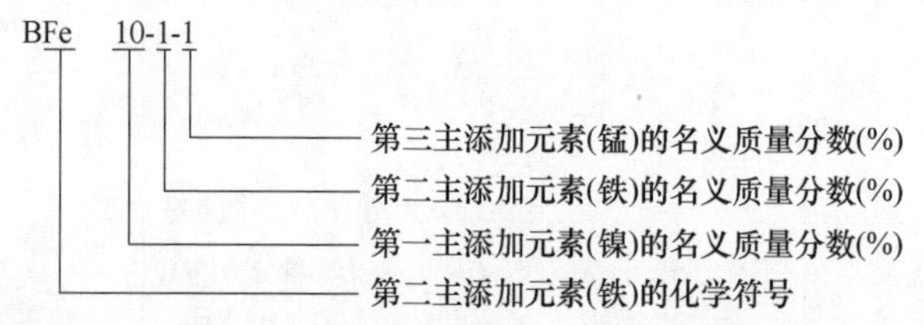

示例2：铜的质量分数为60.0%~63.0%、镍的质量分数为14.0%~16.0%、铅的质量分数为1.5%~2.0%、锌为余量的含铅锌白铜的牌号为

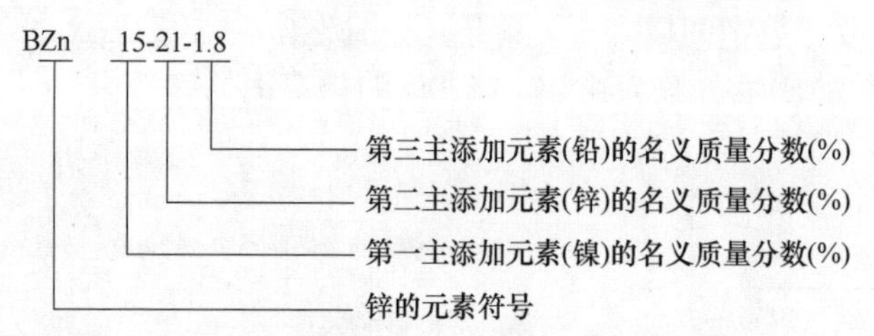

（3）再生铜及铜合金牌号表示方法　在加工铜及铜合金牌号命名方法的基础上，再生铜及铜合金牌号的最前端加上“再生”英文单词“recycling”的第一个大写字母“R”。

4. 锌及锌合金牌号表示方法

锌及锌合金牌号表示方法见表5-21。

5. 钛及钛合金牌号表示方法

钛及钛合金牌号表示方法见表5-22。

6. 镍及镍合金牌号表示方法

（1）铸造镍及镍合金牌号表示方法　铸造镍及镍合金牌号表示方法应符合

GB/T 8063—2017《铸造有色金属及其合金牌号表示方法》的规定。

表 5-21　锌及锌合金牌号表示方法

牌号名称		牌号举例	表示方法说明
铸造锌合金		ZZnAl4Cu1Mg	Z Zn Al 4 Cu 1 Mg Mg—加有少量镁 1—铜的名义质量分数(%) Cu—铜的元素符号 4—铝的名义质量分数(%) Al—铝的元素符号 Zn—基体金属锌的元素符号 Z—铸造代号
压铸锌合金		YZZnAl4Cu1	Y Z Zn Al 4 Cu 1 1—铜的名义质量分数(%) Cu—铜的元素符号 4—铝的名义质量分数(%) Al—铝的元素符号 Zn—基体金属锌的元素符号 Z—铸造代号 Y—压力代号
加工锌	由锌锭加工成的锌制品	Zn99.95	与所用锌锭牌号相同，如电镀用锌阳极板
	锌饼、锌板和锌带	DX	包括锌饼、锌板和锌带等加工产品

表 5-22　钛及钛合金牌号表示方法

类别	牌号举例		牌号表示方法说明
	名称	牌号	
加工钛及钛合金	α 钛及钛合金	TA1-M、TA4	TA 1 - M M—状态　符号含义同铝合金状态，M表示退火状态 1—顺序号　金属或合金的顺序号 TA—合金代号　表示金属或合金组织类型：TA—α型Ti及合金；TB—β型Ti合金；TC— α+β 型Ti合金
	β 钛合金	TB2	
	α+β 钛合金	TC1、TC4、TC9	

（续）

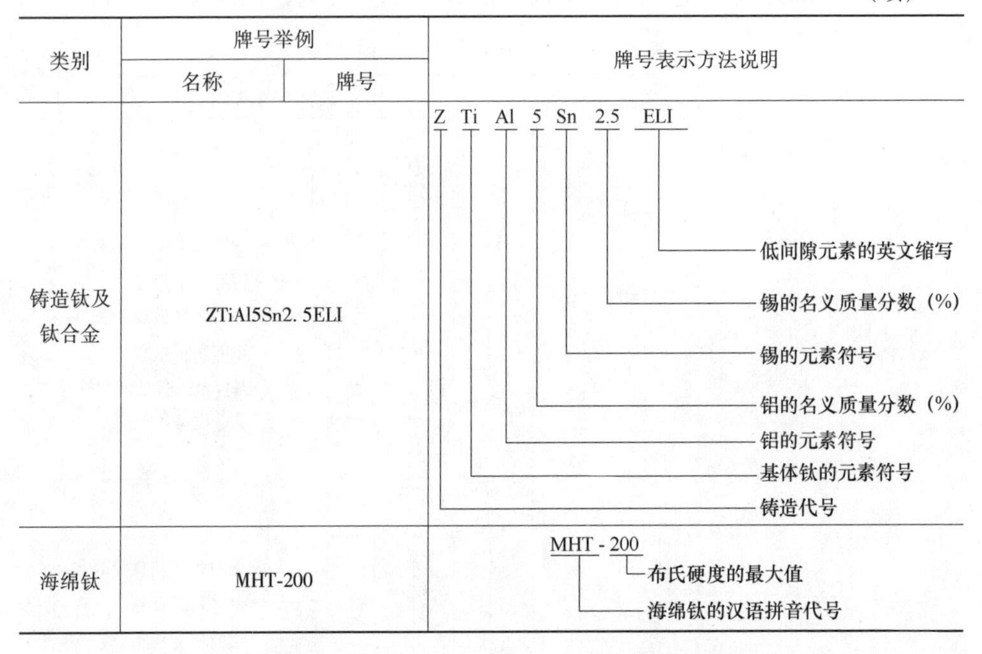

类别	牌号举例		牌号表示方法说明
	名称	牌号	
铸造钛及钛合金	ZTiAl5Sn2. 5ELI		Z Ti Al 5 Sn 2.5 ELI ELI—低间隙元素的英文缩写 2.5—锡的名义质量分数（%） Sn—锡的元素符号 5—铝的名义质量分数（%） Al—铝的元素符号 Ti—基体钛的元素符号 Z—铸造代号
海绵钛	MHT-200		MHT - 200 200—布氏硬度的最大值 MHT—海绵钛的汉语拼音代号

（2）加工镍及镍合金牌号表示方法　加工镍及镍合金牌号表示方法见表5-23。

表 5-23　加工镍及镍合金牌号表示方法

类别	牌号示例	说　明
加工镍及镍合金	N4、NY1、NSi0. 19、NMn2-2-1、NCu28-2. 5-1. 5M、NCr10	N Cu 28 - 2.5 - 1.5 M M—状态：符号含义同铝合金状态 1.5—添加元素含量（质量分数）以百分之几表示 28—序号或主添加元素含量（质量分数）：纯镍中为顺序号；以百分之几表示主添加元素含量 Cu—主添加元素：用元素符号表示 N—分类代号：N—纯镍或镍合金；NY—阳极镍
电解镍	Ni9990	表示镍含量不低于99. 90%（质量分数）

7. 稀土牌号表示方法

稀土金属及其合金牌号表示方法见表5-24，稀土金属及其合金级别代号见表5-25。

表 5-24　稀土金属及其合金牌号表示方法

牌号层次及产品分类	牌号分三个层次，每个层次均用两位数字表示 第一层次表示稀土产品的大类，其分类见表 5-25 第二层次（除 00 大类产品外）表示稀土产品的次类，其分类见表 5-25 第三层次不表示产品分类，仅表示某一产品的级别（规格）
牌号组成	采用六位阿拉伯数字组表示牌号 第 1、2 位数字表示稀土产品的第一层次产品，即某一大类产品 第 3、4 位数字表示某一大类产品的第二层次的产品分类，即某一次类产品（除 00 大类产品外） 第 5、6 位数字表示某一产品的级别（规格）
表示方法	XX　XX　XX 第三层次：某一产品的级别（规格）（见表5-25） 第二层次：某一次类的产品（00大类产品除外） 第一层次：某一大类的产品

表 5-25　稀土金属及其合金级别代号

第一层次		第二层次		第三层次
第 1、2 位数字代号	大类产品的分类	第 3、4 位数字代号	次类产品的分类	第 5、6 位数字代号，表示产品的级别（规格）
00	稀土矿	00~99	①	1）表示稀土（单一或总）的百分含量 当百分含量等于或大于 90%（质量分数）时，用百分含量中“9”的个数及紧靠“9”后的第一位尾数组成的两位数表示。如“9”后无尾数或尾数为“0”时，即用百分含量中“9”的个数及后加一个“0”组成的两位数字表示。例如：96%表示为 16，99. 5%表示为 25，99. 999%表示为 50 当百分含量小于 90%（质量分数）时，直接用百分含量前两位数字表示。如百分含量只有一位数字时，即在前面加“0”补足两位数字表示。例如：55%表示为 55，18%表示为 18，1%表示为 01 2）凡不能以 1）中方法表示的产品，如以性能、颗粒大小、尺寸规格等表示的或化学成分带小数点的产品，一律用两位数字的顺序号，从 00~99 依次对产品级别（规格）进行排序表示。当某一产品只有一个级别（规格）时，其第 5、6 位数字代号一律用“00”表示
01	镧	00~04	富集物	
02	铈	05~09	氢氧化物	
03	镨	10~14	氧化物	
04	钕	15~19	氯化物	
05	钷	20~24	氟化物	
06	钐	25	硫化物	
07	铕	26	硼化物	
08	钆	27	氢化物	
09	铽	28	溴化物	
10	镝	29	碘化物	
11	钬	30~31	硝酸盐	
12	铒	32~33	碳酸盐	
13	铥	34~35	硫酸盐	
14	镱	36~37	醋酸盐	
15	镥	38~39	草酸盐	

（续）

第一层次		第二层次		第三层次
第1、2位数字代号	大类产品的分类	第3、4位数字代号	次类产品的分类	第5、6位数字代号，表示产品的级别（规格）
16	钪	40~49	金属冶炼产品	3）在特殊情况下，如主要稀土百分含量要求相同，但其他成分（包括杂质）百分含量要求不同的产品，或当某一产品的主要技术要求相同，但其他要求不同时等情况，可在相同的第5、6位数字后依次加大写字母A、B、C、D等表示，以区别不同的产品
17	钇	50~59	合金冶炼产品	
18	钍	60~69	金属及合金粉	
19	混合稀土	70~79	金属及合金加工产品	
		80~89	应用产品	
		90~99	备用	
20	特殊产品	00~09	稀土发光材料	
		10~19	稀土催化剂	
		20~29	稀土添加剂	
		30~39	稀土大磁致伸缩材料	
		40~49	稀土发热材料	
		50~59	稀土颜料	
		60~99	备用	
21~99	备用			

① 第一层次中的00大类的产品不分次类产品，其第3、4位数字直接按顺序号从00~99依次对产品进行排序。

8. 贵金属及其合金牌号表示方法

贵金属及其合金牌号表示方法见表5-26。

表5-26 贵金属及其合金牌号表示方法

类别	牌号举例	方法说明
冶炼产品	IC-Au99.99 SM-Pt99.999	□-□ □ 产品纯度（用百分含量的数字表示，不含百分号） 产品名称（用元素符号表示） 产品形状 { IC—英文字母，表示铸锭状金属 SM—英文字母，表示海绵状金属

（续）

类别	牌号举例	方法说明
加工产品	Pl-Au99. 999 W-Pt90Rh W-Au93NiFeZr St-Au75Pd St-Ag30Cu	□-□ □ □ 添加元素：纯金属无此项；二元及以上的合金依含量的多少依次用元素符号表示 基体元素含量：纯金属用百分含量，不含百分号；合金用基体元素的百分含量，不含百分号 产品名称（用纯金属及合金基体的元素符号表示） 产品形状（用英文字母表示：Pl—板材，Sh—片材，St—带材，F—箔材，T—管材，R—棒材，W—线材，Th—丝材） 注：若产品的基体元素为贱金属，添加元素为贵金属，则仍将贵金属作为基体元素放在第二项，第三项表示该贵金属的含量，贱金属元素放在第四项
复合材料	St-Ag99. 95/ QSn6. 5-0. 1 St-Ag90Ni/H62Y2 St-Ag99. 95/T2/ Ag99. 95	□-□/□ □ 产品状态（M—软态，Y2—半硬态，Y—硬态，或省略） 贱金属牌号（表示方法参见现行国标） 贵金属牌号相关部分（表示方法同加工产品牌号表示方法中的第二项~第四项及“注”） 产品形状（表示方法同加工产品牌号表示方法中的第一项） 注：三层及三层以上复合材料，在第三项后面依次插入表示后面层的相关牌号，并以“/”相隔开
粉末产品	PAg-S6. 0 PPd-G0. 15	P □-□ □ 粉末平均粒径（用单位为微米的粒径数值表示，当平均粒径为一范围时则取其上限值） 粉末形状：S—（英文字母）表示片状；G—（英文字母）表示球状 粉末名称（纯金属用元素符号；氧化物用分子式；合金用基体元素符号及其含量、添加元素符号，依次表示） 粉末产品代号（英文字母）

（续）

类别	牌号举例	方法说明
钎料	BVAg72Cu-780 BAg70CuZn-690/740	B（□）□－□ □（最后一项）：钎焊料熔化温度（共晶温度或固液相线温度） □（第三项）：钎焊料的基体元素及其含量、添加元素（表示方法同加工产品表示方法中第二项~第四项及“注”） （□）：钎焊料用途（用大写英文字母表示，如V为电真空钎焊料） B：钎焊料代号（英文字母） 注：若不强调钎料的用途，第二项可不用字母表示

5.3 合金元素的作用

5.3.1 合金元素在钢中的作用

随着现代工业和科学技术的不断发展，在机械制造中，对零件的强度、硬度、韧性、耐磨性以及其他性能的要求越来越高，碳钢已不能完全满足这些要求。为了使钢合金化而增强其综合性能，必须加入其他合金元素，最常用的合金元素有硅、锰、铬、镍、钼、钨、钒、钛、铌、硼、铝等。

1. 硅在钢中的作用

（1）对钢的显微组织及热处理的影响

1）作为钢中的合金元素，其质量分数一般不低于0.4%，以固溶体形态存在于铁素体或奥氏体中，能够缩小奥氏体相区。

2）提高退火、正火和淬火温度，在亚共析钢中提高淬透性。

3）硅不形成碳化物，可强烈地促进碳的石墨化，在硅含量较高的中碳钢和高碳钢中，如不含有强碳化物形成元素，易在一定温度下发生石墨化。

4）在渗碳钢中，硅能够减小渗碳层厚度和碳的浓度。

5）硅对钢液有良好的脱氧作用。

（2）对钢的力学性能的影响

1）提高铁素体和奥氏体的硬度和强度，其作用比锰、镍、铬、钨、钼、钒等更强；显著提高钢的弹性极限、屈服强度和屈强比，并提高疲劳强度。

2）硅的质量分数超过3%时，钢的塑性和韧性显著降低。

3）使钢中形成带状组织，造成横向性能低于纵向性能。

4）改善钢的耐磨性。

（3）对钢的物理、化学及工艺性能的影响

1）降低钢的密度、热导率、电导率和电阻温度系数。

2）硅钢片的涡流损耗量显著低于纯铁，矫顽力、磁阻和磁滞损耗低，磁导率和磁感强度较高。

3）提高高温时钢的抗氧化性能。

4）使钢的焊接性恶化。

5）硅的质量分数超过2.5%的钢，其塑性加工较为困难。

（4）在钢中的应用

1）在普通低合金钢中提高强度，改善局部耐蚀性。在调质钢中提高淬透性和耐回火性，是多元合金结构中的主要合金组元之一。

2）硅的质量分数为0.5%~2.8%的SiMn钢或SiMnB钢广泛用于高载荷弹簧材料，同时可加入钨、钒、钼、铌、铬等强碳化物形成元素。

3）硅钢片是硅的质量分数为1.0%~4.5%的低碳和超低碳钢，用于制造电机和变压器。

4）在不锈钢和耐蚀钢中，硅与钼、钨、铬、铝、钛、氮等配合，提高耐蚀性和抗高温氧化性能。

5）硅含量较高的石墨钢可用于冷模具材料。

2. 锰在钢中的作用

（1）对钢的显微组织及热处理的影响

1）锰是良好的脱氧剂和脱硫剂，工业用钢中均含有一定量的锰。

2）锰固溶于铁素体和奥氏体中，扩大奥氏体区，使临界温度升高。

3）锰极大降低了钢的马氏体转变温度（其作用仅次于碳）和钢中相变的速度，提高钢的淬透性，增加残留奥氏体含量。

4）使钢的调质组织均匀、细化，避免了渗碳层中碳化物的聚集成块，但增大了钢的过热敏感性和回火脆性。

5）锰是弱碳化物形成元素。

（2）对钢的力学性能的影响

1）锰强化铁素体或奥氏体的作用不及碳、磷、硅，在增加强度的同时，对延性无影响。

2）由于细化了珠光体，显著提高了低碳和中碳珠光体钢的强度，使延性有所降低。

3）通过提高淬透性而提高了调质处理索氏体钢的力学性能。

4）在严格控制热处理工艺、避免过热时晶粒长大以及回火脆性的前提下，锰不会降低钢的韧性。

（3）对钢的物理、化学及工艺性能的影响

1）随锰含量的增加，钢的热导率急剧下降，线胀系数上升，使快速加热或冷却时形成较大内应力，零件开裂倾向增大。

2）使钢的电导率急剧降低，电阻率相应增大。

3）使矫顽力增大，饱和磁感应强度、剩余磁感应强度和磁导率均下降，因而对永磁合金有利，对软磁合金有害。

4）锰含量很高时，钢的抗氧化性能下降。

5）与钢中的硫形成较高熔点的MnS，避免了晶界上的FeS薄膜，消除钢的热脆性，改善热加工性能。

6）高锰奥氏体钢的变形阻力较大，且钢锭中柱状结晶明显，锻轧时较易开裂。钢锭开裂后的组织如图5-1所示。

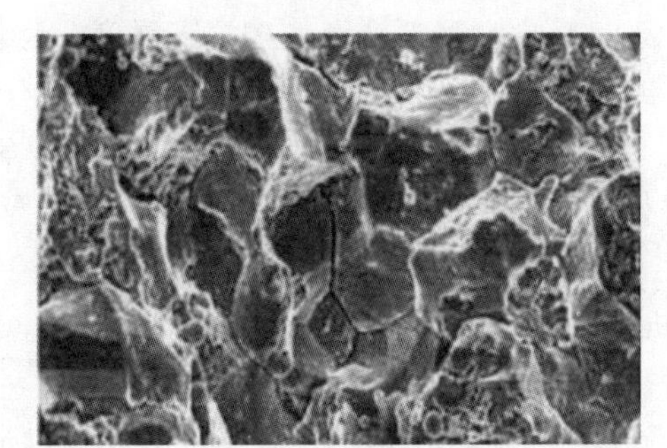

图5-1 钢锭开裂后的组织

7）由于提高了淬透性和降低了马氏体转变温度，对焊接性有不利影响。

（4）在钢中的应用

1）易切削钢中常有适量的锰和磷，MnS夹杂使切屑易于碎断。

2）普通低合金钢中利用锰提高钢的强度，锰的质量分数一般为1%~2%。

3）渗碳和调质合金结构钢的许多系列中锰的质量分数不超过2%。

4）锰可提高弹簧钢、轴承钢和工具钢产品的淬透性。

3. 镍在钢中的作用

（1）对钢的显微组织及热处理的影响

1）镍和铁能无限固溶，镍扩大铁的奥氏体区，是形成和稳定奥氏体的主要合金元素。

2）镍和碳不形成碳化物。

3）降低临界温度，降低钢中各元素的扩散速率，提高淬透性。

4）降低共析珠光体的碳含量，其作用仅次于氮而强于锰。在降低马氏体转变温度方面的作用约为锰的一半。

（2）对钢的力学性能的影响

1）强化铁素体并细化和增多珠光体，提高钢的强度，对钢的塑性影响较小。

2）含镍钢的碳含量可适当降低，因而可使韧性和塑性有所改善。

3）提高钢的疲劳性能，减小钢对缺口的敏感性。

4）由于对提高钢的淬透性和耐回火性的作用并不是十分强，镍对调质钢的意义不大。

（3）对钢的物理、化学及工艺性能的影响

1）极大降低钢的热导率和电导率。

2）镍的质量分数小于 30%的钢呈现顺磁性（即无磁钢），镍的质量分数不小于 30%的铁镍合金是重要的精密软磁材料。

3）镍的质量分数超过 15%的钢对硫酸和盐酸有很高的耐蚀性，但不能抗硝酸的腐蚀。总的来说，含镍钢对酸、碱以及大气都有一定的耐蚀性。

4）镍含量较高的钢在焊接时应采用奥氏体焊条，以防止裂纹的产生。

5）含镍钢中易出现带状组织和白点缺陷，应在生产工艺中加以防止。

（4）在钢中的应用

1）单纯的镍钢只在有特别高的韧性或很低的工作温度要求时才使用。

2）机械制造中使用的镍铬钢或镍铬钼钢，在热处理后能获得强度和韧性配合良好的综合力学性能。含镍钢特别适用于需要表面渗碳的零件。

3）在高合金奥氏体不锈耐热钢中镍是奥氏体化元素，能提供良好的综合性能，主要为镍铬系钢。

4）由于镍的稀缺，又是重要的战略物资，除非在用其他合金元素不可能达到性能要求时才会采用，应尽量少用和不用镍作为钢的合金元素。

4. 钴在钢中的作用

（1）对钢的显微组织及热处理的影响

1）钴和镍、锰一样，能够和铁形成连续固溶体。

2）钴是降低钢的淬透性的元素。

3）钴不是碳化物形成元素。

4）钴在回火或使用过程中能够抑制、延缓其他元素特殊碳化物的析出和聚集。

（2）对钢的力学性能的影响

1）强化钢的基体，碳素钢在退火或正火状态中提高硬度和强度，但会引起塑性和韧性的下降。

2）显著提高特殊用途钢的热强性和高温硬度。

3）提高马氏体时效钢的综合力学性能，使其具有超强韧性。

（3）对钢的物理、化学及工艺性能的影响

1）提高耐热钢的抗氧化性能。

2）增加磁饱和性能。

（4）在钢中的应用

1）主要用于高速钢、马氏体时效钢、耐热钢以及精密合金等，其中马氏体时效钢可用来制造高尔夫球杆的杆面。

2）钴资源缺乏、价格昂贵，钴的使用应尽量减少。

5. 铬在钢中的作用

（1）对钢的显微组织及热处理的影响

1）铬与铁能够形成连续固溶体，缩小奥氏体相区域。铬与碳形成多种碳化物，与碳的亲和力大于铁和锰而低于钨、钼等。

2）铬可降低珠光体中碳的浓度及奥氏体中碳的极限溶解度。

3）减缓奥氏体的分解速度，显著提高钢的淬透性，但也增加钢的回火脆性倾向。

（2）对钢的力学性能的影响

1）提高钢的强度和硬度，同时加入其他合金元素时，效果较显著。

2）显著提高钢的韧脆转变温度。

3）铬含量较高时韧性急剧下降。

（3）对钢的物理、化学及工艺性能的影响

1）提高钢的耐磨性，易获得较低的表面粗糙度值。

2）降低钢的电导率、电阻温度系数。

3）提高钢的矫顽力和剩余磁感应强度，广泛用于制造永磁钢工具，如警棍等。

4）铬使钢的表面形成钝化膜，显著提高钢的耐蚀性，若有铬的碳化物析出时，使钢的耐蚀性下降。

5）提高钢的抗氧化性能。

6）铬钢中易形成树枝状偏析，降低钢的塑性。

7）由于铬使钢的热导率下降，所以热加工时要缓慢升温，锻、轧后要缓冷。

（4）在钢中的应用

1）合金结构钢中主要利用铬提高淬透性，并可在渗碳表面形成含铬碳化物以提高其耐磨性。

2）弹簧钢中利用铬和其他元素一起提高钢的综合性能。

3）轴承钢中利用铬提高耐磨性，铬还可降低研磨后的表面粗糙度值。

4）工具钢和高速钢中主要利用铬提高耐磨性，并使之具有一定的耐回火性和韧性等。

5）不锈钢、耐热钢中铬常与锰、氮、镍联合使用，当需形成奥氏体钢时，稳定铁素体的铬与稳定奥氏体的锰、镍之间须有一定比例，如Cr18Ni9等。

6. 钼在钢中的作用

（1）对钢的显微组织及热处理的影响

1）钼在钢中可固溶于铁素体、奥氏体和碳化物中，它是缩小奥氏体相区的元素。

2）当钼含量较低时，与铁、碳形成复合的渗碳体，含量较高时可形成钼的特殊碳化物。

3）钼提高钢的淬透性，其作用比铬强，而稍逊于锰。

4）钼提高钢的耐回火性。作为单一合金元素存在时，增加钢的回火脆性；与铬、锰等并存时，钼又降低或抑止因其他元素所导致的回火脆性。

（2）对钢的力学性能的影响

1）钼对铁素体有固溶强化作用，同时也提高碳化物的稳定性，从而提高钢的强度。

2）钼对改善钢的延性、韧性及耐磨性可起到有利作用。

3）由于钼使形变强化后的软化温度及再结晶温度提高，并极大提高铁素体的蠕变抗力，可以有效抑制渗碳体在 450~600℃下聚集，促进特殊碳化物的析出，因而成为提高钢热强性的最有效的合金元素。

（3）对钢的物理、化学及工艺性能的影响

1）钼的质量分数大于 3%时，使钢的抗氧化性恶化。

2）钼的质量分数不超过 8%的钢仍可以锻、轧，但含量较高时，钢对热加工的变形抗力增高。

3）钼可以提高钢的耐蚀性，防止钢在氯化物溶液中的点蚀。

4）在碳的质量分数为 1.5%的磁钢中，质量分数为 2%~3%的钼可提高剩余磁感应强度和矫顽力。

（4）在钢中的应用

1）铬钼钢在许多情况下可代替铬镍钢来制造重要的零件，常常被用于制造一些耐高温、耐高压的阀门和压力容器。

2）在调质和渗碳结构钢、弹簧钢、轴承钢、工具钢、不锈耐酸钢、耐热钢、磁钢中都得到广泛应用。

7. 铜在钢中的作用

（1）对钢的显微组织及热处理的影响

1）铜是扩大奥氏体相区的元素，但在铁中的固溶度不大，铜与碳不形成碳化物。

2）钢对临界温度和淬透性的影响以及其固溶强化作用与镍相似，可用来代替一部分镍。

（2）对钢的力学性能的影响

1）提高钢的强度，特别是屈强比。

2）随着铜含量的提高，钢的室温韧性略有提高。

3）提高钢的疲劳强度。

（3）对钢的物理、化学及工艺性能的影响

1）少量的铜加入钢中可以提高低合金结构钢和钢轨钢的抗大气腐蚀性能，与磷配合使用时效果更为显著。

2）略微提高钢的高温抗氧化性能。

3）改善钢液的流动性，对铸造性能有利。

4）含铜较高的钢，在热加工时容易开裂。

5）在不锈钢中加入质量分数为2%～3%的铜，可改善钢对硫酸和盐酸的耐蚀性。

（4）在钢中的应用

1）钢中加入铜主要应用于普通低合金钢、调质和渗碳结构钢、钢轨钢、不锈钢和铸钢。

2）我国有丰富的含铜铁矿，其中的铜不易分选，钢中的铜也不能在冶炼过程中分离，发展含铜钢有重大经济意义。如果用含铜废钢重复冶炼，将使钢中铜含量累积而升高。

8. 铝在钢中的作用

（1）对钢的显微组织及热处理的影响

1）铝与氧和氮有很强的亲和力，是炼钢时的脱氧定氮剂。

2）铝强烈缩小钢中的奥氏体相区。

3）铝和碳的亲和力小，在钢中一般不出现铝的碳化物。铝强烈促进碳的石墨化，加入铬、钛、钒、铌等强磁化物形成元素可抑制铝的石墨化作用。

4）铝细化钢的本质晶粒，提高钢晶粒粗化的温度，但当钢中的固溶金属铝含量超过一定值时，奥氏体晶粒反而容易长大粗化。

5）铝提高钢的马氏体的转变温度，减少淬火后的残留奥氏体含量，在这方面的作用除钴以外的其他合金元素相反。

（2）对钢的力学性能的影响

1）铝减轻钢对缺口的敏感性，减少或消除钢的时效现象，特别是降低钢的韧脆转变温度，改善钢在低温下的韧性。

2）铝有较大的固溶强化作用，高铝钢具有比强度较高的优点。铁素体型的铁铝系合金其高温强度和持久强度超过了Cr13钢，但其室温塑性和韧性低，冷变形加工困难。

3）奥氏体型铁铝锰系钢的综合性能较佳。

（3）对钢的物理、化学及工艺性能的影响

1）铝加入到铁铬合金中可使其电阻温度系数降低，可作电热合金材料。

2）铝与硅在减少变压器钢的铁心损耗方面有相近的作用。

3）铝含量达到一定值时，使钢的表面产生钝化现象，使钢在氧化性酸中具有耐蚀性，并提高对硫化氢的耐蚀性。铝对钢在氯气及氯化物气氛中的耐蚀性不利。

4）含铝的钢渗氮后表面形成氮化铝层，可提高硬度和疲劳强度，改善耐磨性。

5）铝作为合金元素加入钢中，可显著提高钢的抗氧化性。在钢的表面镀铝或渗铝可提高其抗氧化性和耐蚀性，可用于制造太阳能热水器等。

6）铝对热加工性能、焊接性和切削性有不利影响。

（4）在钢中的应用

1）铝在一般的钢中主要起脱氧和控制晶粒度的作用。

2）铝作为主要合金元素之一，广泛应用于特殊合金中，包括渗氮钢、不锈钢、耐热钢、电热合金、硬磁与软磁合金等。

9. 钒在钢中的作用

（1）对钢的显微组织及热处理的影响

1）钒和铁能够形成连续的固熔体，强烈地缩小奥氏体相区。

2）钒和碳、氮、氧都有极强的亲和力，在钢中主要以碳化物或氮化物、氧化物的形态存在。

3）通过控制奥氏体化温度来改变钒在奥氏体中的含量和未溶碳化物的数量以及钢的实际晶粒度，可以调节钢的淬透性。

4）由于钒与碳能够形成稳定难熔的碳化物，使钢在较高温度时仍保持细晶组织，大大减低钢的过热敏感性。

（2）对钢的力学性能的影响

1）少量的钒可使晶粒细化、韧性增大。

2）钒量较高导致聚集的碳化物出现，使强度降低，碳化物在晶内析出会降低室温韧性。

3）经适当的热处理使碳化物弥散析出时，钒可提高钢的高温持久强度和蠕变抗力。

4）钒的碳化物是金属碳化物中最硬和最耐磨的，弥散分布的碳化物可提高工具钢的硬度和耐磨性。

（3）对钢的物理、化学及工艺性能的影响

1）在铁镍合金中加入钒，经适当热处理后可提高磁导率。在永磁钢中加入钒，能提高矫顽力。

2）加入足够量的钒，将碳固定于钒碳化合物中时，可大大增加钢在高温高压下对氢的稳定性。不锈钢中，钒可改善抗晶间腐蚀的性能。

3）出现钒的氧化物时，对钢的高温抗氧化性不利。

4）含钒钢在加工温度较低时可显著增加变形能力。

5）钒可改善钢的焊接性。

（4）在钢中的应用

1）在普通低合金钢、合金结构钢、弹簧钢、轴承钢、合金工具钢、高速工具钢、耐热钢、抗氢钢、低温用钢等系列中得到广泛的应用。

2）钒是我国富有的元素之一，其价格虽较硅、锰、钛、钼略贵，但在钢中的用量（质量分数）一般不大于0.5%（除高速工具钢外），故应大力推广使用。目前钒已成为发展新钢种的常用元素之一。

10. 钛在钢中的作用

（1）对钢的显微组织及热处理的影响

1）钛和氮、氧、碳都有极强的亲和力，是一种良好的脱氧去气剂和固定氮、碳的有效元素。

2）钛和碳的化合物（TiC）结合力极强，稳定性高，只有加热到1000℃以上才会缓慢溶入铁的固溶体中，TiC微粒有阻止钢晶粒长大粗化的作用。

3）钛是强铁素体形成元素之一，使奥氏体相区缩小。固溶态钛提高钢的淬透性，而以TiC微粒存在时则降低钢的渗透性。

4）钛含量达一定值，由于$TiFe_2$的弥散析出，可产生沉淀硬化作用。

（2）对钢的力学性能的影响

1）当钛以固溶态存在于铁素体之中时，其强化作用高于铝、锰、镍、钼等，次于铍、磷、铜、硅。

2）钛对钢的力学性能的影响取决于它的存在形态和钛碳质量比以及热处理方法。质量分数在0.03%~0.1%之间的钛可使屈服强度有所提高，但当钛碳质量比超过4时，其强度和韧性急剧下降。

3）钛能提高持久强度和蠕变抗力。

4）钛对钢的韧性，特别是低温韧性有改善作用。

（3）对钢的物理、化学及工艺性能的影响

1）提高钢在高温、高压、氢气中的稳定性。

2）钛可提高不锈钢的耐蚀性，特别是对晶间腐蚀的抗力。

3）低碳钢中，当钛碳质量比达到4.5以上时，由于氧、氮、碳全部被固定，具有很好的耐应力腐蚀和耐碱脆性能。

4）在铬的质量分数为4%~6%的钢中加入钛，能提高钢在高温时的抗氧化性。

5）钢中加入钛可促进渗氮层的形成和较迅速获得所需的表面硬度。这种钢称为快速渗氮钢，可用于制造精密螺杆。

6）改善低碳锰钢和高合金不锈钢的焊接性。

（4）在钢中的应用

1）钛的质量分数超过0.025%时，可作为合金元素考虑。

2）钛作为合金元素在普通低合金钢、合金结构钢、合金工具钢、高速工具钢、不锈钢、耐热钢、永磁合金以及铸钢中得到广泛应用。

3）钛越来越多地被应用于各种先进材料，成为重要的战略物资，如航空航天器、动力机械等。

11. 钨在钢中的作用

（1）对钢的显微组织及热处理的影响

1）钨是熔点最高（3387℃）的难熔金属，在元素周期表中与铬、钼同族。在钢中的行为也与钼类似，即缩小奥氏体相区，并是强碳化物形成元素，部分固溶于铁中。

2）钨对钢的淬透性的作用不如钼和铬强。钨的特殊碳化物存在时，则降低钢的淬透性和淬硬性。

3）钨的特殊碳化物阻止钢晶粒的长大，降低钢的过热敏感性。

4）钨显著提高钢的耐回火性。

（2）对钢的力学性能的影响

1）钨提高了钢的耐回火性，碳化物十分坚硬，因而提高了钢的耐磨性，还使钢具有一定的热硬性。

2）提高钢在高温时的蠕变抗力，其作用不如钼强。

（3）对钢的物理、化学及工艺性能的影响

1）显著提高钢的密度，强烈降低钢的热导率。

2）显著提高钢的矫顽力和剩余磁感应强度。

3）钨对钢的耐蚀性和高温抗氧化性影响很小，含钨钢在高温时的耐热性显著下降。

4）含钨钢的高温塑性低，变形抗力高，热加工性能较差。

5）高合金钨钢在铸态中存在易熔相的偏析，锻造温度不能过高，并应防止高碳钨钢中由于碳的石墨化造成墨色断口缺陷。

（4）在钢中的应用　主要用于工模具钢，如高速钢和热锻模具钢。在有特殊需要时，应用于渗碳钢和调质钢。

12. 硼在钢中的作用

（1）对钢的显微组织及热处理的影响

1）硼和碳、硅、磷同属于半金属元素。硼与氮、氧之间有很强的亲和力。硼和碳形成碳化物B_4C。硼和铁形成两种即使在高温时也很稳定的中间化合物Fe_2B和FeB。

2）硼在钢中与残留的氮、氧化合形成稳定的夹杂物后会失去其本身的有益作用，只有以固溶形式存在于钢中的硼才能起到特殊的有益作用。

3）由于钢中硼的质量分数一般为0.001%~0.005%，对钢的显微组织没有明显的影响。钢中“有效硼”的作用主要是增加钢的淬透性。

4）微量硼有使奥氏体晶粒长大的倾向。硼还能够使钢增加回火脆性的倾向。

（2）对钢的力学性能的影响

1）微量硼可提高钢在淬火和低温回火后的强度，并使塑性略有提高。

2）经300~400℃回火的含硼钢，其韧性有所改善，且降低钢的韧脆转变温度。

3）奥氏体铬镍钢中加入硼，经固溶和时效处理后，由于沉淀强化的作用，强度会有所提高，但韧性有所下降。

4）硼对改善奥氏体钢的蠕变抗力有利。在珠光体耐热钢中，硼可提高其高温强度。

（3）对钢的物理、化学及工艺性能的影响

1）硼的质量分数超过0.007%时将出现钢的热脆现象，影响其热加工性能。

2）在含硼结构钢中，用微量硼代替较多量的其他合金元素后，其总合金元素含量降低，在高温时对变形的抗力减小，有利于模锻加工和延长锻模寿命。此外，含硼钢的氧化皮较松，易于脱落清理。

3）含硼钢经正火或退火后，硬度比淬透性相同的其他合金要低，对于切削加工有利。

（4）在钢中的应用

1）含硼钢在合金结构钢、普通低合金钢、弹簧钢、耐热钢、高速工具钢以及铸钢中均可应用，主要用途是增加钢的淬透性，从而节约其他合金元素。

2）利用硼吸收中子的能力，反应堆中采用硼的质量分数为0.1%~4.5%的高硼低碳钢，但其塑性加工十分困难。

13. 稀土元素在钢中的作用

（1）对钢的显微组织及热处理的影响

1）稀土元素化学性质活泼，在钢中与硫、氧、氢等化合，是很好的脱硫和去气剂，并能消除砷、锑、铋等元素的有害作用，改变钢中夹杂物的形态和分布，起到净化作用，从而改善钢的质量。

2）稀土元素在铁中的溶解度很低，不超过0.5%。

3）除镧和铁不形成中间化合物外，所有其他已研究过的稀土元素都和铁形成中间化合物。

（2）对钢的力学性能的影响

1）提高钢的塑性和韧性，特别是韧性。

2）搞高耐热钢、电热合金和高温合金的抗蠕变性能。

3）细化晶粒，均匀组织，有利于综合力学性能的改善。

（3）对钢的物理、化学及工艺性能的影响

1）提高钢的抗氧化性。

2）提高不锈钢的耐蚀性。

3）提高钢液的流动性，改善浇注的成品率，降低铸钢的热裂倾向。

4）明显改善高铬不锈钢的热加工性能。

5）改善钢的焊接性。

（4）在钢中的应用

1）在普通低合金钢、合金结构钢、轴承钢、工具钢、不锈钢和耐热钢、电热合金以及铸钢中得到应用。

2）为了稳定地获得稀土元素并改善钢的组织和性能的效果，应注意准确控制稀土在钢中的含量。

14. 氮在钢中的作用

（1）对钢的显微组织及热处理的影响

1）氮和碳一样可固溶于铁，形成间隙固溶体。

2）氮扩大钢的奥氏体相区，是一种很强的形成和稳定奥氏体的元素，其效力约是镍的 20 倍，在一定限度内可代替一部分镍用于钢中。

3）渗入钢表面的氮与铬、铝、钒、钛等元素可生成极稳定的氮化物，成为表面硬化和强化相。

4）氮使高铬和高铬镍钢的组织致密坚实。

5）钢中残留氮量过高会导致宏观组织疏松或气孔的产生。

（2）对钢的力学性能的影响

1）氮有固溶强化作用。

2）含氮铁素体钢中，在快冷后的回火或在室温长时间停留时，由于析出超显微氮化物，可发生沉淀硬化，氮也使低碳钢发生应变时效现象。在强度和硬度提高的同时，钢的韧性下降，缺口敏感性增加。氮导致钢的脆性特性与磷相似，其作用远大于磷。氮也是导致钢产生蓝脆的主要原因。

3）提高高铬钢和高铬镍钢的强度和韧性，而塑性并不降低。

4）提高钢的蠕变强度和高温持久强度。

（3）对钢的物理、化学及工艺性能的影响

1）氮对不锈钢的耐蚀性无显著影响。

2）氮的质量分数大于 0.16%时，会使抗氧化性恶化。

3）含氮钢的冷作变形硬化率较高。

4）氮可降低高铬铁素体钢的晶粒长大倾向，从而改善其焊接性。

（4）在钢中的应用

1）氮作为合金元素，在钢中的质量分数一般小于0.3%，特殊情况下可高达0.6%。

2）主要应用于渗氮调质钢、普通低合金钢、不锈钢和耐热钢，其中耐热钢可制造汽轮机的构件。

15. 硫、硒、碲在钢中的作用

（1）对钢的显微组织及热处理的影响

1）硫在大多数情况下是钢中的有害元素，在优质钢中其质量分数不应超过0.04%，碲和硒在周期表中与硫同族，其性质也相近。

2）硫、碲、硒可与铁形成低熔点的FeS、FeS_2，以及FeTe、$FeTe_2$、FeSe、$FeSe_2$等化合物，它们在铁中的溶解度都很低。

3）对钢的相变和组织的影响主要由不同类型和分布状态的硫化物造成，表现为硫的偏析、硫化物夹杂，以及由于硫化物的形成导致的锰、钛、锆等有效含量及钢的淬透性的下降。

（2）对钢的力学性能的影响

1）降低钢的延性及韧性，韧性的下降最为显著。

2）硒化物颗粒比硫化物细小和分散，对力学性能的影响比硫轻。

（3）对钢的物理、化学及工艺性能的影响

1）使软钢的磁学性能恶化。

2）损害钢的耐蚀性。

3）造成焊缝热裂、气孔及疏松。

4）在切削加工时，使切削容易断开，降低零件的表面粗糙度值，节省动力，且有润滑作用，延长刀具使用寿命，提高切削效率。

5）FeS等低熔点化合物增大钢在锻轧时的过热和过烧倾向，产生表面网状裂纹和开裂，如图5-2所示。

（4）在钢中的应用　只有在易切削钢中才利用硫、硒、碲来改善钢的切削性能，其他钢种中应尽量降低它们的含量。

16. 磷、砷、锑在钢中的作用

（1）对钢的显微组织及热处理的影响

1）磷、砷、锑在周期表中同族，在钢中作用类似，均使奥氏体相区缩小。

2）在铁中有一定溶解度，与铁形成低熔点化合物。

3）都有严重的偏析倾向。

4）提高钢的回火脆性倾向。

（2）对钢的力学性能的影响

1）提高钢的强度。

2）降低钢的塑性和韧性，碳含量越高，引起的脆性越大。

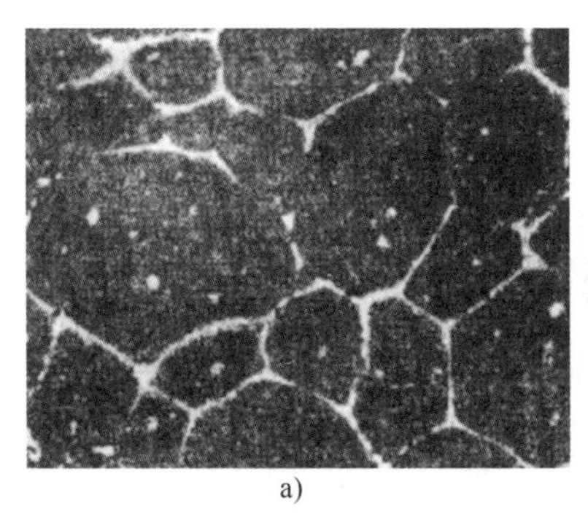
a)

b)

图 5-2　网状裂纹和开裂
a）网状裂纹　b）开裂

（3）对钢的物理、化学及工艺性能的影响

1）改善钢的耐磨性。

2）改善钢的耐蚀性。

3）改善钢的切削性能。

4）恶化焊接性，增加焊接裂纹的敏感性。

（4）在钢中的应用　应用于钢轨钢及易切削钢，也可用于炮弹钢，应尽量减少钢中磷等的含量。

5.3.2　合金元素在有色金属中的作用

1. 合金元素在铝合金中的作用

（1）银　银的质量分数为 0.1%~0.6%时，提高铝合金的强度并改善其应力腐蚀抗力。

（2）铍　微量的铍可降低铝合金的氧化。

（3）铋　可改善加工性能。

（4）硼　细化晶粒，促使钒、钛、铬、钼的析出，改善铝合金的导电性。

（5）镉　提高强度，改善耐蚀性。

（6）钙　细化晶粒，促使铝中硅的析出而提高铝的电导率。

（7）铬　加入质量分数不大于 0.3%的铬作为晶粒细化剂，可改善高强度铝合金的耐蚀性，显著降低电导率。

（8）铜　可提高室温和高温强度，但降低铸造性。

（9）锂　降低铝合金的密度，提高弹性模量。

（10）镁　可产生时效沉淀硬化，与锰一起提供很好的冷作硬化效果。

（11）锰　细化晶粒，提高强度，显著增加冷作硬化，稍微降低耐蚀性，在铸造铝合金中能中和铁的某些不利影响。

（12）镍　有助于沉淀硬化，改善高温性能。

（13）铌　细化晶粒，提高强度。

（14）稀土元素　改善高温性能、疲劳强度和蠕变抗力，在铸造合金中改善流动性，减少对模具的粘连。

（15）硅　改善合金液的流动性和铸造性，通过析出细小的初晶硅而提高硬度。

（16）铯　在铸造合金中用作变质剂，细化组织，提高强度和韧性。

（17）钒　细化晶粒，改善热处理效果，但会降低电导率。

（18）锌　提高强度，但耐蚀性有所下降。

（19）锆　控制晶粒长大，减小铸态晶粒尺寸。

2. 合金元素在镁合金中的作用

（1）铝　铝的质量分数在10%以下时能提高强度并产生沉淀硬化，使铸件中缩松倾向增大，如图5-3所示。

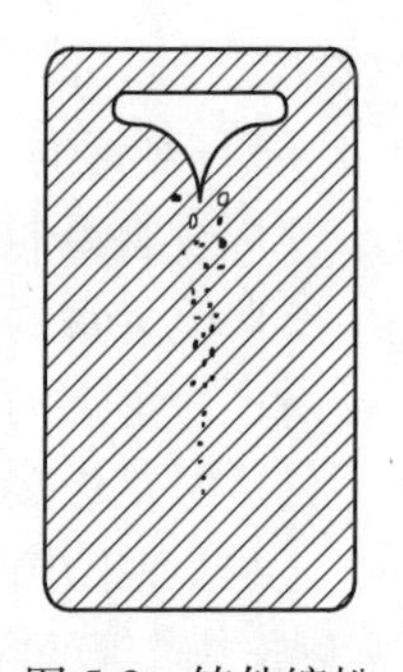

图5-3　铸件缩松

（2）银　产生沉淀硬化效应，使镁合金具有非常高的强度。

（3）铍　降低镁合金的表面氧化倾向，同时改善铸造性能并细化晶粒组织。

（4）钙　细化晶粒。

（5）铜　降低镁合金的耐蚀性。

（6）镓　显著改善耐蚀性。

（7）铁　降低镁合金的耐蚀性，加入锰可消除其有害影响。

（8）锂　降低合金密度，改善耐蚀性。

（9）锰　用来控制铁含量的影响时，Mn与Fe的质量比应在30以上。可改善耐蚀性，对提高抗拉强度作用不大，会降低疲劳强度。

（10）镍　降低镁合金的耐蚀性，一般控制其质量分数不大于0.002%。

（11）稀土元素　重要的晶粒细化剂，提高强度，保持韧性，改善蠕变抗力和疲劳强度，改善铸造性，减少缩松。

（12）锌　提高强度，与铝、锰一起提供沉淀硬化效应，与锆一起获得很细的晶粒组织和高温下的强度。改善变形合金的冷加工性能。

（13）锆　细化晶粒，提高强度，改善变形合金的热加工性能。

3. 合金元素在钛合金中的作用

（1）铝　铝在钛合金中是稳定α相的主要合金元素，固溶态的铝提高钛合金的抗拉强度、蠕变强度和弹性模量。铝的质量分数在6%以上会形成Ti_3Al，从而引起脆化。

（2）硼　用作硼化表面硬化处理。

（3）铜　一般铜的质量分数为 2%~6%，稳定 β 相，强化 α 相和 β 相，产生沉淀硬化效应。

（4）钙　稳定 α 相。

（5）铁　稳定 β 相，降低蠕变抗力。

（6）钼　钼是重要的 β 相稳定元素，提高硬化倾向。

（7）镍　提高耐蚀性。

（8）铌　稳定 β 相，改善高温抗氧化性能。

（9）硅　改善蠕变抗力。

（10）钒　稳定 β 相。

（11）锆　锆与钛形成连续固溶体，提高室温至中温时的强度。锆的质量分数超过 6%时会降低韧性和蠕变抗力。

5.4　金属材料成形方法

5.4.1　铸造

铸造是将金属熔炼成符合一定要求的液体并浇进铸型里，经冷却凝固和清整处理后得到有预定形状、尺寸和性能的铸件的工艺过程。

1. 铸造的特点

铸件因近乎成形，从而达到了免机械加工或少量加工的目的，降低了成本，并在一定程度上减少了时间。铸造是现代制造工业的基础工艺之一。它具有以下优点：

1）可以生产出形状复杂，特别是具有复杂内腔的零件毛坯，如各种箱体、床身、机架等。

2）铸造生产的适应性广，工艺灵活性大。工业上常用的金属材料均可用来进行铸造，铸件的质量从几克到几百吨，壁厚为 0.5mm~1m。

3）铸造用原材料大都来源广泛，价格低廉，并可直接利用废机件，故铸件成本较低。

2. 铸造的种类

铸造种类很多，按造型方法习惯上分为普通砂型铸造和特种铸造。

1）普通砂型铸造，包括湿砂型铸造、干砂型铸造和化学硬化砂型铸造三类。

2）特种铸造，按造型材料又可分为以天然矿产砂石为主要造型材料的特种铸造（如熔模铸造、负压铸造、实型铸造、陶瓷型铸造等）和以金属材料为主要铸型材料的特种铸造（如金属型铸造、压力铸造、连续铸造、低压铸造、离心铸造等）两类。

3. 铸造工艺过程

铸造工艺通常包括以下三个阶段：

1）铸型（使液态金属成为固态铸件的容器）准备。铸型按所用材料可分为砂型、金属型、陶瓷型、泥型、石墨型等，按使用次数可分为一次性型、半永久型和永久型。铸型准备的优劣是影响铸件质量的主要因素。

2）铸造金属的熔化与浇注。铸造金属（铸造合金）主要有铸铁、铸钢和铸造有色合金。

3）铸件处理和检验。铸件处理包括清除型芯和铸件表面异物、切除浇冒口、铲磨毛刺和飞翅等突起物，以及热处理、整形、防锈处理和粗加工等。

4. 普通砂型铸造

在铸造生产中，最基本的工艺方法是砂型铸造，用这种方法生产的铸件占所有铸件总质量的90%以上。图5-4所示为普通砂型铸造的生产工艺流程，图5-5所示为浇注过程。

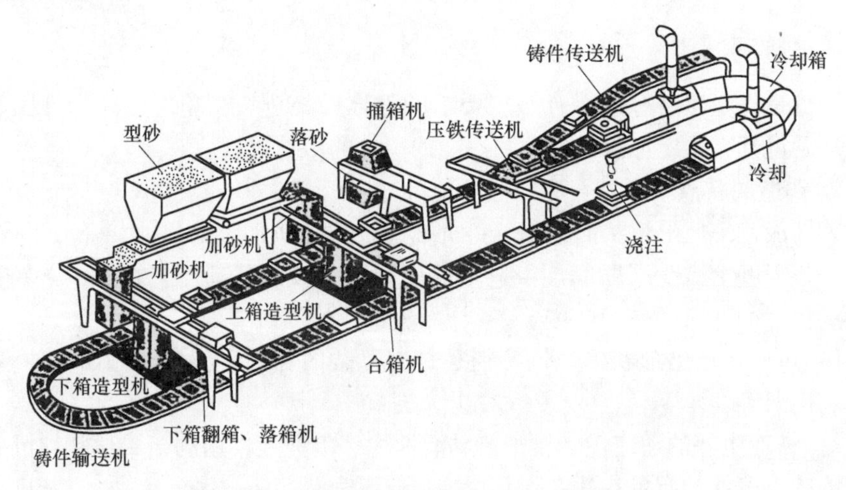

图5-4　普通砂型铸造的生产工艺流程

钢、铁和大多数有色合金铸件都可用砂型铸造方法获得。由于砂型铸造所用的造型材料价廉，铸型制造简便，对铸件的单件生产、成批生产和大量生产均能适应，长期以来，一直是铸造生产中的基本工艺。

5. 熔模铸造

所谓熔模铸造，就是用易熔材料（例如蜡料及模料）制成可熔性铸模（简称熔模），在其上涂覆若干层特制的耐火涂料，经过干燥和化学硬化形成一个整体模组，再用蒸汽或热水从模组中熔失熔模而获得中空的型壳，然后将型壳放入焙烧炉中高温焙烧，最后在其中浇注金属液得到铸件的方法。通常所用的易熔模料是用蜡基材料制作的，故该工艺方法又称失蜡铸造。用此法获得的铸件与砂型铸造相比，具有较高的尺寸精度和较小的表面粗糙度值，可实现产品的少屑或无屑加工。

熔模铸造过程，包括注射易熔模料、取出易熔模、组合、涂挂耐火材料、模组撒砂、脱蜡焙烧、浇注和清壳切割等，如图 5-6 所示。

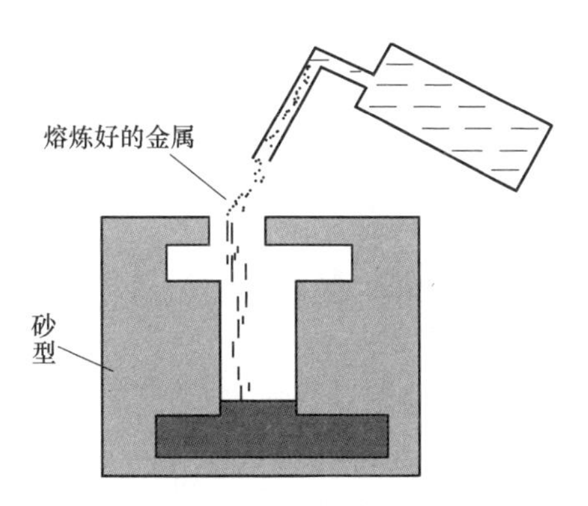

图 5-5　浇注过程

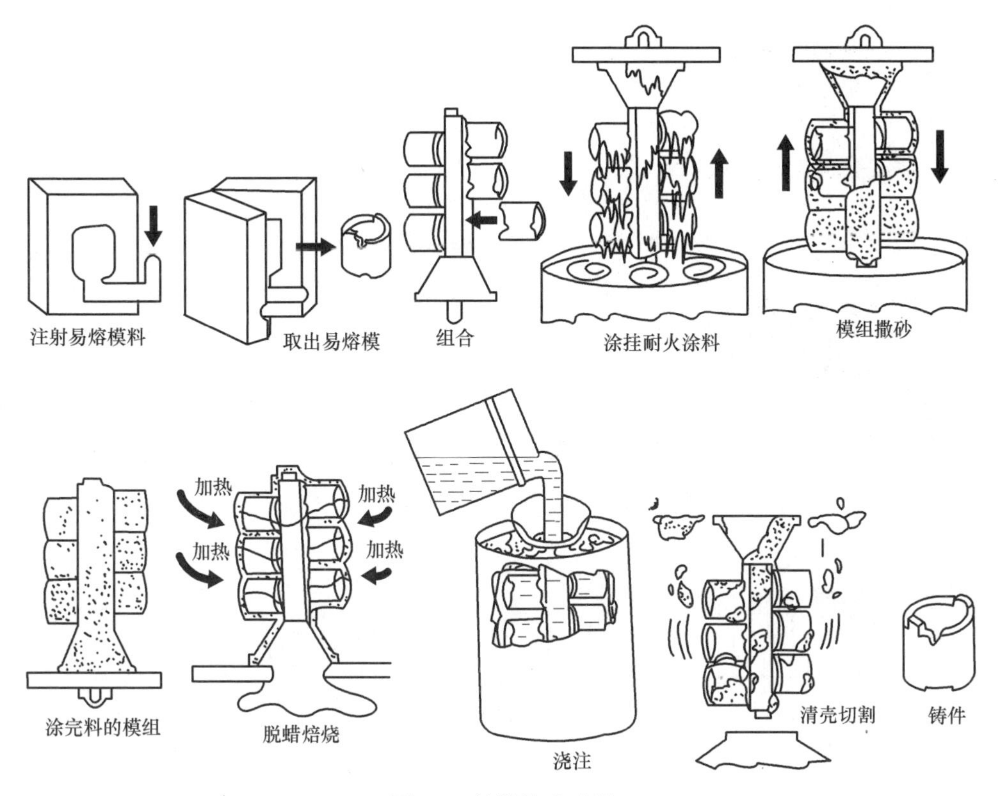

图 5-6　熔模铸造过程

6. 金属型铸造

金属型铸造是将金属液浇注到由金属制成的铸型中而获得铸件的铸造方法。金属型可以使用几百次到上万次，故该工艺方法又叫永久型铸造。

金属型铸造的铸件精度高，表面质量好，内部组织致密，力学性能好。其铸型可以连续重复使用，大大节约了生产成本，提高了生产率。金属型铸造适合中小型简单铸件的批量生产。金属型铸造的主要缺点是金属型无透气和退让性，铸件冷却速度大，容易产生浇不到、冷隔、裂纹等缺陷。

7. 压力铸造

压力铸造是将液态或半液态金属高速压入铸型，并在高压下凝固结晶而获得铸件的方法。

压力铸造一般在压铸机上完成。将加热为液态的铜、锌、铝或铝合金等金属浇入压铸机的入料口，经压铸机压铸，铸造出受铸型限制的形状和尺寸的铜、锌、铝或铝合金零件，这样的零件通常叫作压铸件。

8. 离心铸造

将金属液浇入旋转的铸型里，在离心力作用下充型并凝固成铸件的铸造方法，称为离心铸造。离心铸造不用型芯和浇注系统即可获得中空铸件，大大简化了管、套类铸件的生产过程，而且节约了金属材料。其铸件组织致密，无缩孔、缩松、气孔、夹渣等缺陷，力学性能良好。由于离心力的作用，金属液的充型能力有所提高，可浇注流动性差的合金和薄壁铸件，也可方便地铸造双金属铸件。离心铸造可用于铸造管、套类铸件，如铸铁管、铜套、内燃机缸套、双金属钢背铜套等。

离心铸造是在离心铸造机上完成的。按照铸型的旋转轴方向不同，离心铸造机分为卧式、立式和倾斜式三种。卧式离心铸造机主要用于浇注各种管状铸件，如灰铸铁、球墨铸铁的水管和煤气管，管径最小为 75mm，最大可达 3000mm；此外，可浇注造纸机用大口径铜辊筒，各种碳钢、合金钢管，以及要求内外层有不同成分的双层材质钢轧辊。立式离心铸造机则主要用于生产各种环形铸件和较小的非圆形铸件。倾斜式离心铸造机主要用于复合铸造方面，如双金属挤压辊、双金属磨辊等。

5.4.2 塑性加工

金属的塑性加工是利用金属的塑性，通过外力使各种金属坯料发生塑性变形，从而获得具有所需形状、尺寸和性能制品的加工方法。

1. 塑性加工的特点

1）材料利用率高。

2）生产率高。

3）产品质量高，性能好，缺陷少。

4）加工精度和成形极限有限。

5）模具和设备费用昂贵。

2. 塑性加工的种类

塑性加工分为体积成形和板料成形两大类。

（1）体积成形　体积成形的坯料一般为棒材或扁坯。体积成形时，坯料经受很大的塑性变形，形状或横截面以及表面积与体积之比发生显著的变化。体积成形包括轧制、挤压、拉拔、锻造、剪切，如图 5-7～图 5-11 所示。

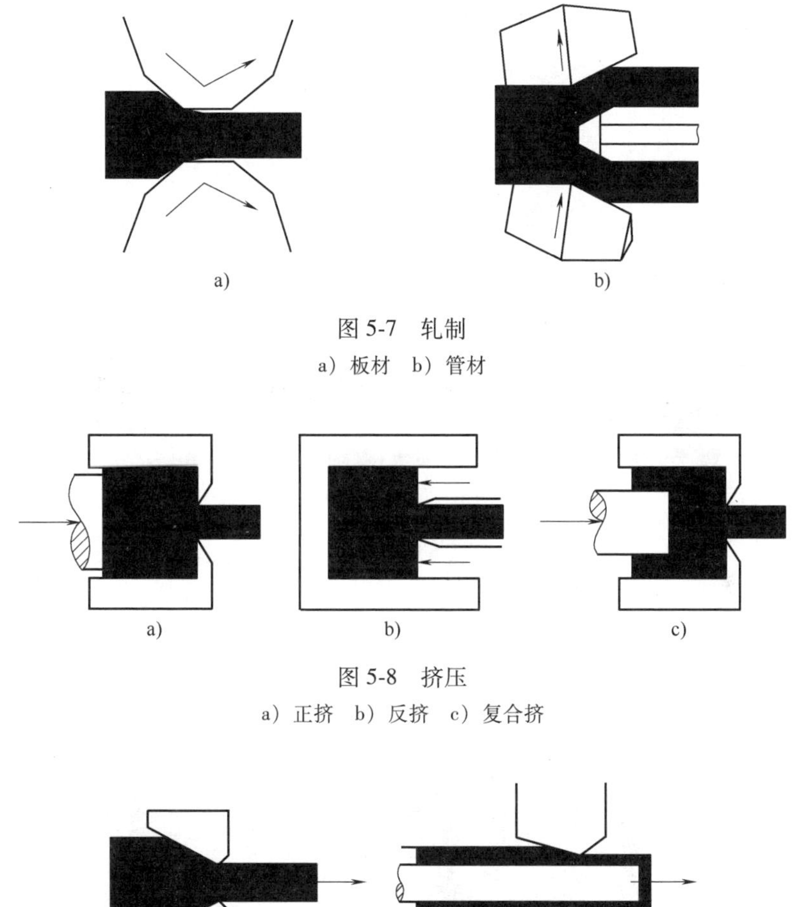

图 5-7　轧制
a）板材　b）管材

图 5-8　挤压
a）正挤　b）反挤　c）复合挤

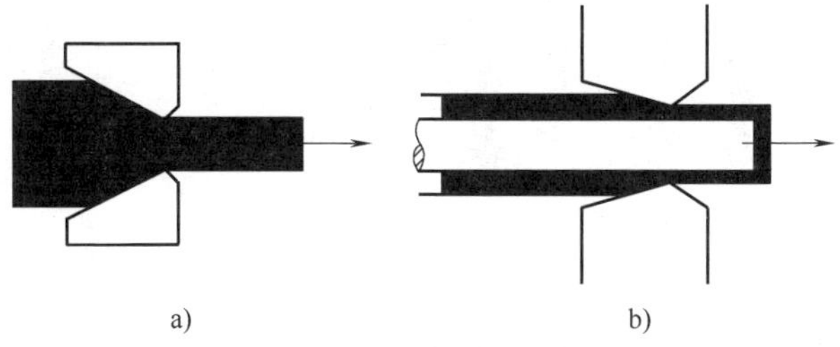

图 5-9　拉拔
a）实心　b）空心

（2）板料成形　板料成形的坯料是各种板材或用板材预先加工成的中间坯料。板料成形时，板材的形状发生显著变化，但其横截面形状基本上不变。板

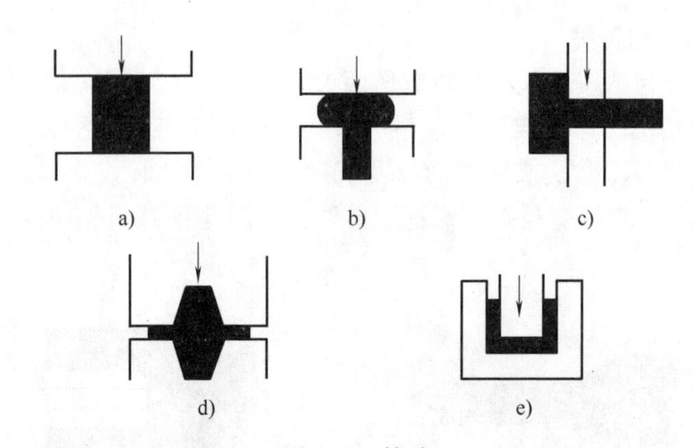

图 5-10　锻造

a）镦粗　b）镦头　c）拔长　d）开式　e）闭式

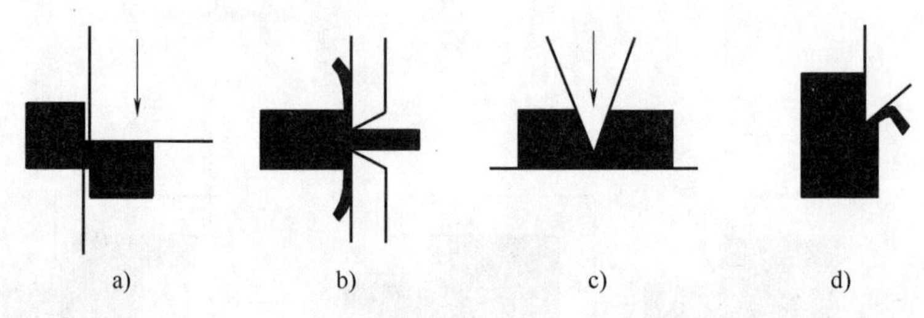

图 5-11　剪切

a）切断　b）剥皮　c）剁切　d）修边

料成形包括弯曲、拉深、胀形等，如图 5-12～图 5-14 所示。

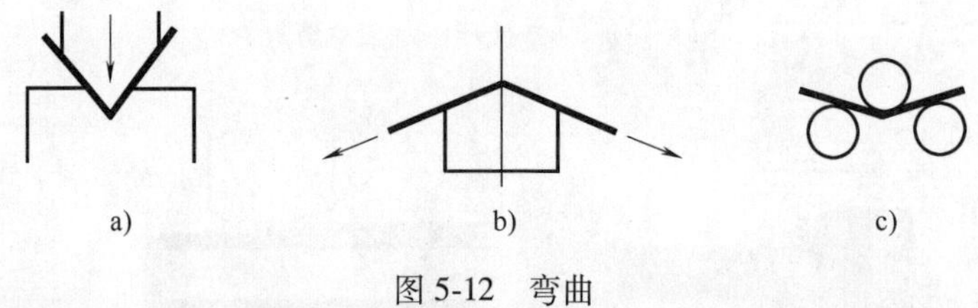

图 5-12　弯曲

a）V 形弯　b）胀弯　c）辊弯

3. 锻压

锻压是锻造与冲压的总称，成语“千锤百炼”中的“千锤”指的就是锻压。所谓锻造，是指在加压设备及工模具的作用下，使坯料或铸锭产生局部或全部的塑性变形，以获得一定的几何形状、尺寸和质量的锻件的加工方法。所谓冲压，是指通过装在压力机上的模具对板料施压，使之产生分离或变形，从而获得一定形状、尺寸和性能的零件或毛坯的加工方法。

图 5-13　拉深

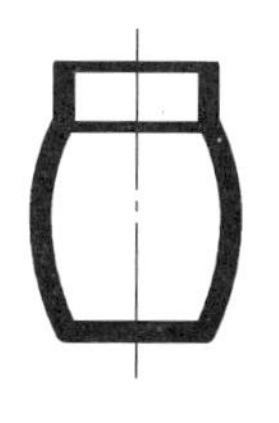

图 5-14　胀形

（1）锻压的特点　锻压是使金属进行塑性流动而制成所需形状零件的工艺过程。金属受外力产生塑性流动后体积不变，而且金属总是向阻力最小的部分流动。生产中，常根据这些规律控制工件形状，实现镦粗、拔长、扩孔、弯曲、拉深等变形。

在锻造加工中，坯料整体发生明显的塑性变形，有较大量的塑性流动；在冲压加工中，坯料主要通过改变各部位面积的空间位置而成形，其内部不出现较大距离的塑性流动。锻压主要用于加工金属工件，也可用于加工某些非金属工件，如工程塑料件、橡胶件、陶瓷坯、砖坯以及复合材料件等。

锻压可以改变金属组织，提高金属性能。铸锭经过热锻压后，原来的铸态疏松、孔隙、微裂等被压实或焊合；原来的枝状结晶被打碎，使晶粒变细；同时改变原来的碳化物偏析和不均匀分布，使组织均匀，从而获得内部密实、均匀、细微、综合性能好、使用可靠的锻件。锻件经热锻变形后，钢内出现与热形变加工方向大致平行的条带所组成的偏析组织，这种组织称为带状组织。经冷锻变形后，金属晶体呈有序性。经锻造加工或切削加工后的曲轴组织流线如图 5-15 所示。

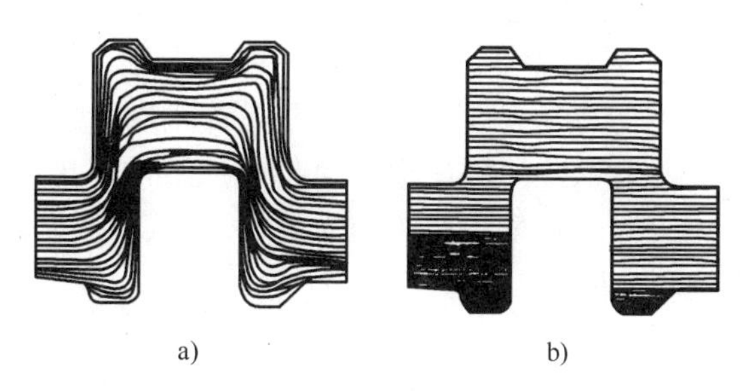

a)　　b)

图 5-15　曲轴组织流线

a）锻造加工　b）切削加工

锻压和冶金工业中的轧制、拔制等都属于塑性加工，或称压力加工，但锻压主要用以生产金属工件，而轧制、拔制等主要用以生产板材、带材、管材、型材和线材等通用性金属材料。

（2）锻压的分类　锻压主要按成形方式和变形温度进行分类。按成形方式可分为锻造和冲压两大类；按变形温度可分为热锻压、冷锻压、温锻压和等温锻压等。

1）热锻压是在金属再结晶温度以上进行的锻压。提高温度能改善金属的塑性，有利于提高工件的内在质量，使之不易开裂。较高的温度还能减小金属的变形抗力，降低所需锻压机械的吨位。但热锻压工序多，工件精度差，表面不光洁，锻件容易产生氧化、脱碳和烧损。当加工工件大且厚时，或材料强度高、塑性低时（如特厚板的滚弯、高碳钢棒的拔长等），都应采用热锻压。

2）冷锻压是在低于金属再结晶温度下进行的锻压，通常所说的冷锻压多专指在常温下的锻压。

3）温锻压是指在高于常温、但又不超过再结晶温度下的锻压。温锻压的精度较高，表面较光洁，但变形抗力不大。

4）等温锻压是在整个成形过程中坯料温度保持恒定值的锻压方法。等温锻压是为了充分利用某些金属在同一温度下所具有的高塑性，或是为了获得特定的组织和性能。等温锻压需要将模具和坯料一起保持恒温，所需费用较高，仅用于特殊的锻压工艺，如超塑性成形。

5.4.3 焊接

焊接是通过加热、加压，或两者并用，使两工件产生原子间结合，实现永久性连接的加工工艺和连接方式。焊接应用广泛，既可用于金属材料，也可用于非金属材料。从我国建成的一些标志性工程可以看出，焊接技术发挥了重要作用。例如：三峡水利枢纽的水电装备是一套庞大的焊接系统，包括导水管、蜗壳、转轮、大轴、发电机机座等，其中马氏体不锈钢转轮直径为10.7m，高度为5.4m，质量为440t，采用的是铸-焊结构；“神舟”号飞船的返回舱和轨道舱都是铝合金的焊接结构，其气密性和变形控制是焊接制造的关键；上海卢浦大桥是全焊钢拱桥，国家大剧院的椭球型穹顶是由钢结构焊接而成，这两个大型结构都是我国具有代表性的重要焊接工程。由此可见，焊接技术在国民经济建设中具有重要的作用和地位。

1. 熔焊

熔焊是在焊接过程中将工件接口加热至熔化状态，不加压力完成焊接的方法。熔焊时，热源将待焊两工件接口处迅速加热熔化，形成熔池。熔池随热源向前移动，冷却后形成连续焊缝而将两工件连接成为一体。常用的熔焊方法有焊条电弧焊和气体保护焊。焊条电弧焊如图5-16所示。

在熔焊过程中，如果大气与高温的熔池直接接触，大气中的氧就会氧化金属和各种合金元素。大气中的氮气、水蒸气等进入熔池，还会在随后的冷却时在焊缝中形成气孔、夹渣、裂纹等缺陷，恶化焊缝的质量和性能。因此，为了

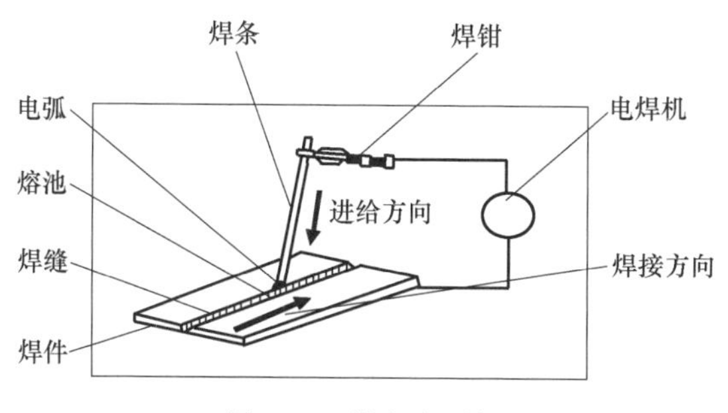

图 5-16　焊条电弧焊

防止发生氧化，保证焊接质量，可采用气体保护焊。气体保护焊分为电极熔化和电极不熔化两类，如图 5-17 所示。

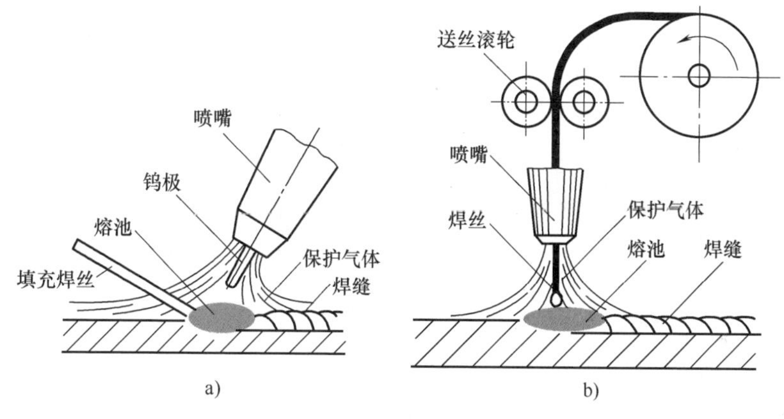

图 5-17　气体保护焊

a）电极不熔化　b）电极熔化

2. 压焊

压焊是在加压条件下，使两工件在固态下实现原子间结合的焊接方法，又称固态焊接。常用的压焊工艺是电阻对焊。当电流通过两工件的连接端时，该处因电阻很大而温度上升，当加热至塑性状态时，在轴向压力作用下连接成为一体。

各种压焊方法的共同特点是在焊接过程中施加压力而不加填充材料。多数压焊方法如扩散焊、高频焊、冷压焊等都没有熔化过程，因而没有像熔焊那样的有益合金元素烧损和有害元素侵入焊缝的问题，从而简化了焊接过程，也改善了焊接安全卫生条件。同时由于加热温度比熔焊低，加热时间短，因而热影响区小。许多难以用熔焊焊接的材料，往往可以用压焊焊成与母材同等强度的优质接头。

3. 钎焊

钎焊是利用钎料，在低于母材熔点而高于钎料熔点的温度下，与母材一起加热，钎料熔化后通过毛细作用，扩散并填满钎缝间隙而形成牢固接头的一种焊接方法。美国焊接学会对钎焊的定义是：“一组焊接方法，它通过把各种材料加热到适当的温度，通过使用具有液相温度高于450℃但低于母材固相线温度的钎料完成材料的连接，钎料依靠毛细吸附作用分布到接头紧密配合面上”。图5-18所示为钎焊接头。

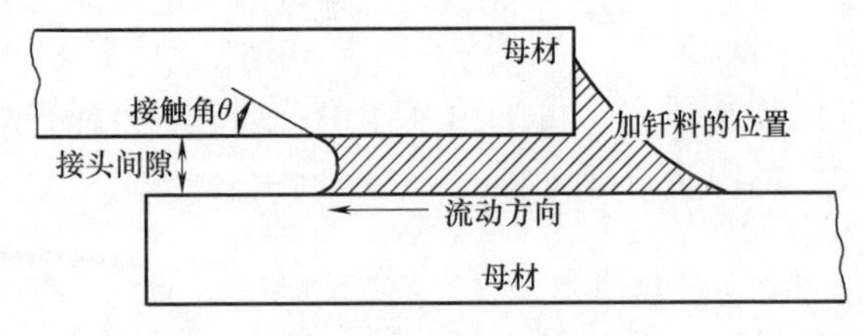

图5-18　钎焊接头

钎焊、熔焊和压焊并称为现代三大焊接技术。钎焊与熔焊或压焊相比，主要有下列不同之处：

1）钎焊时只有钎料熔化而母材保持固态，钎料的熔点低于母材的熔点。

2）焊接过程中，无须对工件施加压力。

3）焊接过程中钎料和母材的组织及力学性能变化不大，应力和变形可减小到最低程度，容易保证工件的尺寸精度。

4）接头平整光滑，工艺简单，可同时焊接多个工件，一次可焊成几十条或上百条焊缝，生产率高。

5）可以实现异种金属、金属与非金属的连接，且对工件厚度无严格要求。

6）钎焊设备简单，生产投资费用少。

7）钎焊接头强度比较低，耐热性较差，并且多采用搭接形式，增加了母材消耗和结构质量。

钎焊一般在钎焊机上完成。材料钎焊连接时，工件变形小，接头一般是以搭接形式装配，焊缝光滑美观。钎焊适合于焊接精密、复杂和由不同材料组成的构件，如蜂窝结构板、叶片、硬质合金刀具和印制电路板等。钎焊前必须对工件进行细致加工和严格清洗，除去油污和过厚的氧化膜，保证接口装配间隙，间隙一般要求为0.01～0.2mm。目前钎焊工艺在航空航天、电子电器、机械制造、交通工具、通信、先进武器系统等方面获得了广泛的应用。

4. 常用金属材料的焊接难易程度

常用金属材料的焊接难易程度见表5-27。

表 5-27　常用金属材料的焊接难易程度

种类		焊条电弧焊	埋弧焊	CO_2 气体保护焊	惰性气体保护焊	电渣焊	电子束焊	气焊	气压焊	点缝焊	闪光对焊	铝热焊	钎焊
铸铁	灰铸铁	B	D	D	B	B	C	A	D	D	D	B	C
	可锻铸铁	B	D	D	B	B	C	A	D	D	D	B	C
	合金铸铁	B	D	D	B	B	C	A	D	D	D	A	C
铸钢	碳素钢	A	A	A	B	A	B	A	B	B	A	A	B
	高锰钢	B	B	B	B	A	B	A	D	B	B	B	B
纯铁		A	A	A	C	A	A	A	A	A	A	A	A
碳素钢	低碳钢	A	A	A	B	A	A	A	A	A	A	A	A
	中碳钢	A	A	A	B	B	A	A	A	A	A	A	B
	高碳钢	A	B	B	B	B	A	A	A	D	A	A	B
	工具钢	B	B	B	B	—	A	A	A	D	B	B	B
	含铜钢	A	A	A	B	—	A	A	A	A	A	B	B
低合金钢	镍钢	A	A	A	B	B	A	B	A	A	A	B	B
	镍铜钢	A	A	A	—	B	A	B	A	A	A	B	B
	锰钼钢	A	A	A	—	B	A	B	B	A	A	B	B
	碳素钼钢	A	A	A	—	B	A	B	B	—	A	B	B
	镍铬钢	A	A	A	—	B	A	B	A	D	A	B	B
	铬钼钢	A	A	A	B	B	A	B	A	D	A	B	B
	镍铬钼钢	B	A	B	B	B	A	B	A	D	B	B	B
	镍钼钢	B	B	B	A	B	A	B	B	D	B	B	B
	铬钢	A	B	A	—	B	A	B	A	D	A	B	B
	铬钒钢	A	A	A	—	B	A	B	A	D	A	B	B
	锰钢	A	A	A	B	B	A	B	B	D	A	B	B
不锈钢	铬钢（马氏体）	A	A	B	A	C	A	A	B	C	B	D	C
	铬钢（铁素体）	A	A	B	A	C	A	A	B	A	A	D	C
	铬镍钢（奥氏体）	A	A	A	A	C	A	A	A	A	A	D	B
耐热合金		A	A	A	A	D	A	B	B	A	A	D	C
高镍合金		A	A	A	A	D	A	A	B	A	A	D	B

注：A 指通常采用；B 指有时采用；C 指很少采用；D 指不采用。

5.5 金属材料的热处理

热处理是将金属工件放在一定的介质中加热到适宜的温度，并在此温度中保持一定时间后，又以不同速度在不同的介质中冷却，通过改变金属材料表面或内部的显微组织结构来控制其性能的一种工艺。

5.5.1 热处理工艺过程

热处理工艺一般包括加热、保温、冷却三个过程，有时只有加热和冷却两个过程。这些过程互相衔接，不可间断，如图 5-19 所示。

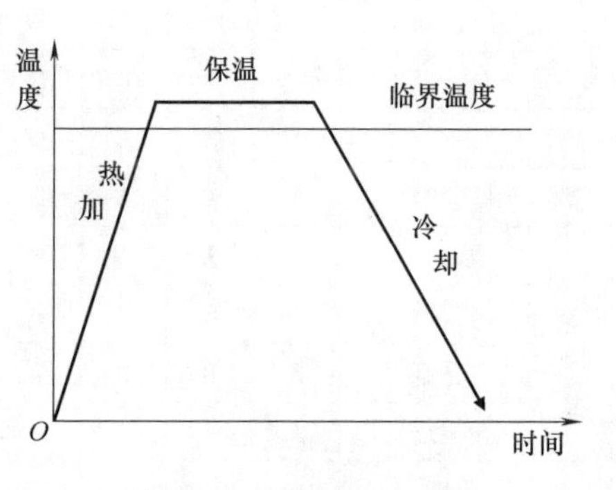

图 5-19 热处理工艺过程

1. 加热

加热是热处理的重要工序之一。热处理的加热方法很多，最早是采用木炭和煤作为热源，进而应用液体和气体燃料。电的应用使加热更容易控制，且无环境污染。

金属加热时，工件暴露在空气中，常常发生氧化、脱碳（即零件表面碳含量降低），这对于热处理后零件的表面性能有很不利的影响。因而金属通常应在可控气氛或保护气氛中、熔融盐中和真空中加热，也可用涂料或包装方法进行保护加热。

2. 保温

当金属工件表面达到要求的加热温度时，还应在此温度保持一定时间，使内外温度一致，使显微组织转变完全，这段时间称为保温时间。采用高能密度加热和表面热处理时，加热速度极快，一般就没有保温时间，而化学热处理的保温时间往往较长。

3. 冷却

冷却也是热处理工艺过程中不可缺少的步骤。冷却方法因工艺不同而不同，主要是控制冷却速度。

5.5.2 整体热处理

整体热处理最常用的热处理方法有退火、正火、淬火和回火四种，其中的淬火与回火关系密切，常常配合使用，缺一不可。

整体热处理的工艺过程如图 5-20 所示。

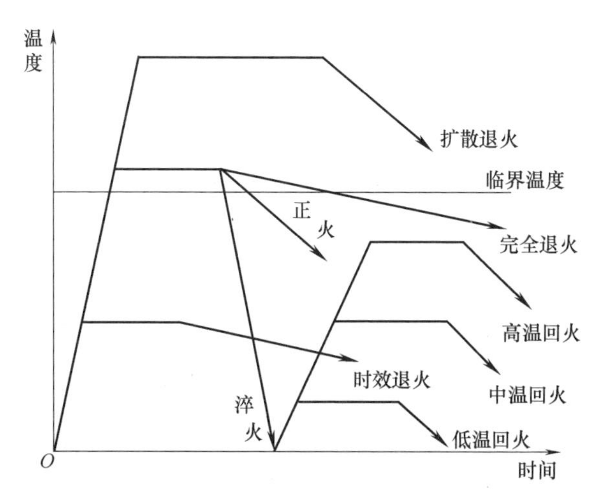

图 5-20　整体热处理的工艺过程

1. 退火

将工件加热到一定温度并保温一段时间，然后使其随炉缓慢冷却的热处理方法，称为退火。退火后得到的组织通常是珠光体和铁素体。退火的目的，是为了消除组织缺陷，改善组织，使成分均匀化，细化晶粒，提高工件的力学性能，以及减少残余应力。同时可降低硬度，提高塑性和韧性，改善切削加工性能。退火既为了消除和改善前道工序遗留的组织缺陷和内应力，又为后续工序做好准备，故退火是属于半成品热处理，又称预备热处理。

2. 正火

正火是将工件加热到某温度以上，使其全部转变为均匀的奥氏体，然后在空气中自然冷却的热处理方法。正火后得到的组织通常是索氏体。正火能消除过共析钢的网状渗碳体。对亚共析钢正火，可细化晶粒，提高综合力学性能。

正火与退火的不同点是正火冷却速度比退火冷却速度稍快，因而正火组织要比退火组织更细小一些，其力学性能也有所提高。另外，正火炉外冷却不占用设备，生产率较高，因此生产中尽可能采用正火来代替退火。

正火的主要应用范围有：

1）用于低碳钢，正火后硬度略高于退火，韧性也较好，可作为切削加工的预备热处理。

2）用于中碳钢，可代替调质处理作为最后热处理。

3）用于工具钢、轴承钢、渗碳钢等，可以消降或抑制网状碳化物的形成，从而得到球化退火所需的良好组织。

4）用于铸钢件，可以细化铸态组织，改善切削加工性能。

5）用于大型锻件，可作为最后热处理，从而避免淬火时较大的开裂倾向。

6）用于球墨铸铁，使硬度、强度、耐磨性得到提高，如用于制造汽车、拖拉机、柴油机的曲轴、连杆等重要零件。

3. 淬火

淬火是将工件加热到某温度以上，保温一段时间，然后很快放入淬火冷却介质中，使其温度骤然降低，以大于临界冷却速度的速度急速冷却，从而获得以马氏体或下贝氏体为主的不平衡组织的热处理方法。淬火能增加钢的强度和硬度，但要降低其塑性。淬火中常用的淬火冷却介质有水、油、碱水和盐类溶液等。

淬火可以提高金属工件的硬度及耐磨性，因而广泛用于各种工具、模具、量具及要求表面耐磨的零件，如齿轮、轧辊、渗碳零件等。另外，淬火还可使一些特殊性能的钢获得一定的物理化学性能，如淬火使永磁钢增强其铁磁性，使不锈钢提高其耐蚀性等。

4. 回火

将已经淬火的工件重新加热到一定温度，再用一定方法冷却的热处理方法称为回火。其目的是消除淬火产生的内应力，降低硬度和脆性，以取得预期的力学性能。回火多与淬火、正火配合使用。根据回火温度的不同，可将回火分为低温回火、中温回火和高温回火。

（1）低温回火（150~250℃）　低温回火所得组织为回火马氏体，其目的是在保持淬火钢的高硬度和高耐磨性的前提下，降低其淬火内应力和脆性，以免使用时崩裂或过早损坏。低温回火主要用于各种高碳的切削刃具、量具、冲模、滚动轴承以及渗碳件等。低温回火后硬度一般为60HRC左右。

（2）中温回火（350~500℃）　中温回火可获得回火屈氏体组织，其目的是获得高的屈服强度、弹性极限和较高的韧性。因此，中温回火主要用于各种弹簧和热作模具的处理。中温回火后硬度一般为45HRC左右。

（3）高温回火（500~650℃）　习惯上将淬火加高温回火相结合的热处理称为调质处理。高温回火可以获得回火索氏体组织，其目的是获得强度、硬度、塑性和韧性都较好的综合力学性能。因此，高温回火广泛用于汽车、拖拉机、机床等的重要结构零件，如连杆、螺栓、齿轮及轴类。高温回火后硬度一般为260HBW左右。

5.5.3　表面淬火和化学热处理

1. 表面淬火

通过快速加热，使工件表面很快达到淬火的温度，在热量来不及穿到工件心部就立即冷却，从而实现表面淬火。表面淬火的目的在于获得高硬度、高耐磨性的表面，而心部仍然保持原有的良好韧性。表面淬火常用于机床主轴、齿轮、发动机的曲轴等。

表面淬火方法主要有感应淬火和火焰淬火等。

2. 化学热处理

化学热处理是利用化学反应（有时兼用物理方法）改变工件表层化学成分及组织结构，以便得到比均质材料更好的经济效益的金属热处理工艺。由于机械零件的失效和破坏大多数都发生在表面层，特别在可能引起磨损、疲劳、金属腐蚀、氧化等条件下工作的零件，表面层的性能尤为重要。经化学热处理后的工件，心部为原始成分，表层则是渗入了合金元素的材料。心部与表层之间是紧密的晶体型结合，它比电镀等表面技术所获得的心部与表面的结合要强得多。

最常用的化学热处理方法有渗碳、渗氮和碳氮共渗、氮碳共渗等。

5.5.4　其他热处理

1. 接触电阻加热淬火

通过电极将小于 5V 的电压加到工件上，电极与工件接触处流过很大的电流，并产生大量的电阻热，使工件表面加热到淬火温度，并快速冷却（自冷）的淬火工艺称为接触电阻加热淬火。当处理长工件时，电极不断向前移动，留在后面的部分不断淬硬。这种方法的优点是设备简单，操作方便，易于自动化，工件畸变极小，并且不需要回火，还能显著提高工件的耐磨性和抗擦伤能力；但淬硬层较薄（0.15~0.35mm），显微组织和硬度均匀性较差。这种方法多用于铸铁做的机床导轨的表面淬火，应用范围不广。

2. 电解液淬火

将工件置于酸、碱或盐类水溶液的电解液中，工件接阴极，电解槽接阳极。接通直流电后电解液被电解，在阳极上放出氧，在工件上放出氢。氢围绕工件形成气膜，成为一电阻体而产生热量，将工件表面迅速加热到淬火温度，然后断电，气膜立即消失，电解液即成为淬火冷却介质，使工件表面迅速冷却而淬硬。这种淬火工艺称为电解液淬火。常用的电解液为含质量分数 5%~18%碳酸钠的水溶液。电解液淬火的方法简单，处理时间短（加热时间仅需 5~10s），生产率高，淬冷畸变小。电解液淬火适于小零件的大批量生产，已用于发动机排气阀杆端部的表面淬火。

3. 时效处理

为了消除精密量具或模具、零件在长期使用中尺寸、形状的变化，常在低温回火后精加工前，把工件重新加热到 100~150℃，保持 5~20h。这种稳定精密制件质量的热处理，称为时效处理。

4. 形变热处理

把压力加工形变与热处理时效紧密地结合起来进行，使工件获得很好的强度、韧性配合的方法称为形变热处理。形变热处理是在金属材料上有效地综合利用形变强化和相变强化，将压力加工与热处理操作相结合，使成形工艺同获得最终性能统一起来的一种工艺方法。不但能够得到一般加工处理所达不到的高强度、高塑性和高韧性的良好配合，而且还能大大简化工件的生产流程，从而带来相当好的经济效益。

5.5.5 热处理工艺分类及代号

热处理工艺部门经常用数字和字母表示热处理工艺，热处理工艺分类及代号见表5-28。

表5-28 热处理工艺分类及代号（GB/T 12603—2005）

工艺	代号	工艺	代号
热处理	500	正火	512
整体热处理	510	淬火	513
可控气氛热处理	500-01	空冷淬火	513-A
真空热处理	500-02	油冷淬火	513-O
盐浴热处理	500-03	水冷淬火	513-W
感应热处理	500-04	盐水淬火	513-B
火焰热处理	500-05	有机水溶液淬火	513-Po
激光热处理	500-06	盐浴淬火	513-H
电子束热处理	500-07	加压淬火	513-Pr
离子轰击热处理	500-08	双介质淬火	513-1
流态床热处理	500-10	分级淬火	513-M
退火	511	等温淬火	513-At
去应力退火	511-St	形变淬火	513-Af
均匀化退火	511-H	气冷淬火	513-G
再结晶退火	511-R	淬火及冷处理	513-C
石墨化退火	511-G	可控气氛加热淬火	513-01
脱氢处理	511-D	真空加热淬火	513-02
球化退火	511-Sp	盐浴加热淬火	513-03
等温退火	511-1	感应加热淬火	513-04
完全退火	511-F	流态床加热淬火	513-10
不完全退火	511-P	盐浴加热分级淬火	513-10M

（续）

工艺	代号	工艺	代号
盐浴加热盐浴分级淬火	513-10H+M	液体渗氮	533-03
淬火和回火	514	离子渗氮	533-08
调质	515	流态床渗氮	533-10
稳定化处理	516	氮碳共渗	534
固溶处理，水韧化处理	517	渗其他非金属	535
固溶处理+时效	518	渗硼	535（B）
表面热处理	520	气体渗硼	535-01（B）
表面淬火和回火	521	液体渗硼	535-03（B）
感应淬火和回火	521-04	离子渗硼	535-08（B）
火焰淬火和回火	521-05	固体渗硼	535-09（B）
激光淬火和回火	521-06	渗硅	535（Si）
电子束淬火和回火	521-07	渗硫	535（S）
电接触淬火和回火	521-11	渗金属	536
物理气相沉积	522	渗铝	536（Al）
化学气相沉积	523	渗铬	536（Cr）
等离子体增强化学气相沉积	524	渗锌	536（Zn）
离子注入	525	渗钒	536（V）
化学热处理	530	多元共渗	537
渗碳	531	硫氮共渗	537（S-N）
可控气氛渗碳	531-01	氧氮共渗	537（O-N）
真空渗碳	531-02	铬硼共渗	537（Cr-B）
盐浴渗碳	531-03	钒硼共渗	537（V-B）
固体渗碳	531-09	铬硅共渗	537（Cr-Si）
流态床渗碳	531-10	铬铝共渗	537（Cr-Al）
离子渗碳	531-08	硫氮碳共渗	537（S-N-C）
碳氮共渗	532	氧氮碳共渗	537（O-N-C）
渗氮	533	铬铝硅共渗	537（Cr-Al-Si）
气体渗氮	533-01		

5.6　金属材料的缺陷

1. 缩孔

缩孔（见图 5-21）是指铸件在冷凝过程中因收缩而产生的孔洞，形状不规则，孔壁粗糙，一般位于铸件的热节处。熔化金属在凝固过程中因收缩而产生的、残留在熔核中的孔穴，也称为缩孔。例如，在连铸方坯生产中，其横断面中心线附近出现一些直径大于 3mm 的孔洞。

图 5-21　缩孔

2. 疏松

疏松（见图 5-22）是指铸件在相对缓慢凝固区出现的细小的孔洞，包括一般疏松和中心疏松两种，严重时表现为肉眼可见的断断续续的线痕。

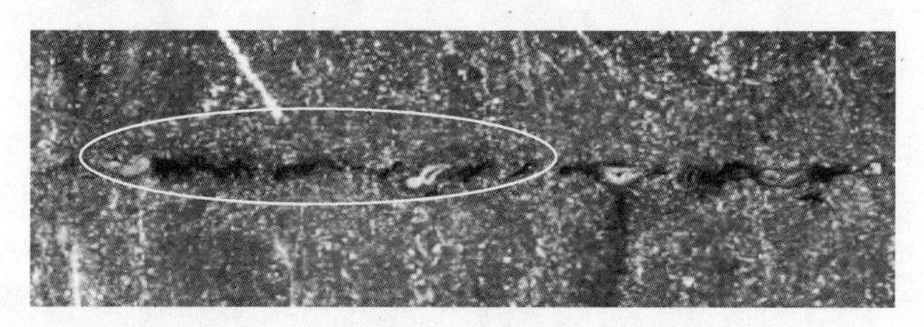

图 5-22　疏松

3. 气孔

铸件气孔（见图 5-23）主要是由于金属液中含有过多的气体或者金属液中发生反应生成的气体无法有效地排出而生成的，主要有侵入性气孔、析出性气孔和反应性气孔三类。

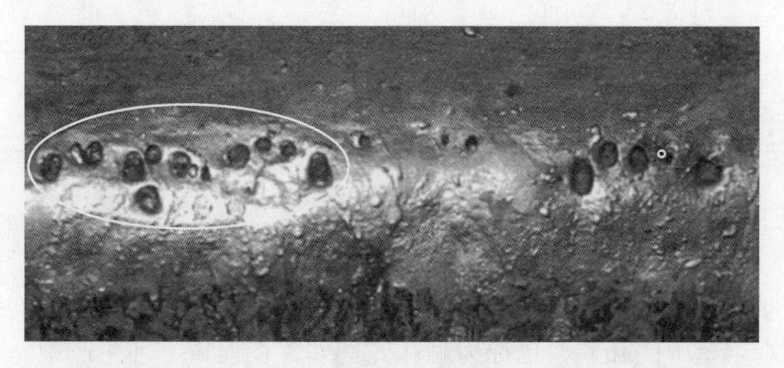

图 5-23　气孔

4. 划伤

划伤（见图 5-24）是指沿浇注方向连续或断续出现的线状、沟状的表面缺陷。划伤缺陷通常是连续贯通的，轻微的划伤深度一般为 1～2mm，严重的划伤深度一般为 4～6mm，在板坯上下表面均可能出现。

图 5-24　划伤

5. 结疤

结疤（见图 5-25）是指存在于材料表面上的不规则的重皮缺陷，常呈舌状、

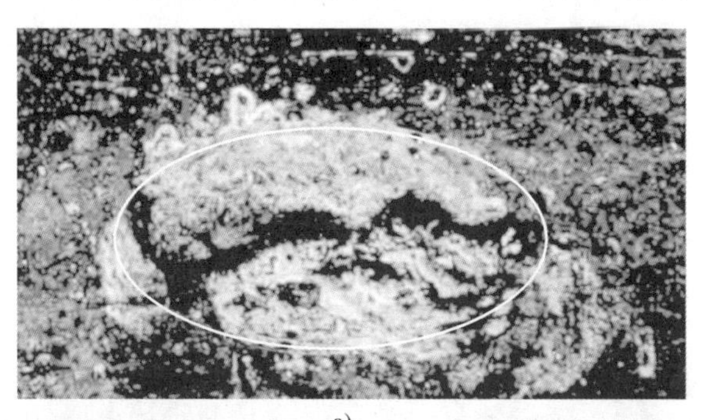

a)

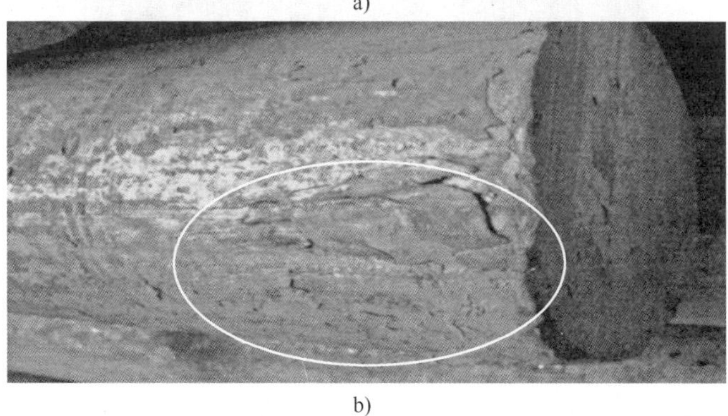

b)

图 5-25　结疤

a）铸坯表面结疤　b）圆钢表面结疤

指甲状、块状和鱼鳞状等，外形极不规则，面积大小不一，覆盖于材料的宽面或窄面。在钢材上分布无规律，缺陷下面常有非金属夹杂物。

6. 轧疤

轧制过程中造成的黏结在材料表面上的金属薄片称为轧疤（见图 5-26）。其外形类似结疤，区别于结疤的主要特征是轧疤缺陷下面一般没有非金属夹杂或夹渣。

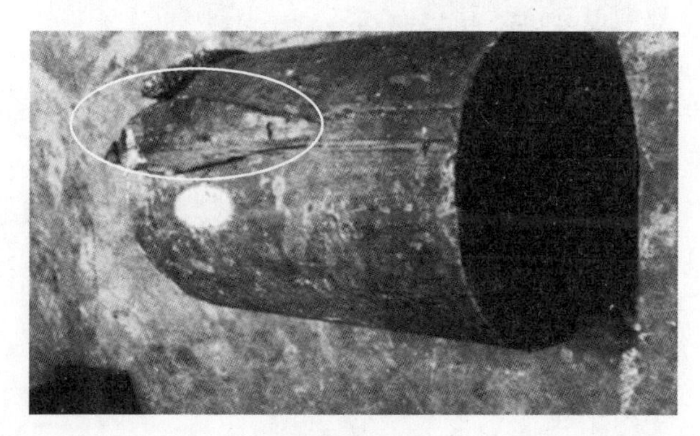

图 5-26　轧疤

7. 切割不良

切割不良（见图 5-27）是指由于火焰切割枪烧嘴角度安装不当等原因造成的端面切割不平整、切斜严重或表面出现明显的切割沟槽。切割不良会造成标识打印不清，严重时导致材料局部报废。

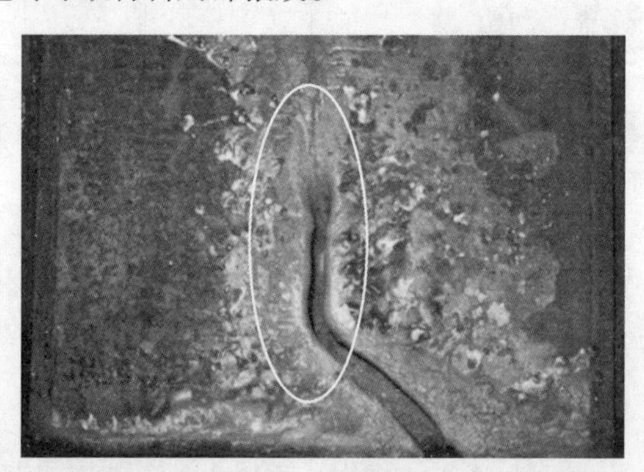

图 5-27　切割不良

8. 冷伤

冷态的方圆钢在输送、吊运、存放过程中产生的各种大小不一、深浅不同、无规律的伤痕称为冷伤（见图 5-28），其伤痕处一般较为光亮。

图 5-28　冷伤

9. 辊印（轧痕）

辊印（见图 5-29）是指在材料表面上，因轧辊损伤、黏有异物等在轧件上形成的凸凹伤痕，也称轧痕。轧痕一般有一定的规律性，无金属撕裂现象。

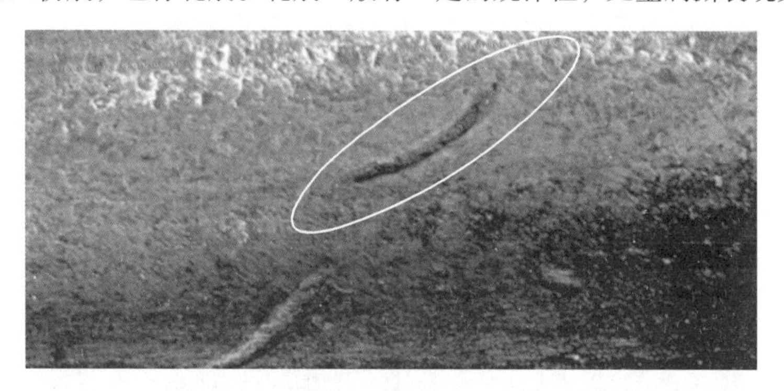

图 5-29　辊印（轧痕）

10. 切割裂纹

中、高碳钢用火焰切割时在断面处出现的应力裂纹称为切割裂纹（见图 5-30）。

11. 凹槽

连铸方坯表面沿纵向呈现出的连续或断续的沟槽称为凹槽（见图 5-31）。其宽度和深浅不一，内常填充有保护渣。

12. 压痕

钢带表面无周期性分布的凹凸印迹称为压痕（见图 5-32）。

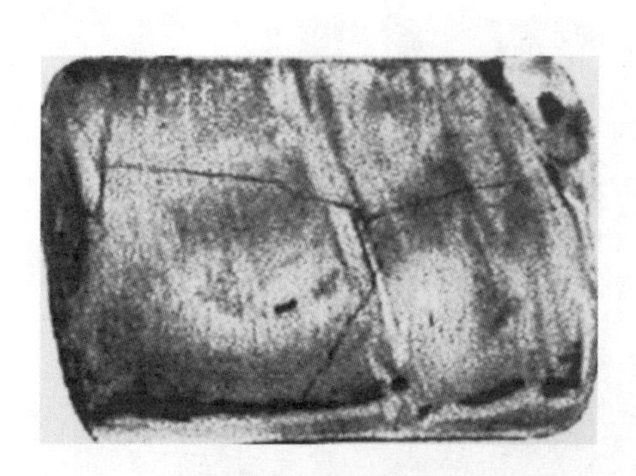

图 5-30 切割裂纹

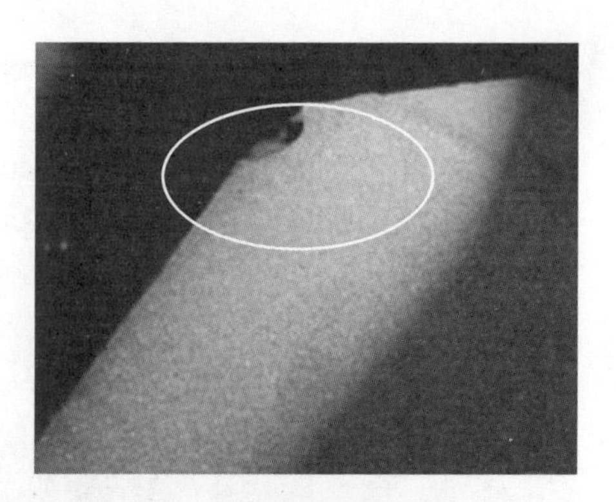

图 5-31 凹槽

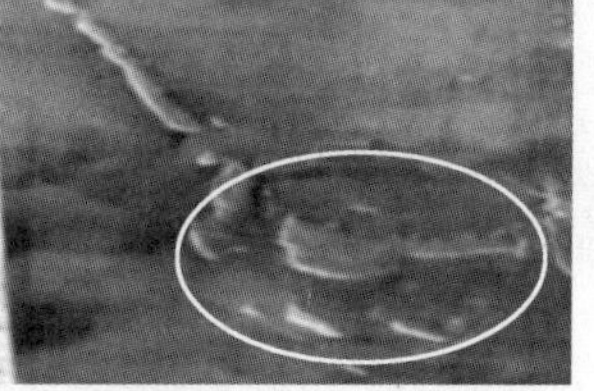

图 5-32 压痕

13. 接痕

沿连铸方坯四周方向或连铸板坯长度方向，某一截面上出现的重接痕迹称为接痕（见图 5-33）。有些接痕部位还呈现重皮缺陷。

图 5-33 接痕

14. 过烧

过烧（见图 5-34）是指加热温度过高使材料局部沿晶界断裂，形成表面的横向裂口的缺陷，多出现在棱角处。金相观察时，过烧部位因晶界被氧化而出现网格状的氧化物晶界。

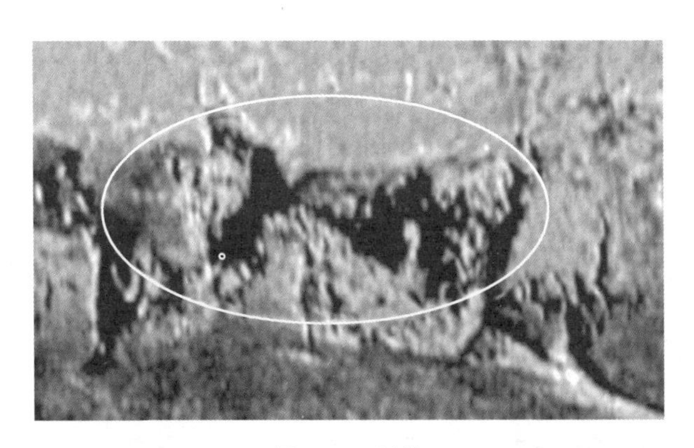

图 5-34　过烧

15. 切割渣

切割渣（见图 5-35）指火焰切割时燃气压力不足，造成切割后的熔化物堆积，如在连铸方坯下表面端部堆积的长条状切割熔融物等。

图 5-35　切割渣

16. 表面夹渣

嵌于板坯表面的非金属渣称为表面夹渣（见图 5-36）。表面夹渣无规则地分布在铸坯表面，其形状大小不一。表面夹渣多出现在换中间包后的第一块铸坯上，其他铸坯表面夹渣比较少见。

17. 热扭

热扭（见图 5-37）是指沿长度方向各部分截面绕其纵轴角度不同的现象。热扭十分严重时，整根钢材甚至呈麻花形。

18. 弯曲

方圆钢纵向不平直的现象称为弯曲（见图 5-38）。按钢材的弯曲形状，呈镰刀形的均匀弯曲称为镰刀弯，呈波浪形的整体反复弯曲称为波浪弯，头部整体弯曲称为弯头。

图 5-36　表面夹渣

图 5-37　热扭

19. 圆度超差

圆度超差（见图 5-39）是指圆形截面的轧材，如圆钢和圆形钢管的横截面直径不相等。

图 5-38　弯曲

图 5-39　圆度超差

20. 耳子

耳子（见图 5-40）是指钢材表面沿轧制方向延伸的突起。耳子多为贯通状，也有局部或断续的。

图 5-40　耳子

21. 脱方（矩）

方形（矩形）截面的材料对边不等或截面的对角线不等，称为脱方（矩）（见图 5-41）。

22. 塔形

钢卷上下端不齐，外观呈塔状称为塔形（见图 5-42）。

图 5-41　脱方

图 5-42　塔形

23. 浪形

沿钢带轧制方向呈现高低起伏的波浪形弯曲现象称为浪形（见图 5-43）。根据分布的部位不同，浪形分为中间浪、肋浪和边浪三种形式。

24. 瓢曲

在钢板或钢带长度及宽度方向同时出现高低起伏的波浪，使其成为瓢形或船形，称为瓢曲（见图 5-44）。

25. 鼓肚

铸坯的凝固壳由于受到内部金属液静压力的作用而鼓胀成凸面称为鼓肚（见图 5-45）。该缺陷表现为局部凸起，凸起部位凸出高度一般为 10～20mm，最高可达 60mm。

图 5-43 浪形

图 5-44 瓢曲

图 5-45 鼓肚

26. 错牙

钢材截面上下两部分沿对称轴互相错开一定位置而呈现的金属凸缘称为错牙（见图 5-46）。

图 5-46 错牙

27. 分层

钢带断面出现连续或断续的线条状分离的现象称为分层（见图 5-47）。

28. 轧裂

因轧件温度低，在型钢表面产生横向开裂

的现象称为轧裂（见图 5-48）。其裂纹宽而短，裂纹内不光滑，很少有氧化皮，常呈弧形、人字形沿钢材长度方向连续分布。轧裂多产生在钢材的端部、边角处和弯曲变形较严重的部位。

图 5-47　分层

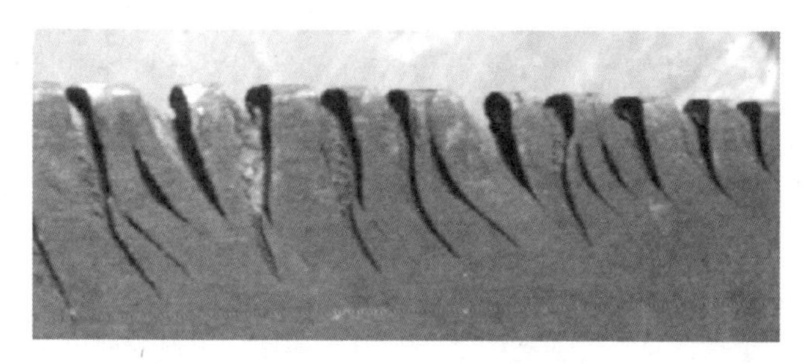

图 5-48　轧裂

29. 轧烂

带钢表面出现多层重叠或轧穿、撕裂等现象称为轧烂（见图 5-49）。

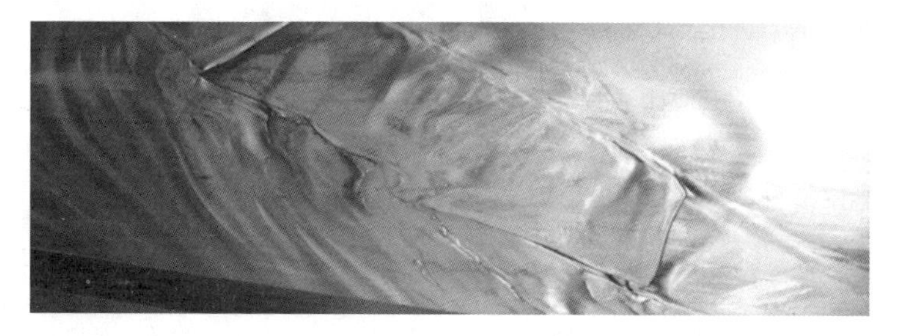

图 5-49　轧烂

5.7　金属材料的交货状态和储运管理

1. 钢铁材料的交货状态

钢铁材料的交货状态见表 5-29。

表 5-29　钢铁材料的交货状态

名称	说　明
热轧(锻)状态	钢材在热轧（锻）后不再对其进行专门热处理，冷却后直接交货，称为热轧（锻）状态 热轧（锻）的终止温度一般为 800～900℃，之后一般在空气中自然冷却，因而热轧（锻）状态相当于正火处理。所不同的是因为热轧（锻）终止温度有高有低，不像正火加热温度控制严格，因而钢材组织与性能的波动比正火大。目前不少钢铁企业采用控制轧制，由于终轧温度控制很严格，并在终轧后采取强制冷却措施，因而钢的晶粒细化，交货钢材有较高的综合力学性能。无扭控冷热轧盘条比普通热轧盘条性能优越就是这个道理 热轧（锻）状态交货的钢材，由于表面覆盖有一层氧化皮，因而具有一定的耐蚀性，储运保管的要求不像冷拉（轧）状态交货的钢材那样严格，大中型型钢、中厚钢板可以在露天货场或经苫盖后存放
冷拉(轧)状态	经冷拉（轧）等冷加工成形的钢材，不经任何热处理而直接交货的状态，称为冷拉（轧）状态。与热轧（锻）状态相比，冷拉（轧）状态的钢材尺寸精度高，表面质量好，表面粗糙度值低，并有较高的力学性能 由于冷拉（轧）状态交货的钢材表面没有氧化皮覆盖，并且存在很大的内应力，极易腐蚀或生锈，因而冷拉（轧）状态的钢材，其包装、储运均有较严格的要求，一般均需在库房内保管，并应注意库房内的温湿度控制
正火状态	钢材出厂前经正火处理，这种交货状态称正火状态。由于正火加热温度［亚共析钢为 $Ac_3+(30\sim50)$℃，过共析钢为 $Ac_{cm}+(30\sim50)$℃］比热轧终止温度控制严格，因而钢材的组织、性能均匀。正火状态与退火状态的钢材相比，由于冷却速度较快，钢的组织中珠光体数量增多，珠光体层片及钢的晶粒细化，因而有较高的综合力学性能，并有利于改善低碳钢的魏氏组织和过共析钢的渗碳体网状，可为成品的进一步热处理做好组织准备。碳素结构钢、合金结构钢钢材常采用正火状态交货。某些低合金高强度钢如 14MnMoVBRE、14CrMnMoVB 钢为了获得贝氏体组织，也要求正火状态交货
退火状态	钢材出厂前经退火处理，这种交货状态称为退火状态。退火的目的主要是为了消除和改善前道工序遗留的组织缺陷和内应力，并为后道工序做好组织和性能上的准备 合金结构钢、保证淬透性结构钢、冷镦钢、轴承钢、工具钢、汽轮机叶片用钢、铁素体型不锈耐热钢的钢材常用退火状态交货
高温回火状态	钢材出厂前经高温回火处理，这种交货状态称为高温回火状态。高温回火的回火温度高，有利于彻底消除内应力，提高塑性和韧性，碳素结构钢、合金结构钢、保证淬透性结构钢钢材均可采用高温回火状态交货。某些马氏体型高强度不锈钢、高速工具钢和高强度合金钢，由于有很高的淬透性以及合金元素的强化作用，常在淬火（或正火）后进行一次高温回火，使钢中碳化物适当聚集，得到碳化物颗粒较粗大的回火索氏体组织（与球化退火组织相似），因而，这种交货状态的钢材有很好的切削加工性能
固溶处理状态	钢材出厂前经固溶处理，这种交货状态称为固溶处理状态。这种状态主要适用于奥氏体型不锈钢材出厂前的处理。通过固溶处理，得到单相奥氏体组织，以提高钢的韧性和塑性，为进一步冷加工（冷轧或冷拉）创造条件，也可为进一步沉淀硬化做好组织准备

2. 有色金属材料的交货状态

有色金属材料压延材的交货状态见表 5-30。

表 5-30　有色金属材料压延材的交货状态

序号	交货状态		说　明
	名称	代号	
1	软状态	M	表示材料在冷加工后，经过退火。这种状态的材料，具有塑性高而强度和硬度都低的特点
2	硬状态	Y	这种状态的材料，是在冷加工后未经退火软化的。它具有强度、硬度高而塑性、韧性低的特点。有色金属材料还具有特硬状态，代号为 T
3	半硬状态	Y_1、Y_2、Y_3、Y_4	半硬状态介于软状态和硬状态之间，表示材料在冷加工后，有一定程度的退火。半硬状态按加工变形程度和退火温度的不同，又可分为 3/4 硬、1/2 硬、1/3 硬、1/4 硬等几种，其代号依次为 Y_1、Y_2、Y_3、Y_4 等
4	热作状态	R	表示材料为热挤压状态。热轧和热挤是在高温下进行的，因此，在加工过程中不会发生加工硬化。这种状态的材料，其特性与软状态相似，但尺寸允许偏差和表面精度要求要比软状态低

注：根据 GB/T 16475—2008 的规定，对于变形铝及铝合金，软状态用 O 表示，硬状态用 H×8 表示，3/4 硬用 H×6 表示，1/2 硬用 H×4 表示，1/4 硬用 H×2 表示，热处理状态用 H112、T1 或 F 表示。

3. 钢铁材料的储运管理

钢铁材料的储运管理见表 5-31。

表 5-31　钢铁材料的储运管理

名称	说　明
选择适宜的场地和库房	1）保管钢材的场地或仓库应该清洁干净、排水通畅，远离产生有害气体或粉尘的厂矿，并清除杂草及一切污物。一般采用普通封闭式库房，有房顶和围墙，门窗严密，有通风装置。晴天注意通风，雨天注意关闭防潮 2）不与酸、碱、盐、水泥等对钢材有侵蚀性的材料堆放在一起 3）大型型钢、钢轨、厚钢板、大口径钢管等可以露天堆放 4）中小型型钢、盘条、中口径钢管、钢丝及钢丝绳等，可在通风良好的料库内存放；一些小型钢材、薄钢板、钢带、硅钢片、小口径或薄壁钢管、各种冷轧及冷拔钢材，以及价格高、易腐蚀的金属制品，可入库存放

（续）

名称	说　　明
合理堆码、先进先发	1）在码垛稳固、确保安全的条件下，做到按品种、规格码垛，不同品种的材料要分别码垛，防止混淆和相互腐蚀；并且，不在垛位附近存放对钢材有腐蚀作用的物品 2）垛底应垫高，坚固、平整，防止材料受潮或变形。同种材料按入库先后分别堆码，便于执行先进先发的原则 3）露天堆放的型钢下面必须有木垫或条石，垛面略有倾斜，以利排水，并注意材料安放平直，防止造成弯曲变形。在垛与垛之间应留有一定的通道，工字钢应立放，钢材的槽面不能朝上，以免积水生锈
保护材料的包装和保护层	钢材出厂前涂保护层或采用其他包装是防止材料锈蚀的重要措施，在运输装卸过程中须注意保护相应的包装或保护层，不能损坏，这样可延长材料的保管期限
保持仓库清洁、加强材料养护	1）材料在入库前要注意防止雨淋或混入杂质，对已经淋雨或弄污的材料要按其性质采用不同的方法擦净，如硬度高的可用钢丝刷擦净，硬度低的用布、棉擦净等 2）材料入库后要经常检查，如有锈蚀，应清除锈蚀层 3）一般钢材表面清除干净后，不必涂油，但对优质钢、合金薄钢板、薄壁管、合金钢管等，除锈后其内外表面均须涂防锈油后再存放 4）对锈蚀较严重的钢材，除锈后不宜长期保管，应尽快使用

4. 有色金属材料的储运管理

有色金属材料的储运管理见表5-32。

表5-32　有色金属材料的储运管理

名称	储运注意事项
铜材	1）铜材应按成分、牌号分别存放在清洁、干燥的库房内，不得与酸、碱、盐等物资同库存放 2）铜材如在运输中受潮，应用布拭干或在日光下晒干后再行堆放 3）库房内要通风，调节库内的温度、湿度，一般要求库内温度保持在15~30℃，相对湿度保持在40%~80%为宜 4）电解铜因易带有未洗净的残留电解质，所以不能与橡胶和其他怕酸材料混放一起 5）由于铜质软，搬运堆垛时应避免拉、拖或摔、扔、磕、碰，以免损坏或弄伤表面 6）如发现有锈蚀时，可用麻布或铜丝刷擦除，切勿用钢丝刷，以防划伤表面，也不宜涂油 7）对于线材，无论锈蚀轻重，原则上一律不进行除锈或涂油。如属沾染锈，则在不影响线径要求时，对铜材除锈，然后用防潮纸包好 8）锈蚀严重的，除了进行除锈外，还要隔离存放且不宜久储。若发现锈蚀裂纹，则应立即从库中清出

（续）

名称	储运注意事项
铝材	1）经验收合格的产品应保管在清洁干燥的库房内，且不受雨雪浸入，库房内不应同时储存活性化学物资（如酸、碱、盐等）和潮湿物品。未经雨水侵入的油封的产品可在防腐期内妥善储存，超过防腐期的或不涂油的产品，若需长期储存，则应重新涂油 2）对表面质量较高的铝材，如薄板、薄壁管、小型材等的表面要涂油，在保管条件较好或做短期存放时也可不涂油 3）铝材如暂时不用，以原包装保管。拆包后，要用防锈纸包裹 4）铝材的保管要特别注意铝板，由于铝性质软，搬动时要防止擦伤。受潮铝板不宜揩拭，宜用日光晒，潮湿铝板不能堆放 5）铝材如发生锈蚀，可用浮石、棉纱头或洁净碎布擦除后，加涂工业凡士林，但不宜长期存放 6）无论是经水路、铁路或公路运输，均应防止雨淋、雪侵，以及其他有腐蚀性介质的侵入或渗入。不准用运送过酸类、碱类或其他化学物质并留有气味的车辆运送铝材
镁	1）镁在空气中极易氧化，生成氧化膜。受潮及酸、碱、盐类侵染，即向深处腐蚀，蔓延甚快。高纯度镁在空气中能引起燃烧。镁锭须在密闭的铁、铝桶内保管，并远离火源 2）镁锭应定期检查，发现表面白斑粉化或有麻点时，应将镁锭浸入热碱水及重铬酸盐溶液中，将腐蚀氧化物清洗干净后涂上工业凡士林、石蜡或防腐油 3）不宜长期保管。应注意先进先出，码垛分清牌号和等级
镍	1）镍的化学性质比较稳定，保管时避免与酸、碱物质接触，也不得与铅锭或锡锭混杂 2）按品种、批号和牌号分别存放。有浮锈斑点不宜涂油，用麻布擦去即可
锌	1）锌易与酸、碱、盐化合而变质，与木材的有机酸接触后能破坏表面，因此，不宜与酸碱和湿木材共存放 2）锌质硬而脆，搬运时避免碰撞。存放库内时应按品种和牌号分别保管
铅材	1）铅板遇潮或接触二氧化碳，生成氧化膜，用麻布擦去即可，不宜涂油 2）铅材虽耐硫酸侵蚀，但不耐碱和其他酸类物质，应避免接触 3）铅管质软，承受压力过大容易压扁，因此，码垛时不宜过高。要求在收发操作时轻拿轻放，严格避免碰伤、压伤和刮伤 4）无包装的铅卷板，在装卸过程中应加衬垫物，防止卷边、碰撞、撕裂和划伤外皮
锡	1）每批锡锭应整齐堆放，不得与其他批锡锭互相混杂 2）库房内最低温度不得低于-15℃。因为锡在低温时，特别是-20℃以下，内部组织变化，表面起泡膨胀，质地逐渐变松，最后分裂为粒状或变成粉末 3）保管时，如发现锡锭有腐蚀迹象时，应将好的锡锭与腐蚀的锡锭分开堆放，同时认真清除所有腐蚀的锡锭并重加熔炼。可用松香或氯化铵作覆盖剂重熔，缓慢冷却使之恢复原状
锑	1）可在普通库房内保管，但是不能与酸、碱和盐类接触存放 2）如发现锈蚀，可用麻布擦去浮锈及除去垢尘，但不宜涂油 3）锑的性质硬脆，易碎为粉屑状，装卸搬运时需要注意

第6章 无机非金属材料

06

无机非金属材料是人类最先应用的材料。原始人用天然岩石制作工具和武器，是人类应用材料的开始，岩石就是自然界存在的天然无机非金属材料。五六千年前人类用陶土制作了粗陶制品，粗陶经过几千年的演化和技术的提高，大约到两千年前，出现了致密烧结的瓷器；在此后历史进程中，除陶器和瓷器外，砖瓦、玻璃、水泥、耐火材料、磨料及各种形式的复合制品（如搪瓷等）也一一地被发明、发展和广泛应用起来。这些材料绝大多数以二氧化硅为主要成分，所以我们常把无机非金属材料称作硅酸盐材料。这些传统材料虽已有相当长的历史，但因其在国民经济和人们生活中的重要影响和作用，至今继续发展着，新材料、新工艺、新装备和新技术仍在不断涌现。

普通无机非金属材料的特点是：抗压强度高，硬度大，耐高温，抗腐蚀。此外，水泥在胶凝性能上，玻璃在光学性能上，陶瓷在耐蚀、介电性能上，耐火材料在防热隔热性能上都有其优异的特性，为金属材料和高分子材料所不及。但与金属材料相比，其抗拉强度低，缺少延性，属于脆性材料；与高分子材料相比，其密度较大，制造工艺较复杂。

科学技术和生产技术的不断发展，改变了原有硅酸盐材料的面貌。特别是20世纪40年代以来，由于各种新技术的出现，在原有硅酸盐材料的基础上研制出了许多新型材料。这些材料的成分中有的已不含有硅酸盐，应用范围和制备工艺也与原有硅酸盐材料有所不同。为了与传统的无机非金属材料相区别，将这类材料称为新型无机非金属材料。可以这么说，传统的无机非金属材料是工业和基本建设所必需的基础材料；新型无机非金属材料是20世纪中期以后发展起来的，具有特殊性能和用途的材料。

6.1 无机非金属材料的分类

无机非金属材料品种和名目极其繁多，用途各异，因此，还没有一个统一而完善的分类方法。

1. 按化学成分分类

根据构成材料的主要化学成分，无机非金属材料可分为以下主要类型（或称物系）：单质、氧化物、碳化物、氮化物、硼化物、硫化物、卤化物、硅化物、磷化物、氧氮化物。

氧化物系材料是无机非金属材料的主体部分，也是目前使用最广泛的材料，因此，习惯上也将材料分为氧化物系和非氧化物系。一般所称的硅酸盐材料也归于氧化物系材料。除了氧化物系之外的其他无机非金属材料归为非氧化物系，如氮化物、碳化物、硼化物、碳素材料等材料。它们具有很多氧化物系材料所没有的特殊性能，自 20 世纪 70 年代以来发展迅速，已成为了当今高技术材料的重要研究领域。

由两种或两种以上氧化物构成的无机非金属材料，根据材料体中基本氧化物的组合形式及复杂程度，进一步分为一元系、二元系、三元系和多元系四类，见表 6-1。其中最常见的是二元系和三元系。这种分类方法有很强的学术性，可以很方便地应用物理化学原理，特别是相图学来研究和设计材料，但该分类方法的分类体系过于分散，此外尚有许多多元系不易划分。

表 6-1　氧化物系无机非金属材料的进一步分类

类型	主要成分	实例
一元系	SiO_2、Al_2O_3、Fe_2O_3、FeO、CaO、MgO、Na_2O、TiO_2、ZrO_2、Cr_2O_3、Mn_3O_4、HfO_2、BeO、Y_2O_3、La_2O_3、CeO_2	石英、刚玉、磁粉等
二元系	$R_2O_2 \cdot SiO_2$（R=Al、Fe、B 等）、$R_2O \cdot SiO_2$（R=K、Na、Li 等）、$RO \cdot SiO_2$（R = Mg、Ca）、$ZrO_2 \cdot SiO_2$、$RO \cdot Al_2O_3$（R = Mg、Ca）、$TiO_2 \cdot Al_2O_3$、$P_2O_5 \cdot Al_2O_3$、Ca（Mg）$\cdot CO_2$、$CaO \cdot SO_2$、$CaO \cdot P_2O_5$、$CaO \cdot MgO$、$RO \cdot Fe_2O_3$（R=Mg、Ba）、$RO \cdot TiO_2$（R=Ca、Fe）、$MgO \cdot Cr_2O_3$	各类耐火材料、陶瓷、水泥、玻璃、特种陶瓷、保温材料、建材
三元系	$R_2O \cdot Al_2O_3 \cdot SiO_2$（R = K、Na、Li）、$RO \cdot Al_2O_3 \cdot SiO_2$（R=Ca、N、B、Be、Ba）、$CaO \cdot MgO \cdot SiO_2$、$CaO \cdot Fe_2O_3 \cdot SiO_2$、$Na_2O \cdot B_2O_3 \cdot SiO_2$、$CdO \cdot B_2O_3 \cdot SiO_2$	各类耐火材料、陶瓷、水泥、玻璃、保温材料
四元系	$CaO \cdot MgO \cdot Al_2O_3 \cdot SiO_2$、$CaO \cdot Al_2O_3 \cdot SiO_2 \cdot Fe_2O_3$	碱性耐火材料、硅酸盐水泥

另外，在氧化物系材料中，许多材料是以含氧盐类形式存在的，因此又可按氧化物系材料含氧盐形式进行分类，如常用的有氧化物、硫酸盐、氢氧化物、铬酸盐、硅酸盐（含铝硅酸盐）、硝酸盐、硼酸盐、砷酸盐、铝酸盐、锗酸盐、磷酸盐、锑酸盐、钛酸盐、碲酸盐、钨酸盐、铌酸盐、钼酸盐、钽酸盐、铁酸盐、铋酸盐、钒酸盐、钇酸盐、醋酸盐、镍酸盐、碳酸盐等。

2. 按用途分类

同一种材料常常兼具多种功能和用途，从用途的角度也难以对无机非金属材料体系做出科学系统的分类。用此法进行类别划分，各类之间并非完全独立，而常常是重复性连接和相互包含的，如用于砌筑建筑物的耐火材料、保温材料同时也属于建筑材料。尽管如此，按用途分类的方法在工业、商业和国民经济计划统计等领域还是得到了广泛应用。

无机非金属材料按用途主要分为耐火材料、防火材料、保温材料、建筑材料、胶凝材料、涂覆材料、模具材料、装饰材料、包装材料、研磨材料、隔声材料、吸声材料、耐蚀材料、感光材料、电子材料、电工材料、光学材料、航空材料、食品材料、医用材料、农用材料等。

3. 按工业生产特点分类

无机非金属材料一般按工业生产特点分为陶瓷、水泥、玻璃、耐火材料、保温材料、胶凝材料及其制品、铸石、碳素材料、磨料及磨具、人工晶体、石材等。

4. 按化学性质分类

无机非金属材料按化学性质分为酸性材料、中性材料和碱性材料，见表6-2。

表6-2 无机非金属材料按化学性质分类

类型	耐侵蚀性能	主要成分	举例
酸性材料	对酸性物质侵蚀抵抗性强	SiO_2、ZrO_2 等四价氧化物（RO_2）	硅质耐火材料、耐酸陶瓷、器皿玻璃
中性材料	对酸、碱性物质抗侵蚀性相近	Al_2O_3、Cr_2O_3 等三价氧化物（R_2O_3），SiC、C 等原子键结晶矿物	氧化铝陶瓷、高铝耐火材料
碱性材料	对碱性物质抵抗性强	碱金属及碱土金属氧化物（R_2O、RO）	镁质耐火材料、碱性玻璃、耐碱陶瓷、水泥

6.2 无机非金属原料与制品之间的关系

无机非金属材料原料与制品之间的关系见表6-3。

表6-3 无机非金属材料原料与制品之间的关系

工艺过程	类别	骨架组成	成型组成	熔剂组成
烧结在成型之后	陶瓷	石英、工业氧化铝、铝矾土	黏土	碳金属氧化物、碱土金属氧化物
	耐火材料	石英、铝矾土、工业氧化铝为主、白云石、石灰石、人工合成矿物（如莫来石、堇青石等）	黏土	碱土金属和碱金属氧化物

（续）

工艺过程	类别	骨架组成	成型组成	熔剂组成
烧结在成型之后	特种陶瓷	氧化物、氮化物、碳化物、硼化物等为主	人工塑化剂、黏结剂	碱金属氧化物、碱土金属氧化物
烧结过程中成型	玻璃	石英、硼砂、硼酸、纯碱、磷灰石、长石、二氧化锗、三氧化二砷	熔体黏度	
成型在烧结之后	水泥	石灰石、黏土、石膏、萤石、粉煤灰、矿渣及其他工业废料	熟料水化	

6.3　陶瓷

6.3.1　陶瓷的分类

陶瓷的分类如图 6-1 所示。

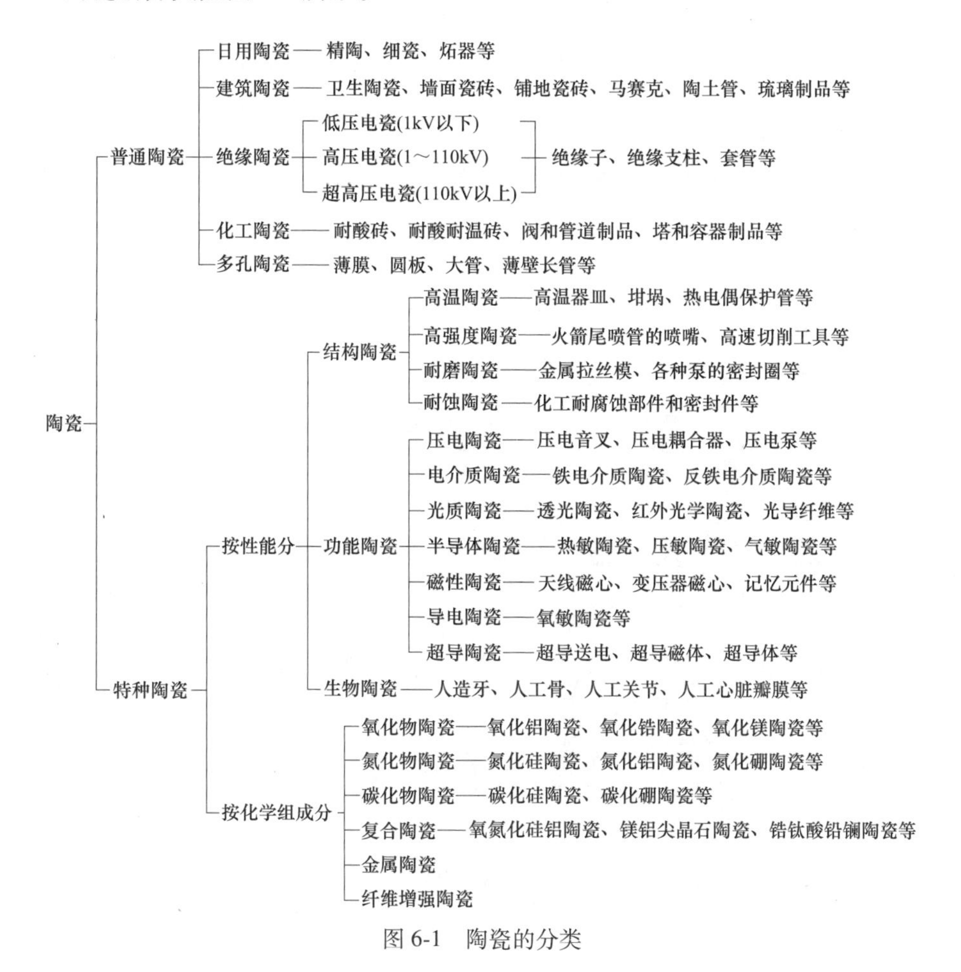

图 6-1　陶瓷的分类

6.3.2 陶瓷制品的特性和用途

陶瓷制品的特性和用途见表6-4。

表6-4 陶瓷制品的特性和用途

序号	名称	制造原料	主要特性	用途举例
1	日用陶瓷	黏土、石英、长石、滑石、高岭土等	具有较好的热稳定性、致密度、强度和硬度	生活器皿等
2	建筑陶瓷	黏土、长石、石英等	表面光洁美观，易于清洁洗涤，耐磨，能抵抗酸碱侵蚀，防火防水，耐用性好，有较好的强度	卫生陶瓷、墙面瓷砖、铺地瓷砖、马赛克、陶土管、琉璃制品等
3	电瓷（绝缘陶瓷）	一般采用黏土、长石、石英、高岭土等	介电强度高，抗拉强度和抗弯强度较好，化学稳定性好，不易老化，耐季节性温度变化性能较好，防污染性好，在长期机械负荷下不会产生永久变形等优良性能	各种瓷绝缘子、电器绝缘支柱、套管、瓷件等
4	化工陶瓷（耐酸陶瓷）	黏土、焦宝石（熟料）、滑石、长石	具有良好的耐酸、碱等腐蚀的性能，还有高的力学强度，不渗透，热稳定性好	耐酸砖、储酸缸、吸收塔、泵和风机等
5	多孔陶瓷（过滤陶瓷）	原材料品种多，如石英、煅烧矾土、碳化硅、刚玉等均可作为骨料	具有大量的气孔，尤其是开口气孔较多，其开口气孔率一般为30%～50%，耐强酸、耐高温性能好	液体过滤、气体过滤、散气、催化剂载体等
6	高温、高强度、耐磨、耐腐蚀陶瓷	氧化物陶瓷，以氧化铝或氧化铍、氧化锆为主要原料 非氧化物陶瓷以氮化硅、氮化硼、碳化硅、碳化硼等为主要成分	热稳定性好，荷重软化温度高，导热性好，高温强度大，化学稳定性高，抗热冲击性好，硬度高，耐磨性好，高频绝缘性佳，有的并具有良好的高温导电性与耐辐照、吸收热中子截面大等特性	电炉发热体、炉膛、高温模具、特殊冶金坩埚、高温器皿、高温轴承、火花塞、燃气轮机叶片、火箭喷嘴、热电偶套管、金属切削刀具及其他耐磨、耐蚀零件
7	透明陶瓷	氧化铝、氧化钇、氧化镁、氟化镁、硫化锌等	可以通过一定波长范围光线或红外光，具有较好的透明度	高温透镜、红外检测窗、红外元件、防弹窗等
8	玻璃陶瓷（微晶玻璃）	原料品种多，主要有氧化铝、氧化镁、氧化硅，外加晶刻剂	力学强度高，耐热、耐磨、耐蚀，热胀系数为零，并有良好的电特性	望远镜头、精密滚动轴承、耐磨耐高温零件、微波天线等
9	压电陶瓷	钛酸钡、锆钛酸铅、钛酸钙、外加各种添加物	有良好的压电性能，能将电能和机械能互相转换	换能器、压电马达、电声器件等
10	介电陶瓷（电容器陶瓷）	原料品种较多，如钛酸钡、锡酸钙、锆酸铅等	绝缘电阻高，介电常数大，介质损耗小，有一定的介电强度	电容器的介质

（续）

序号	名称	制造原料	主要特性	用途举例
11	光学陶瓷	透明氧化铝瓷	透过可见光和红外光的性能良好	透光陶瓷
		PL2T 透明陶瓷	受光照射，呈现自身颜色改变的光色效应	光色材料
12	半导体陶瓷	原料品种多，主要采用氧化物再掺入各种金属元素或金属氧化物	具有半导体的特性，对热、光、声、磁、电或某种气体变化等有特殊的敏感性	各种敏感元件，如热敏电阻、光敏电阻、压敏电阻、力敏电阻等
13	磁性陶瓷	锰锌铁氧体、镍锌铁氧体、镁锰铁氧体等	电阻率一般为 $10^2 \sim 10^{12}\Omega \cdot cm$，比金属材料的涡流损失小，介质损耗低，高频磁导率高	天线磁心、变压器磁心、微波器件、记忆元件等
14	导电陶瓷	氧化锆、β-氧化铝、铬酸镧、二氧化锡等	体积电阻率很低，电导率高，热稳定性好	氧含量测量、空燃比控制、电磁流量计电极等
15	生物陶瓷	氧化铝、氧化锆、带有陶瓷涂层的钛合金材料、碳基复合材料	与金属材料、有机高分子材料相比，它具有与生物机体有较好的相容性和生物活性、耐蚀性等独特性能	人造牙齿、人工关节、人工心脏瓣膜等

6.3.3　陶瓷生产工艺

陶瓷的生产工艺如图 6-2 所示。

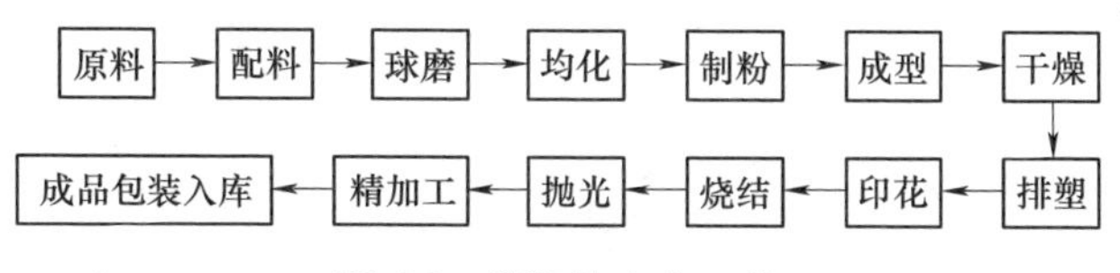

图 6-2　陶瓷的生产工艺

注：根据不同的产品要求可以省略其中的某些工艺步骤。

1. 原料

陶瓷的花色最主要来自于坯体及原料本身的颜色，所以对原料的选择和使用成了陶瓷产品生产的第一道关键工序，也是最重要的环节之一。从陶瓷工业发展的历史上看，人们最初使用的主要是天然的矿物原料或岩石原料。矿物是地壳中的一种或多种化学元素在各种地质作用下形成的天然单质或化合物，是组成岩石和矿石的基本单位。岩石是一种或多种矿物在各种地质作用下形成的、具有一定结构和构造的集合体，是构成岩石圈的基本物质。这些天然原料多为硅酸盐矿物且种类繁多，资源蕴藏丰富，分布广泛。但是，由于地质成矿条件复杂多变，天然原料很少以单一的、纯净的矿物产出，往往共生或伴生有不同种类、含量的杂质矿物，使得天然原料的化学组成、矿物组成和工艺性能产生波动。因此，只使用天然原料已经不能满足陶瓷工业生产的要求。另外，随着陶瓷工业的发展，新型陶瓷材料及新的品种不断涌现，伴随对陶瓷性能日益增高的要求，对陶瓷原料的要求也越来越高，一般需要采用均一而又高纯的人工合成原料，这又推动了原料合成技术的发展。

1）我国常用黏土原料的化学组成见表 6-5。

表 6-5　我国常用黏土原料的化学组成

产地及黏土	化学组成（质量份）							
	SiO_2	Al_2O_3	Fe_2O_3 (TiO_2)	CaO	MgO	K_2O	Na_2O	灼减
景德镇高岭村高岭土	47.28	37.41	0.78	0.36	0.10	2.51	0.23	12.03
唐山碱干	43.50	40.09	0.63 (0.30)	0.47	—	0.49	0.22	14.28
唐山紫木节	41.96	35.91	0.91 (0.96)	2.10	0.42	0.37	—	16.96
界牌桃红泥	68.52	20.24	0.60	0.15	0.75	1.42		7.49
淄博焦宝石	45.26	38.34	0.70 (0.78)	0.05	0.05	0.05	0.10	14.46
大同土	43.25	39.44	0.27 (0.09)	0.24	0.38	—	—	16.07
广东飞天燕原矿	76.03	14.82	0.80	0.10	1.02	2.82	0.37	3.19
清远浸潭洗泥	47.96	35.27	0.52	1.05	0.42	5.48	0.51	9.06
苏州土	46.92	37.50	0.15	0.56	0.16	0.08	0.05	14.52
福建连城膨润土	66.05	17.99	0.70 (0.10)	0.10	2.83	0.50	0.10	11.43
焦作碱石	43.76	40.75	0.27	1.31	0.53	0.35	0.31	13.16
陕西上店土	45.64	37.50	0.83 (1.16)	0.46	0.56	0.11	0.02	13.81
辽宁黑山膨润土	68.42	13.12	2.90 (1.57)	1.84	1.74	0.33	1.38	9.34
吉林水曲柳黏土	56.85	27.53	1.81 (1.47)	0.92	0.11	0.58	0.20	1.07
贵阳高坡高岭土	46.42	39.40	0.10 (0.03)	0.09	0.09	0.05	0.09	13.80
四川汉源小堡高岭土	45.18	36.36	0.67	0.09	0.86	0.70	0.20	15.78
景德镇南港瓷石	76.35	15.43	0.55	0.77	0.26	3.03	0.54	3.09
景德镇三宝蓬瓷石	75.80	14.16	0.55	0.86	0.27	2.42	3.93	1.86
安徽祁门瓷石	75.67	15.89	0.56	0.54	0.13	3.35	2.02	1.67

2）我国各地石英的化学组成见表 6-6。

表 6-6　我国各地石英的化学组成

产地	化学组成（质量份）								
	SiO_2	Al_2O_3	K_2O	Na_2O	Fe_2O_3	TiO_2	CaO	MgO	灼减
山东泰安	99.48	0.36	—	—	0.010	—	—	—	0.03
河南铁门	98.94	0.41	—	—	0.19	—	痕迹	痕迹	—
江苏宿迁	91.90	4.64	—	—	0.21	—	0.20	0.10	0.24
湖南湘潭	95.31	1.93	—	—	0.26	—	0.39	0.40	1.74
广东桑浦	99.53	0.19	—	—	—	—	痕迹	0.04	—
江西星子	97.95	0.53	痕迹	0.44	0.19	—	0.33	0.63	0.29
江西景德镇	98.24	—	—	—	—	—	—	—	—
广西	98.24	—	—	—	1.02	—	—	—	—
山西五台	98.71	0.65	—	—	0.16	—	—	—	—
四川青川	98.89	1.03	—	—	0.032	—	0.17	—	—
贵州贵阳	98.23	0.18	—	—	0.02	—	—	—	微
贵州普定	96.77	0.46	—	—	0.57	—	—	—	—
新疆尾亚	98.4	0.18	—	0.02	0.80	—	—	—	—
云南昆明	97.07	—	—	—	0.56	—	—	—	—
陕西凤县	97.0	1.41	—	—	—	—	—	—	—
山西闻喜	98.05	—	—	—	0.10	—	—	—	—
北京	99.02	0.024	—	—	—	—	—	—	—
内蒙古包头	98.08	0.84	—	—	0.34	—	0.19	—	—

3）长石类矿物的化学组成与物理性质见表 6-7，我国长石原料的化学组成见表 6-8。

表 6-7　长石类矿物的化学组成与物理性质

名称		钾长石	钠长石	钙长石	钡长石
化学通式		$K_2O\cdot Al_2O_3\cdot 6SiO_2$	$Na_2O\cdot Al_2O_3\cdot 6SiO_2$	$CaO\cdot Al_2O_3\cdot 2SiO_2$	$BaO\cdot Al_2O_3\cdot 2SiO_2$
晶体结构式		$K[AlSi_3O_8]$	$Na[AlSi_3O_8]$	$Ca[Al_2Si_2O_8]$	$Ba[Al_2Si_2O_8]$
理论化学组成（质量分数,%）	SiO_2	64.70	68.70	43.20	32.00
	Al_2O_3	18.40	19.50	36.70	27.12
	$RO(R_2O)$	K_2O 16.90	Na_2O 11.80	CaO 20.10	BaO 40.88
晶系		单斜	三斜	三斜	单斜

（续）

<table>
<tr><th>名称</th><th>钾长石</th><th>钠长石</th><th>钙长石</th><th>钡长石</th></tr>
<tr><td>密度/(g/cm^3)</td><td>2.56~2.59</td><td>2.60~2.65</td><td>2.74~2.76</td><td>3.37</td></tr>
<tr><td>莫氏硬度</td><td>6~6.5</td><td>6~6.5</td><td>6~6.5</td><td>6~6.5</td></tr>
<tr><td>颜色</td><td>白、肉红、浅黄</td><td>白、灰</td><td>白、灰或无色</td><td>白或无色</td></tr>
<tr><td>热膨胀系数/10^{-8}℃$^{-1}$</td><td>7.5</td><td>7.4</td><td></td><td></td></tr>
<tr><td>熔点/℃</td><td>1150（异元熔融）</td><td>1100</td><td>1550</td><td>1725</td></tr>
<tr><td rowspan="2">备注</td><td colspan="2">碱性长石系列：$KAlSi_2O_8$-$NaAlSi_3O_8$，包括透长石、正长石、微斜长石、歪长石、条纹长石及钠长石</td><td>—</td><td rowspan="2">—</td></tr>
<tr><td>—</td><td colspan="2">斜长石系列：$NaAlSi_3O_8$-$CaAl_2Si_2O_8$，包括钠长石、更长石、中长石、拉长石、培长石及钙长石</td></tr>
</table>

表 6-8　我国长石原料的化学组成

产地	化学组成（质量份）							
	SiO_2	Al_2O_3	Fe_2O_3	CaO	MgO	K_2O	Na_2O	灼减
辽宁海城长石	65.52	18.59	0.40	0.58	—	11.80	2.49	0.21
湖北平江长石	63.41	19.18	0.17	0.76	—	13.97	2.36	0.46
山西祁县长石	65.66	18.38	0.17	—	—	13.37	2.64	0.33
内蒙古包头长石	65.02	19.30	0.09	—	—	12.22	1.47	—
广东揭阳长石	63.19	21.77	0.14	0.48	0.30	11.76	0.42	0.33
广西资源长石	65.74	13.79	0.43	0.87	1.70	6.25	4.33	0.29

4）我国滑石的化学组成与矿物组成见表 6-9。

表 6-9　我国滑石的化学组成与矿物组成

<table>
<tr><th rowspan="2">产地</th><th colspan="9">化学组成（质量份）</th><th>矿物组成</th></tr>
<tr><th>SiO_2</th><th>Al_2O_3</th><th>Fe_2O_3</th><th>TiO_2</th><th>CaO</th><th>MgO</th><th>K_2O</th><th>Na_2O</th><th>灼减</th><th></th></tr>
<tr><td>辽宁海城</td><td>60.24</td><td>0.17</td><td>0.06</td><td>0.03</td><td>0.22</td><td>32.58</td><td>0.09</td><td>0.04</td><td>6.44</td><td rowspan="3">滑石为主，还有菱镁矿、白云石、少量绿泥石</td></tr>
<tr><td>山东掖南</td><td>59.56</td><td>1.51</td><td>0.38</td><td>0.11</td><td>0.40</td><td>32.37</td><td>0.02</td><td>0.05</td><td>5.99</td></tr>
<tr><td>山西太原</td><td>57.90</td><td>0.96</td><td>0.18</td><td>—</td><td>1.18</td><td>32.95</td><td colspan="2">0.25</td><td>6.84</td></tr>
<tr><td>广西陆川</td><td>61.75</td><td>0.65</td><td>0.57</td><td>—</td><td>0.77</td><td>30.44</td><td colspan="2">2.30</td><td>2.46</td><td>—</td></tr>
<tr><td>广东高州</td><td>62.12</td><td>0.36</td><td>0.63</td><td>—</td><td>0.80</td><td>31.74</td><td>0.04</td><td>0.07</td><td>4.08</td><td rowspan="3">滑石为主，还有白云石、蛇纹石及绿泥石</td></tr>
<tr><td>湖南新化</td><td>61.30</td><td>0.27</td><td>6.13</td><td>—</td><td>1.02</td><td>31.16</td><td colspan="2">1.46</td><td>5.18</td></tr>
<tr><td>四川滑石</td><td>60.38</td><td>1.08</td><td>1.07</td><td>—</td><td>0.61</td><td>32.40</td><td>—</td><td>—</td><td>3.47</td></tr>
</table>

2. 球磨

球磨工序就是把各种原料按照一定的配比，通过研磨体的研磨，变成浆状物质的过程。球磨工序的特点如下：

1）对研磨介质要求较高。

2）主设备耗电量很大且体积庞大。

3）辅助设备多且占地广。

3. 制粉

制粉工序也属于原料加工的辅助工序，是通过加热，使球磨工序制备的浆料变成粉料的过程。浆料在巨大压力的推动下，通过细小孔径的小管，喷制成细小尺寸的液体小颗粒，最后在 500～600℃高温气体的烘干下，液体小颗粒变成生产所要求的粉状颗粒。制粉工序对制粉使用浆料的性能和能源的质量要求很高。

4. 成型

成型是指通过压机的压制，使制粉工序生产的粉料变成陶瓷半成品的过程。成型工序主要的设备是压机。粉料在压机内部被均匀地放置后，在一定的压力条件下，对压机内部的粉料进行施压，最终压力被解除后，形成陶瓷需要的半成品。成型工序的特点如下：

1）对粉料的要求高。

2）压机的控制难度大。

3）工作环境差。

各种成型方法的优缺点见表 6-10。

表 6-10　各种成型方法的优缺点

成型方法	优　　点	缺　　点
石膏模注浆成型	1）工艺简单 2）可成型形状复杂和空心件	1）劳动强度大，生产周期长，不易自动化 2）生坯密度小，强度低，收缩变形大
热压铸成型	1）操作方便、生产率高，成型设备不复杂，模具磨损小 2）可成型形状复杂、精密度高的中小型制品	1）工序较繁，耗能大，工期长 2）对于壁薄、大而长的制品不宜采用
挤压成型	1）适于连续化批量生产，生产率高，易于自动化操作 2）适合生产管、棒、蜂窝状陶瓷，环境污染小	1）机嘴结构复杂，加工精度要求高 2）坯体易变形，制品烧成收缩大

（续）

成型方法	优　点	缺　点
轧膜成型	1）工艺简单，生产率高，生产设备简单，粉尘污染小 2）能成型厚度很薄（<1mm）的膜片且膜片厚度均匀	干燥收缩和烧成收缩较模压制品的大
流延成型	1）工艺稳定，生产率高，自动化水平高 2）坯膜性能均匀一致且易于控制，可制备厚度为10~1000μm的高质量坯膜	坯体固溶剂和黏合剂等含量高，坯体密度小，烧成收缩率高达20%~21%
模压成型	1）工艺简单，操作大批量生产且周期短，工效高，易机械自动化生产 2）由于坯料中含水或黏合剂较少，适合压制高度为0.3~6mm、直径为5~50mm简单形状制品	1）模压成型设备功率较高，模具制作工艺要求高，模具磨损大 2）坯体有明显的各向异性，不适用于形状复杂的制品的成型
等静压成型	1）坯体致密度高，烧成收缩小，制品的密度接近理论密度，不易变形 2）适于压制形状复杂、大且细长的制品	设备投资成本高，湿式等静压成型不易自动化生产，生产率不高

除表6-10所列成型方法外，还有一种主要的成型方法是造粒成型。造粒方法及分类见表6-11。

表6-11　造粒方法及分类

造粒类型	原料状态	造粒机理	粒子形状	备注
熔融成型	熔融液	冷却、结晶、削除	板状、花料状	包含回转筒、蒸馏法
回转筒型	粉末、液体	毛细管吸附力、化学反应	球状	转动型
回转盘型	粉末、液体	毛细管吸附力、化学反应	球状	粒状大的结晶
析晶型	溶液	结晶化、冷却	各种形状	
喷雾干燥型	溶液、泥浆	表面张力、干燥、结晶化	球状	
喷雾冷水型	熔融液	表面张力、干燥、结晶化	球状	
喷雾空冷型	熔融液	表面张力、干燥、结晶化	球状	使用沸点高的冷却体

（续）

造粒类型	原料状态	造粒机理	粒子形状	备注
液相反应型	反应液	搅拌、乳化、悬浊反应	球状	硅胶微粒聚合
烧结炉型	粉末	加热熔融、化学反应	球状、块状	有时不发生化学反应
挤压成型	溶解液糊剂	冷却、干燥、剪切	圆柱状、角状	
板上滴下型	熔融液	表面张力、冷却、结晶、削除	半球状	
铸造型	熔融液	冷却、结晶、离型	各种形状	制品形状过大就不能造粒
压片型	粉末	压力、脱型	各种形状	压缩成型
机械型	板棒	机械应力、脱型	各种形状	冲孔、切削、研磨
乳化型		表面张力、相分离硬化作用、界面反应	球状	微胶束

成型方法的选择：以图样或样品为依据，确定工艺路线，选择合适的成型方法。选择成型方法时，要从下列几方面来考虑。

1）产品的形状、大小和厚薄等。一般形状复杂、大件或薄壁产品，可采用注浆成型法。

2）坯料的工艺性能。塑性较好的坯料适用于流延成型法，塑性较差的坯料可适用于注浆成型法。

3）产品的产量和质量要求。产量大的产品可采用流延成型，产量小的产品可采用注浆成型法。有些产品可根据用户要求采用指定的成型方法，如蛋壳瓷通常采用指定的手工做坯成型。

4）成型设备要简单，劳动强度要小，劳动条件要好。

5. 干燥

压机压制的陶瓷半成品通过干燥窑，把水分蒸发，使其半成品的强度提高，能够符合运输或印花时不产生开裂的要求。干燥所用的能源是来自烧成窑炉的烟气和尾气。干燥工序是陶瓷产品生产中重要的一个环节。许多厂家生产的陶瓷半成品在这一工序开裂，变成一堆烂泥，干燥工序也是陶瓷行业产品损耗的最大工序之一。

在排除机械结合水的同时，坯体的体积发生收缩，并形成一定的气孔。全部干燥过程可分为三个阶段。

第一阶段：只有收缩水的蒸发，没有气孔形成。脱水时黏土颗粒互相接近，收缩急剧进行。此时制品减小的体积等于除去水分的体积。

第二阶段：不仅有收缩水的排除，还有气孔水的排除。水分排除时，既产生坯体收缩，又在坯体中产生部分气孔。

第三阶段：收缩停止，除去水分的体积等于形成气孔的体积。

6. 排塑

排塑的作用如下：

1）排除坯体中的黏合剂，为下一步烧成创造条件。

2）使坯体获得一定的机械强度。

3）避免黏合剂在烧成时的还原作用。

排塑时必须严格控制温度。有时还借助吸附剂的作用使坯料中的塑化剂、黏合剂等全部或部分挥发，从而使坯体具有一定强度。

吸附剂的作用是包围坯体，并将熔化的塑化剂（如石蜡）及时吸附并蒸发出来。吸附剂应该是具有多孔性、一定吸附能力和流动性，能全部包围产品，在一定温度范围内，不与产品发生化学变化的材料。常用的吸附剂有煅烧氧化铝粉、石英粉、滑石粉、高岭土等，其中以煅烧氧化铝粉的应用效果为佳。

7. 印花

无机颜料通过花网印在干燥后的陶瓷坯料表面，使颜料渗进坯料内部的过程称为印花。最终在抛光后，颜料的颜色又能够重新显现在陶瓷表面。

印花工序是陶瓷生产非常重要的一个环节，也是最难控制的环节。控制的难度主要有以下几个方面：

1）印花的深度很难把握，致使产品花色的深浅度不一，色号繁多。

2）半成品比较容易产生开裂。

3）容易产生阴阳色。

8. 烧结

在陶瓷生产行业，自古以来流传的一句话是“生于原料，死于窑炉”，其中的窑炉就是指烧成工序。

从原料到烧结，经历了多道工序，最终是否有所收获，就取决于烧成工序的烧成结果。烧成工序的特点如下：

1）陶瓷产品需要很高的温度烧成，通常都是在1200℃左右。

2）生产连续性。

3）烧结速度快。

在烧结过程中会发生一系列的物理化学变化，主要表现在陶瓷晶粒和气孔尺寸及其形状的变化，这些变化决定了陶瓷的质量和性能。不同烧结阶段晶粒排列过程如图6-3和图6-4所示。

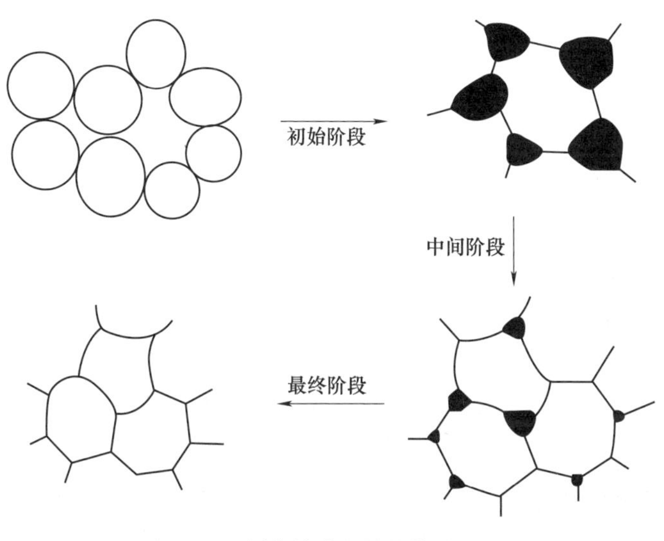

图 6-3　不同烧结阶段晶粒排列过程 Ⅰ

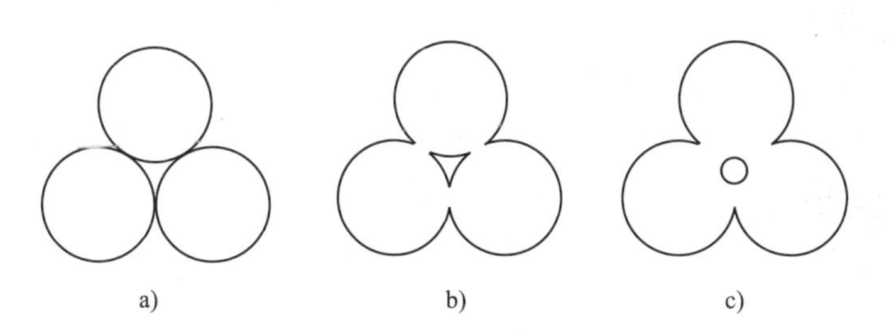

图 6-4　不同烧结阶段晶粒排列过程 Ⅱ
a）烧结前　b）烧结前期　c）烧结后期

烧结前，陶瓷粉料在外部压力作用下，形成一定形状的、具有一定机械强度的多孔坯体。

在烧结前期，陶瓷生坯中一般含有百分之几十的气孔，颗粒之间只有点接触。在表面能减少的推动力下，物质通过不同的扩散途径向颗粒间的颈部和气孔部位填充，使颈部渐渐长大，并逐步减少气孔所占的体积，细小的颗粒之间开始逐渐形成晶界，并不断扩大晶界的面积，使坯体变得致密化。在这个相当长的过程中，连通气孔不断缩小，两个颗粒之间的晶界与相邻晶界相遇，形成晶界网络。晶界移动，晶粒逐步长大。其结果是气孔缩小，致密化程度提高，直至气孔相互不再连通，形成孤立的气孔分布于几个晶粒相交的位置。这时坯体的密度达到理论密度的 90%以上。

液相烧结是指在烧结包含多种粉末的坯体时，烧结温度至少高于其中的一种粉末的熔融温度，从而在烧结过程中出现液相的烧结过程。液相烧结晶粒变化如图 6-5 所示。

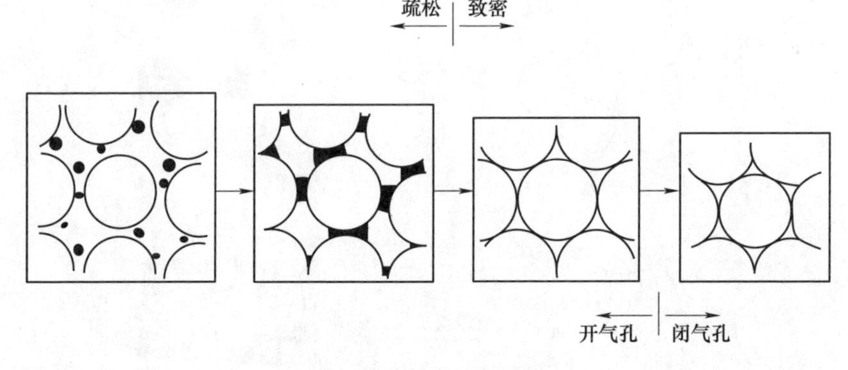

图 6-5　液相烧结晶粒变化

9. 抛光

烧成后的半成品表面是没有图案的，需要把表层拨开，图案才能够显现出来。故而需要采用抛光工序对半成品进行加工。

通常抛光的厚度都是保持在 0.3~0.8mm。

10. 精加工

陶瓷的精加工方法，依制品性能要求的不同、工艺不同有很多的方法，一般还是以机械加工为主。陶瓷的精加工方法如图 6-6 所示。

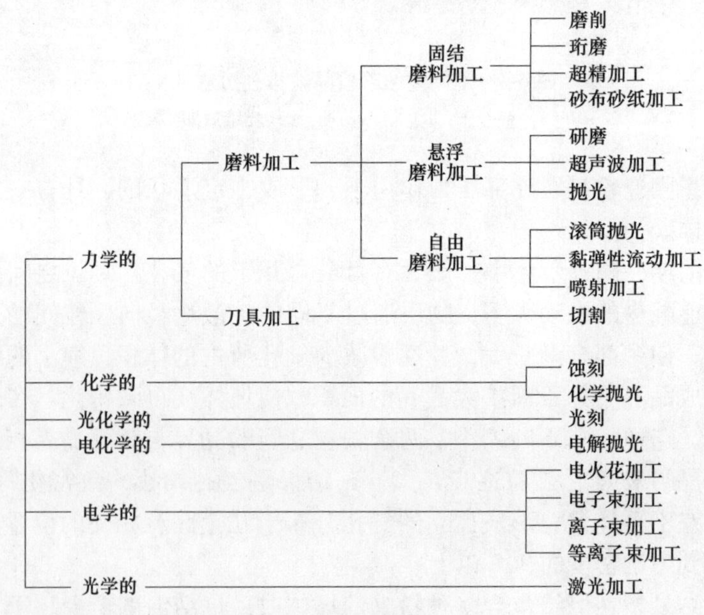

图 6-6　陶瓷的精加工方法

陶瓷材料加工技术的种类、原理和特点见表 6-12。

表 6-12 陶瓷材料加工技术的种类、原理和特点

加工方法	原 理	特 点
切削	采用车刀等进行切削，通常用超高精度的车床和金刚石单晶车刀进行加工	吃刀量和走刀量都很小，工件转动，车刀行进
磨削	用砂轮表面层细而硬的颗粒刃口进行微小切削，常采用金刚石砂轮	磨刀吃刀量小，工件和磨头同时运动
珩磨	保持磨具和工件以一定的面接触状态，两者之间进行二维运动，达到面加工	磨具用油石，工件不动，磨头做旋转和上下运动
研磨	研具在一定的压力下与加工面做复杂的相对运动，使磨粒能从工件表面上切去极微薄的一层材料	尺寸精度极高，表面粗糙度 *Ra* 值极小
抛光	采用软质的具有弹性或黏弹性的工具和微粉磨料，使加工面平滑	尺寸精度比研磨高，表面粗糙度 *Ra* 值比研磨值更小，但加工效率低
黏弹性流动加工	使介质（含磨料）沿着工件表面加压流动进行表面加工和去毛刺等	适用范围广，去除量少，加工精度高，但不能修正零件的形状误差
超声波加工	磨料在超声波振动作用下，以很大的速度和加速度不断对工件产生机械抛磨作用	广泛用于开孔、切削、开槽、制模等
激光加工	利用激光能量去除、熔化材料或用热改进材料性能	切割宽度窄，可进行曲线切割，但切割厚度受到一定限制

11. 分选

为了使不合格的产品能够不流入仓库和消费者手中，必须对抛光后的陶瓷产品进行分选。

通过分选，根据花色的异同，把相同花色的产品归为一个色别，并把不符合分选标准的产品挑选出，作为不合格产品进行处理。

6.3.4 陶瓷的改性

陶瓷的改性主要包括施釉及表面金属化。

1. 施釉

陶瓷的施釉是指通过高温的方式，在陶瓷体表面附着一层玻璃态层物质。施釉的目的在于改善坯体表面的物理性能和化学性能，同时增加产品的美感，提高产品的使用性能。

（1）釉的作用

1）釉能够降低瓷体的表面粗糙度值。因为釉是一种玻璃体，在高温下呈液

相特性，在表面张力的作用下，具有非常平整的表面。其表面粗糙度 Ra 可达到 0.01μm 或更低，可满足日用瓷及特种陶瓷对表面粗糙度的要求。

2）釉可提高瓷件的力学性能和热学性能。玻璃状釉层附着在瓷件的表面，可以弥补表面的空隙和微裂纹，提高材料的抗弯强度及抗热冲击性。施以深色的釉，如黑釉等，可以提高瓷件的散热能力。

3）提高瓷件的电性能，如压电、介电和绝缘性能。

4）改善瓷体的化学性能。平整光滑的釉面不易吸附脏污、尘埃，施釉可以阻碍液体对瓷体的透过，提高其化学稳定性。

5）釉使瓷件具有一定的结合能力，在高温的作用下，通过釉层的作用使瓷件与瓷件之间、瓷件与金属之间形成牢固的结合。

6）釉可以增加瓷器的美感，艺术釉还能够增加陶瓷制品的艺术附加值，提高其艺术欣赏价值。

（2）施釉工艺　施釉前生坯体或素烧坯体均须进行表面的清洁处理，以除去积存的尘垢或油渍，保证釉层良好的附着性。清洁处理的办法：以压缩空气在通风柜中进行喷扫，或者是用海绵浸水后进行湿抹，或以排笔蘸水洗刷。基本的施釉方法有刷釉、浸釉、喷釉和浇釉四种。

1）刷釉法不用于大批量的生产，而多用于在同一坯体上施几种不同釉料。在艺术陶瓷生产上，采用刷釉法以增加一些特殊的艺术感。刷釉法也经常用于补釉。

2）浸釉法普遍用于日用瓷器皿的生产，以及其他便于用手工操作的中小型制品的生产。该方法是将产品用手工全部浸入釉料中，使之附着一层釉浆。附着的厚度由浸釉时间长短来决定。随着我国日用瓷生产的机械化与自动化，有些过去采用浸釉法施釉的已改成淋釉法施釉，以便于生产自动化，有些则采用机械方法进行浸釉生产。

3）喷釉法是利用压缩空气将釉浆喷成雾状，黏附于坯体上。喷釉时坯体转动，以保证坯体表面得到厚薄均匀的釉层。这种施釉法对于器壁较薄及小件易脆的生坯更为合宜。因为这样的坯体如果采用浸釉法，则可能因坯体吸入过多釉浆而造成软塌损坏。喷釉采用喷釉器或喷枪。

4）浇釉法是将釉浆浇到坯体上以形成釉层的方法。对大件器皿的施釉多用此法。施釉时，可将圆形日用瓷坯体放在旋转的辘辘车上，釉浆浇在坯体中央，釉浆立即因旋转离心力的作用往盘的外缘散开，而使制品的坯体上施上一层厚薄均匀的釉。甩出的多余釉浆，可收集循环使用。

（3）烧釉　制定烧釉工艺的依据如下：

1）以窑炉的结构、种类、燃料种类以及装窑疏密等为依据。

2）以坯釉的化学组成及其在烧成过程中的物理化学变化为依据。例如，氧化铁和氧化钛的含量决定了采用不同的烧釉气氛；又如，坯釉中氧化分解反应、收缩变化、密度变化以及热重变化等决定采用不同的烧釉工艺。

3）以坯件的种类、大小、形状和薄厚为依据。

4）以相似产品的成功烧成经验为依据。

2. 表面金属化

随着材料科学和工艺的发展，陶瓷材料已从传统的硅酸盐材料，发展到涉及力、热、电、声、光等诸方面及其多种组合的现代陶瓷材料。将陶瓷材料表面金属化，使它成为既具有陶瓷的特性又具有金属性质的一种复合材料。陶瓷的表面金属化还可以应用于陶瓷-金属封接方面。

陶瓷表面金属化的用途主要有：制造电子元器件；应用于装饰方面，生产美术陶瓷；用于电磁屏蔽。

6.3.5　陶瓷的缺陷

（1）釉裂　瓷器的釉面发裂，胎骨未裂，大多原因为受热不均。

（2）缺釉　应施釉部位局部无釉。

（3）缩釉　釉层聚集卷缩致使坯体局部无釉。

（4）釉泡　釉面出现的开口或口泡。

（5）粘釉　有釉制品在烧釉时相互粘接或与窑具粘接而造成的缺陷。

（6）釉缕　釉面突起的釉条或油滴。

（7）橘釉　釉面像橘皮状，光泽差。

（8）开裂　出窑的瓷器有裂痕，也称窑裂。导致开裂的原因有很多，其中大部分主要原因是由于烧釉中升温过急或冷却速度太快而导致开裂。

（9）冲口　冲口瓷器的口沿因磕碰而出现的裂纹。轻的裂纹细小不长，不影响使用；严重的既不美观，又影响使用。

（10）毛口　瓷器的口沿出现细小的损伤。产生的原因可能是运输中出现了问题。

（11）毛边　毛口沿边较多时，用手指顺着口沿捋过去，会略有棱刺之感的一般称之为毛边。

（12）脚嘴　瓷器的口沿呈剪刀形开裂。

（13）坼底　瓷器的底部胎体釉面都开裂了。

（14）磕碰　瓷器因磕碰而局部残缺。

（15）过江　瓷器的胎、釉皆裂。多出现在烤花工序，以大件品种的浅、平底制品为多。瓷器出窑未冷却，突遇冷风，容易产生过江。

（16）毛坝　瓷器的底部出现细小的损伤。

（17）胎裂　瓷器的胎骨发裂，釉面未裂，也称阴裂。其原因可能是在瓷器未烧制前胎体有裂痕、被修补过，或者是在瓷器烧制中预热带升温太急产生了裂纹，经烧成后裂纹崩开，但又被釉层覆盖，其裂口断面光滑。

（18）斑点　制品表面的异色污点。

（19）针孔　釉面出现的针刺状小孔眼。

（20）色差　同套或同件产品正面的色泽出现差异。

（21）坯粉　产品正面粘有粉料屑。

（22）夹层　产品内部出现层状裂纹或分离。

6.4　玻璃

玻璃是一种具有无规则结构的非晶态固体，其原子不像晶体那样在空间具有长程有序的排列，而近似于液体那样具有短程有序的排列。玻璃像固体一样保持特定的外形，不像液体那样随重力作用而流动。

6.4.1　玻璃的分类

玻璃的分类如图 6-7 所示。

6.4.2　玻璃的特性和用途

1. 玻璃的基本特性

（1）渐变性　玻璃态物质从熔融状态到固体状态的过程是渐变的，其物理、化学性质的变化也是连续的和渐变的。这与熔体的结晶过程明显不同，结晶过程必然出现新相，在结晶温度点附近，许多性质会发生突变。而玻璃态物质从熔融状态到固体状态是在较宽温度范围内完成的，随着温度逐渐降低，玻璃熔体黏度逐渐增大，最后形成固态玻璃，但是过程中没有新相形成。

（2）可逆性　固体玻璃加热变为熔体的过程也是渐变的，其物理、化学性质的变化也是连续的和渐变的。

（3）无固定熔点　玻璃由固体转变为液体是在一定温度区域（即软化温度范围内）进行的，它与结晶态物质不同，没有固定的熔点。

（4）各向同性　玻璃的原子排列是无规则的，其原子在空间中具有统计上的均匀性。在理想状态下，均质玻璃的物理、化学性质（如折射率、硬度、弹性模量、热膨胀系数、热导率、电导率）在各方向都是相同的。

（5）介稳性　玻璃态物质一般是由熔体快速冷却而得到的。从熔融态向玻璃态转变时，冷却过程中黏度急剧增大，质点来不及做有规则排列而形成晶体，没有释出结晶潜热。因此，玻璃态物质比结晶态物质含有较高的内能，其能带介于熔融态和结晶态之间，属于亚稳状态。从热力学观点看，玻璃是一种不稳

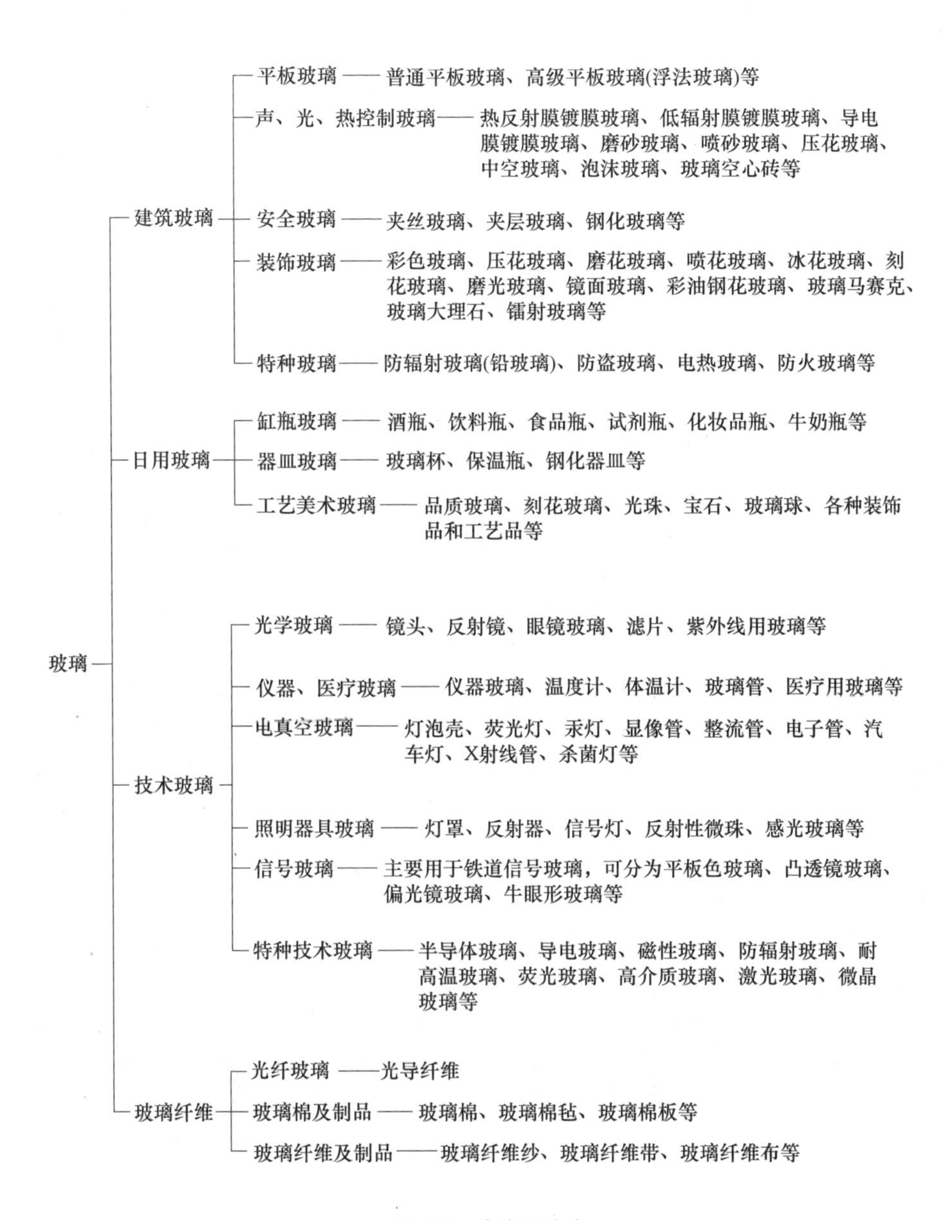

图 6-7　玻璃的分类

定的高能量状态，必然存在向低能量状态转化的趋势，即有析晶倾向，所以玻璃是一种亚稳态固体材料。

2. 常用玻璃的特性和用途

常用玻璃的特性和用途见表 6-13。

表 6-13　常用玻璃的特性和用途

序号	玻璃名称	主 要 特 性	用 途 举 例
1	普通平板玻璃	有较好的透明度，表面平整	用于建筑物采光、商店柜台与橱窗、交通工具、制镜、仪表、农业温室、暖房，以及加工其他产品等
2	浮法玻璃	玻璃表面特别平整光滑，厚度非常均匀，光学畸变较小	用于高级建筑门窗、橱窗、指挥塔窗，夹层玻璃原片，中空玻璃原片，制镜玻璃，有机玻璃模具，以及汽车、火车、船舶的风窗玻璃等
3	压花玻璃	由于玻璃表面凹凸不平，当光线通过玻璃时即产生漫射，因此从玻璃的一面看另一面的物体时，物像就模糊不清，造成了这种玻璃透光不透明的特点。另外，这种玻璃又具有各种花纹图案、各种颜色，艺术装饰效果甚佳	用于办公室、会议室、浴室、厕所、厨房、卫生间及公共场所分隔室的门窗和隔断等
4	磨砂玻璃及喷砂玻璃	均具有透光不透视的特点。由于光线通过这种玻璃后形成漫射，所以它们还具有避免眩光的特点	用于需要透光不透视的门窗、隔断、浴室、卫生间及玻璃黑板、灯具等
5	磨花玻璃及喷花玻璃	具有部分透光透视，部分透光不透视的特点。其图案清晰，雅洁美观，装饰性强	用于玻璃屏风、桌面、家具，作装饰材料之用
6	夹丝玻璃	具有均匀的内应力和一定的冲击韧性。当玻璃受外力引起破裂时，由于碎片粘在金属丝网上，故可裂而不碎，碎而不落，不致伤人，具有一定的安全作用及防振、防盗作用	用于高层建筑、天窗、振动较大的厂房及其他要求安全、防振、防盗、防火之处
7	夹层玻璃	这种玻璃受剧烈振动或撞击时，由于衬片的黏合作用，玻璃仅呈现裂纹，而不落碎片。它具有防弹、防振、防爆性能	用于高层建筑门窗、工业厂房门窗、高压设备观察窗、飞机和汽车风窗及防弹车辆、水下工程、动物园猛兽展窗等
8	钢化玻璃	具有弹性好、冲击韧性高、抗弯强度高、热稳定性好以及光洁、透明的特点。在玻璃遇超强冲击破坏时，碎片呈分散细小颗粒状，无尖锐棱角，因此不致伤人	用于建筑门窗、幕墙、船舶、车辆、仪器仪表、家具、装饰等

（续）

序号	玻璃名称	主　要　特　性	用　途　举　例
9	中空玻璃	具有优良的保温、隔热、控光、隔声性能，如在玻璃与玻璃之间，充以各种漫射光材料或介质等，则可获得更好的声控、光控、隔热等效果	用于建筑门窗、幕墙、采光顶棚、花盆温室、冰柜门、细菌培养箱、防辐射透视窗及车船风窗玻璃等
10	防弹防爆玻璃	具有高强度和抗冲击能力，耐热、耐寒性能好	用于飞机、坦克、装甲车、防爆车、舰船、工程车等国防武器装备及其他行业有特殊安全防护要求的设施
11	防盗玻璃	既有夹层玻璃破裂不落碎片的特点，又可及时发出警报（声、光）信号	用于银行门窗、金银首饰店柜台、展窗、文物陈列窗等既需采光透明，又要防盗的领域
12	电热玻璃	具有透光、隔声、隔热、电加热、表面不结霜、结构轻便等特点	用于严寒条件下的汽车、电车、火车、轮船和其他交通工具的风窗玻璃以及室外作业的瞭望、探视窗等
13	泡沫玻璃	具有质轻、强度好、隔热、保温、吸声、不燃等特点，而且可锯割，可粘接，加工容易	用于建筑、船舶、化工等领域，作为声、热绝缘材料之用
14	石英玻璃	具有各种优异性能，有“玻璃王”之称。这种玻璃的耐热性能高，化学稳定性好，绝缘性能优良，能透过紫外线和红外线。此外，其力学强度比普通玻璃高，质地坚硬，但抗冲击性仍差，同时并有较好的耐辐照性能	用于各种视镜、棱镜和光学零件，高温炉衬，坩埚和烧嘴，化工设备和试验仪器，电气绝缘材料，各种特灯，以及各部门在耐高压、耐高温、耐强酸及对热稳定性等方面有一定要求的玻璃制品

6.4.3　玻璃生产工艺

玻璃生产基本流程如图 6-8 所示。

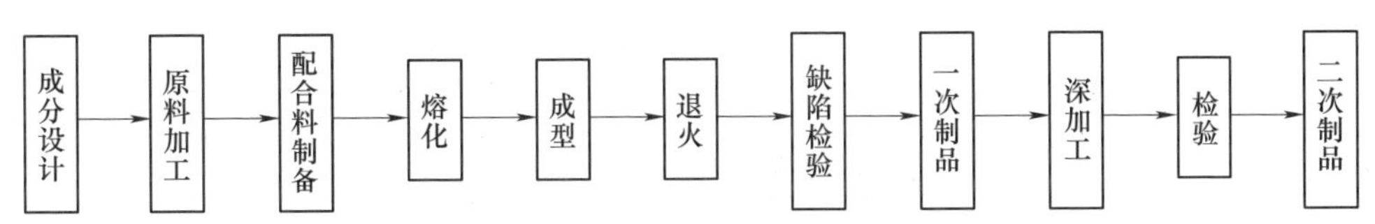

图 6-8　玻璃生产基本流程

1. 原料的选用原则

原料的选用是否适当，对原料的加工工艺，玻璃的熔制工艺、质量、产量，以及经济效益与环境保护等均有重要影响。在选用原料时一般应遵循以下原则：

1）对易飞扬、吸水结块和有公害的原料，如生石灰、三氧化二砷、轻质沉淀碳酸钙等应尽量少用或不用，引入氧化铅时最好采用颗粒状的硅酸铅。

2）选用易于加工处理的原料，可以降低设备投资和生产费用，减少设备磨损和带入的铁杂质量。

3）原料的成分、颗粒度及颗粒组成、氧化还原指数值、含水率等都要符合规定的要求，并应保持稳定。

4）氮化物、硝酸钠等对耐火材料的侵蚀强烈，应谨慎使用。

5）在能保证玻璃质量的前提下，应尽量采用成本低、产地近、能保证供应的原料。

2. 原料加工

原料加工工艺流程如图 6-9 所示。

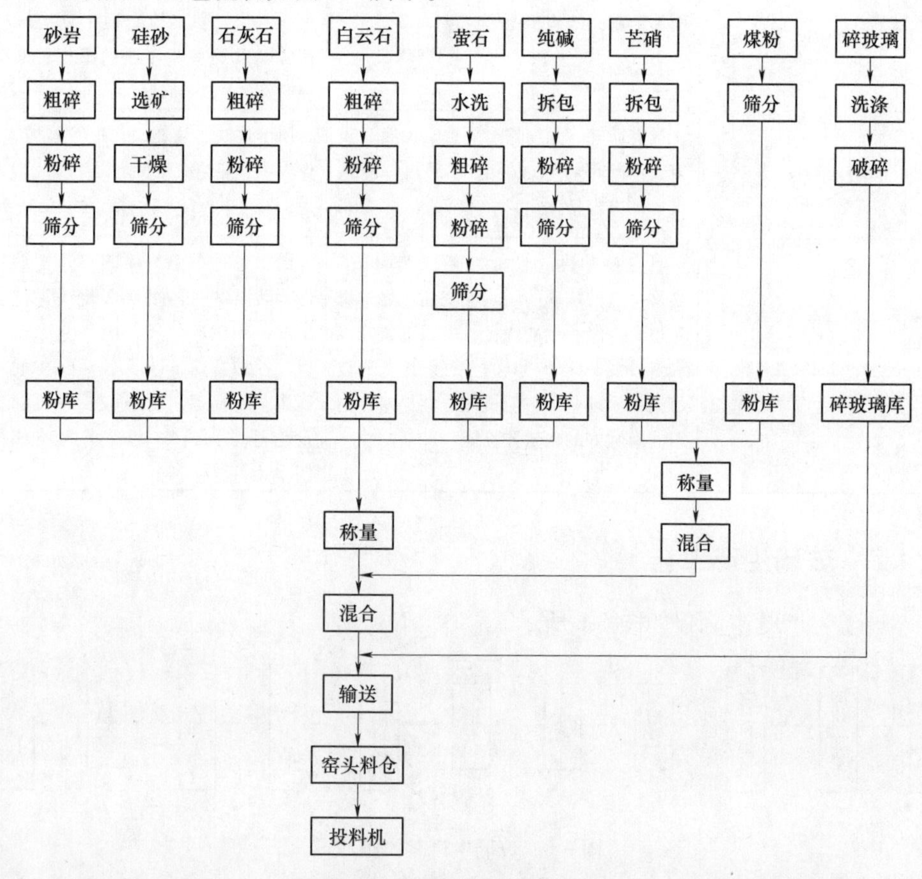

图 6-9　原料加工工艺流程

3. 玻璃的熔化和成型

玻璃的熔化和成型简成玻璃的熔制。玻璃的熔制是一个相当复杂的过程，它包括一系列物理的、化学的、物理化学的变化。玻璃熔化和成型的各种过程见表 6-14。其综合结果是使各种原料的混合物形成透明的玻璃液。

表 6-14 玻璃熔化和成型的各种过程

物理过程	化学过程	物理化学过程
1）配合料加热	1）固相反应	1）共熔体的生成
2）配合料脱水	2）各种盐类分解	2）固态溶解、液态互溶
3）各个组分熔化	3）水化物分解	3）玻璃液、炉气、气泡间的相互作用
4）晶相转化	4）结晶水分解	4）玻璃液与耐火材料间的作用
5）个别组分的挥发	5）硅酸盐的形成与相互作用	

玻璃颗粒的熔化过程如图 6-10 所示。从图 6-10 中可以看出，在室温至 800℃范围内玻璃颗粒之间并无明显烧结现象；当温度达到 850℃时开始有明显的烧结迹象，玻璃颗粒间的空隙减小；当温度达到 950℃时，制品的烧结收缩加大；当温度达到 1120℃时，其致密化达到了最高的状态。

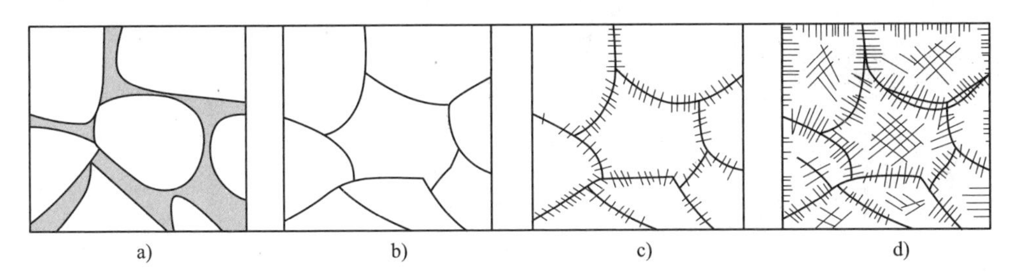

图 6-10 玻璃颗粒的熔化过程

a）室温至 800℃ b）850℃ c）950℃ d）1120℃

玻璃的压制成型过程如图 6-11 所示。

在玻璃成型过程中，玻璃液的成型和定型是同时开始、连续进行的，定型实际上是成型的延续。定型所需时间比成型所需要时间要长。成型阶段的决定因素是玻璃的流变性质，即黏度、表面张力、塑性、弹性以及这些性质的温度变化特征。定型阶段的决定因素是玻璃的热学性质和周围介质影响下玻璃的硬化速度。

在生产过程中，玻璃制品经受激烈的、不均匀的温度变化，就会产生热应力。这种热应力能降低玻璃制品的强度和热稳定性。热成型的玻璃制品若不经退火而令其自然冷却，则会在冷却、存放、使用和加工过程中产生炸裂。退火

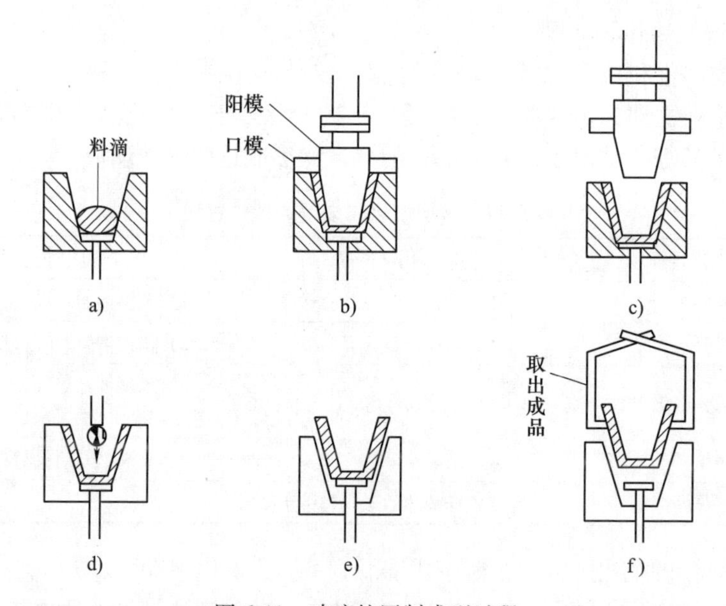

图 6-11 玻璃的压制成型过程

a）料滴进模 b）施压 c）阳模及口模抬起 d）冷却 e）顶起 f）取出

就是消除或降低玻璃制品中热应力的热处理过程。玻璃的退火工艺如图 6-12 所示。

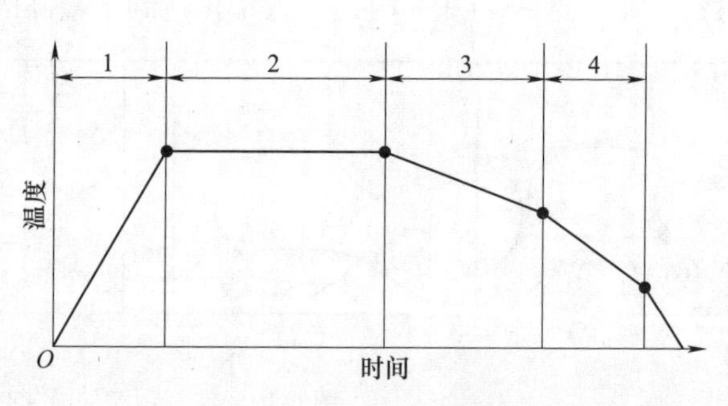

图 6-12 玻璃的退火工艺

1—加热阶段 2—保温阶段 3—慢冷阶段 4—快冷阶段

（1）加热阶段 按不同的生产工艺，玻璃制品的退火分为一次退火和二次退火。制品在成型后立即进行退火的，称为一次退火；制品冷却后再进行退火的，称为二次退火。无论一次退火还是二次退火，玻璃制品进入退火炉时，都必须把制品加热到退火温度。在加热过程中，玻璃表面产生压应力，内层产生拉应力。此时制品大小、形状、炉内温度分布的不均性等因素都会影响加热升温速率。

（2）保温阶段 将制品在退火温度下进行保温，使制品各部分温度均匀，并消除玻璃中固有的内应力。生产中常用的退火温度比最高退火温度低 20℃。

（3）慢冷阶段 经保温处理使玻璃原有应力消除后，为防止在冷却过程中产生新的应力，必须严格控制玻璃在退火温度范围内的冷却速率。在此阶段要缓慢冷却，防止在高温阶段产生过大温差而再形成永久应力。

（4）快冷阶段　快冷的开始温度必须低于玻璃的应变点。在应变点以下玻璃的结构完全固定，这时虽然产生温度梯度，但不会产生永久应力，在保证玻璃制品不因暂时应力而破裂的前提下，可以尽量提高冷却速率。

4. 玻璃的加工

（1）玻璃的热加工　玻璃的热加工就是利用玻璃无固定熔点的特性，把玻璃加工成所需形状的工艺过程。热加工可分为吹制、压模、铸造、离心成型、拉丝热塑、脱蜡铸造、熔合、封接、热弯、釉彩、丝网印刷和灯工等。

许多吹制品经过切割后，制品口部常具有尖锐、锋利的边缘。通常用集中的高温火焰将其局部加热，既烧口，依靠表面张力的作用使玻璃在软化时变得圆滑。在烧口以前，先进行爆口和磨口。如制品成型后直接用火焰切割和烧口，称为联合烘爆口，可将爆口、磨口、烧口三道工序一次完成，但口都明显加厚，因此联合烘爆口只能适合于低中档产品。近代的高级玻璃器皿已不烧口，而用磨口代替。先用金刚石轮把口部磨平，再用磨砂片磨一倒角，这样口部形状为一平面。联合烘爆口与切品后研磨口口部截面比较如图 6-13 所示。

图 6-13　联合烘爆口与切品后研磨口口部截面比较
a）联合烘爆口　b）切品后研磨口

（2）玻璃的冷加工　玻璃的冷加工是指在常温下，通过一系列机械或化学处理的手段来改变玻璃及玻璃制品的外形和表面状态，把玻璃制品加工至符合要求的工艺过程。例如，钢化玻璃和夹层玻璃在加工前需要对玻璃原片进行切割、磨边、研磨、抛光、钻孔、洗涤、干燥等处理；玻璃镜用玻璃原片在洗涤干燥后即可根据使用要求进行切割、磨边、钻孔、洗涤等处理。此外，玻璃的冷加工还包括艺术玻璃的彩绘、浮雕，玻璃表面的喷砂、抛光、蚀刻等。

5. 玻璃的封接

玻璃与金属的封接，又称真空熔封，是灯泡、电子管、显像管以及其他电真空器件制造中常用的一种加工方法。其对于保证电真空器件的可靠工作有十分重要的意义。

经封接加工后的封接件，必须达到以下两点：①由于电真空器件在制造和使用过程中都要受到热的和机械的冲击，封接件必须具有足够的机械强度和热稳定性，不致遭受破坏；②电真空器件要有良好的真空气密性，才能保证器件的电气特性和寿命，封接界面应熔结良好，无裂纹，无气泡。

（1）匹配封接（见图 6-14）　匹配封接是指玻璃与金属直接封接，但必须选用热膨胀系数和收缩系数相近似的玻璃和金属，使封接后玻璃中产生的封接应力在安全范围之内。一般来说，某种金属就配以一专门的玻璃来封接，如钨与钨组玻璃封接，钼与钼组玻璃封接等。

（2）非匹配封接（见图6-15）　非匹配封接是指玻璃与金属的热膨胀系数相差很远而彼此封接的形式，若直接封接，则封接件中的玻璃将产生大而危险的应力。

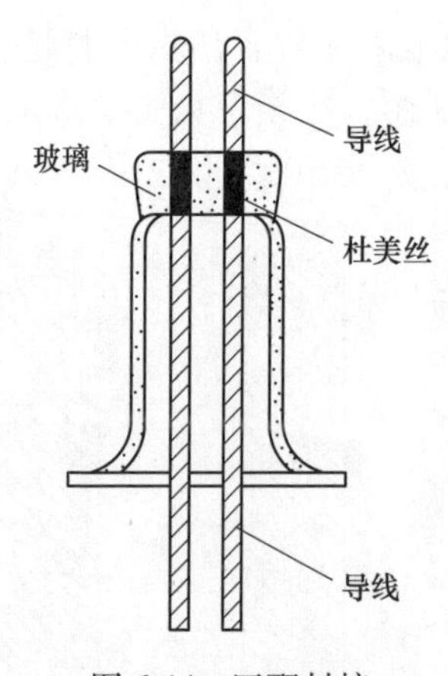

图6-14　匹配封接

注：杜美丝是铜包镍铁线。

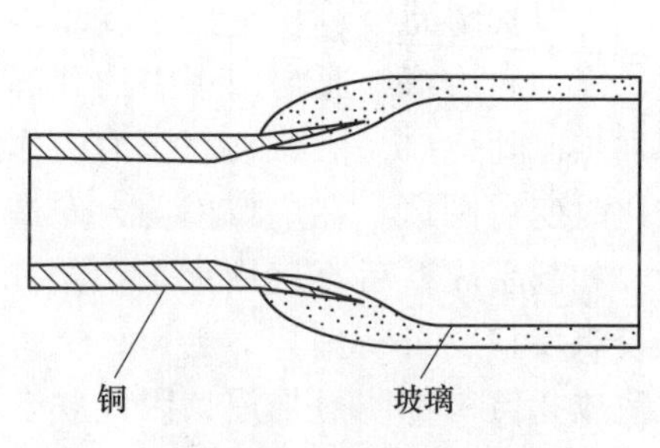

图6-15　非匹配封接

（3）机械封接　石英玻璃由于热膨胀系数很低，因而与金属或合金的封接有一定难度，可在玻璃与金属之间涂上熔融的低熔点金属作钎料，冷却后焊料紧密地使金属与玻璃密封，这种封接方法称为机械封接（见图6-16）。例如，钨或钼导线和石英玻璃封接的地方填满熔融的铅料，冷却后，铅料层就牢牢地和石英玻璃黏合起来。

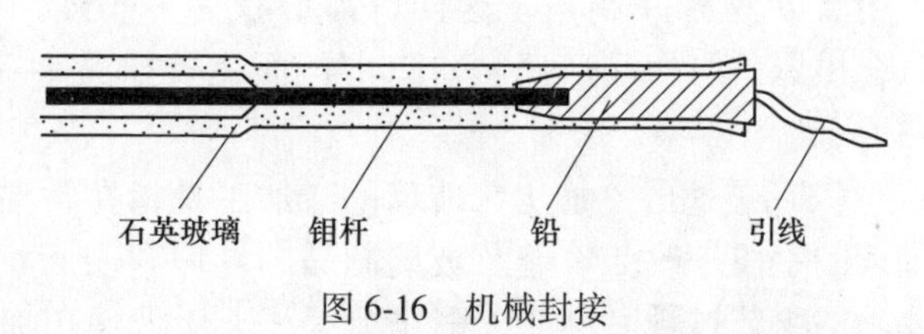

图6-16　机械封接

6.4.4　玻璃的新型制造方法

玻璃的新型制造方法见表6-15。

表6-15　玻璃的新型制造方法

原始物质	形成玻璃主因	处理方法	实际案例
固体（结晶）	切应力	冲击波	对石英玻璃、长石等结晶体采用爆破法施加60GPa冲击波形成非晶体
		磨碎	磨细晶体过程中，晶体表面逐步非晶化
	放射线辐照	中子射线和α粒子射线照射	晶态石英经高速中子射线和α粒子射线照射使其非晶态

（续）

原始物质	形成玻璃主因	处理方法	实际案例
液体	溶液化学反应	水解与缩聚	金属醇盐与乙醇溶液加水得到溶胶，经缩聚得到凝胶，经加热得到玻璃
气体	升华	真空蒸发	在低温基板上用蒸发形成非晶质薄膜
		阴极溅射和氧化反应	在低压氧化气氛中，把金属或合金做成阴极，飞溅在基板上形成薄膜
	气相反应	气相反应	四氯化硅加水分解成四氢化硅，氧化形成 SiO_2 玻璃
		辉光放电	在低压状态下，辉光及微波装置可以使金属有机化合物在基板上形成非晶氧化物薄膜
	电气分解	阴极法	利用电解质溶液的电解反应，在阴极上析出非晶氧化物，如 Ta_2O_5、Al_2O_3、ZrO_2，Nd_2O_5

6.4.5 玻璃的缺陷

1. 结石

结石是玻璃体内最危险的缺陷，它不仅破坏了玻璃制品的外观和光学均一性，而且降低了制品的使用价值。结石与它周围玻璃的热膨胀系数相差越大，产生的局部应力也就越大，这就大大降低了制品的机械强度和热稳定性，甚至会使制品自行破裂。特别是结石的热膨胀系数小于周围玻璃的热膨胀系数时，在玻璃的交界面上形成拉应力，常会出现放射状的裂纹。在玻璃制品中，不允许有结石存在，应尽量设法排除。

2. 条纹和节瘤

玻璃主体内存在的异类玻璃夹杂物称为玻璃态夹杂物，其表观缺陷为条纹和节瘤。节瘤呈疙瘩状，条纹呈线状或纤维状。它们属于一种比较普遍的玻璃不均匀性方面的缺陷，化学组成和物理性质（折射率、密度、黏度、表面张力、热膨胀系数、机械强度等）与玻璃主体不同。

3. 气泡

玻璃中的气泡是玻璃制品的主要缺陷之一。大量气泡的存在破坏了玻璃制品的均匀性、透光性、机械强度和抗热强度，严重影响玻璃质量。气泡是熔融温度下的气态夹杂物，与玻璃液相比，气泡属于另一种物质，它与玻璃液是两种不同的相。在熔解过程中，这种气相物质有助于玻璃液均化，但是在成品玻璃中应尽可能减少气泡，否则将影响玻璃制品的外观及内在质量。

6.5 水泥

凡细磨成粉末状，加入适量水后可成为塑性浆体，既能在空气中硬化，也能在水中继续硬化，并能将砂石等材料胶结在一起的水硬性胶凝材料通称为水泥。

水泥是重要的建筑工程材料。无论是在砂浆中或是在混凝土中，水泥都只是质量含量较少的一部分，但它有胶结作用，能将砂、石胶结在一起，形成人造石且能在空气中和水中硬化，长期保持很高的强度，因而它广泛应用于工业建筑、民用建筑，以交通、水利、农林、国防、海港等领域的建设中。

6.5.1 水泥的分类

水泥的种类很多，按其用途和性能，可分为通用水泥、专用水泥和特性水泥三大类，如图 6-17 所示。

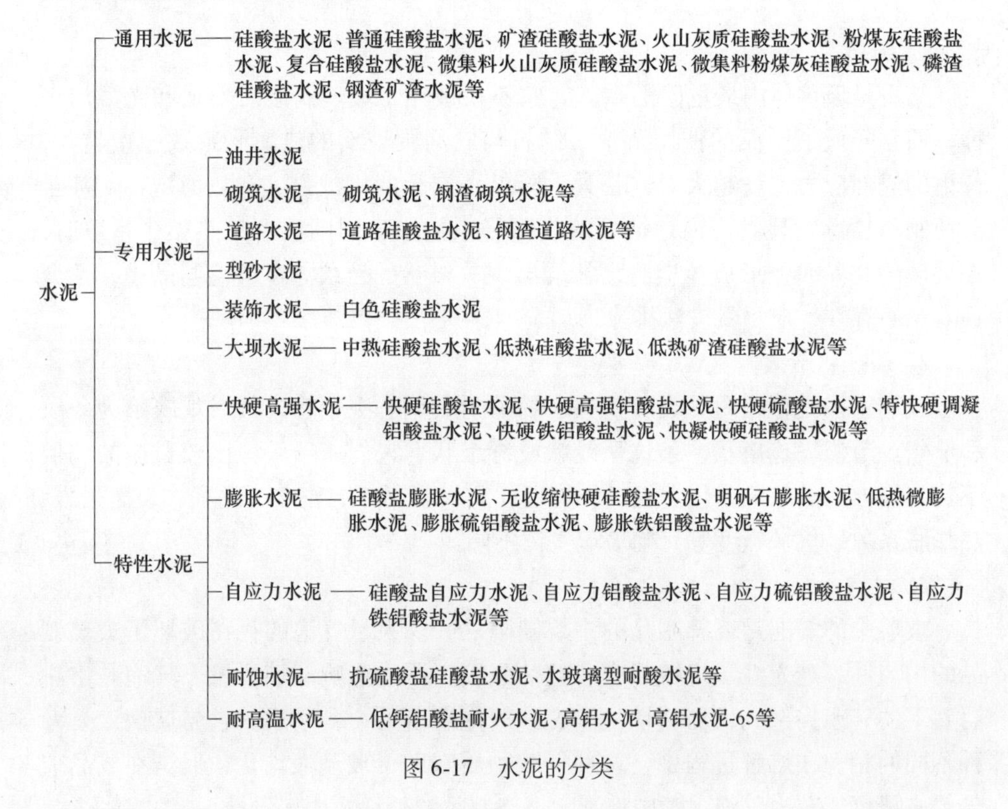

图 6-17 水泥的分类

1）通用水泥是用于大量土木建筑工程一般用途的水泥，如硅酸盐水泥、普通硅酸盐水泥、矿渣硅酸盐水泥、火山灰质硅酸盐水泥、粉煤灰硅酸盐水泥和复合硅酸盐水泥等。

2）专用水泥是指有专门用途的水泥，如油井水泥、砌筑水泥、道路水泥等。

3）特性水泥是指某种性能比较突出的水泥，如快硬硅酸盐水泥、抗硫酸盐硅酸盐水泥等。也可按其组成分为硅酸盐水泥、铝酸盐水泥、硫铝酸盐水泥、铁铝酸盐水泥、氟铝酸盐水泥等。

6.5.2　常用水泥的特性和用途

常用水泥的特性和用途见表 6-16。

表 6-16　常用水泥的特性和用途

名　称	主　要　特　性	用　途　举　例
硅酸盐水泥	标号高，快硬、早期强度、抗冻性好，耐磨性、抗渗透性强，耐热性仅次于矿渣水泥，水化热高，抗水性、耐蚀性差	高强混凝土工程，要求快硬的混凝土工程、低温下施工的工程等，不宜用于大体积混凝土工程
普通硅酸盐水泥	与硅酸盐水泥相比，早期强度增进率、抗冻性、耐磨性、水化热等略有降低，低温凝结时间略有延长，抗硫酸盐性能有所增强	适应性较强，无特殊要求的工程都可以使用
矿渣硅酸盐水泥	抗水、抗硫酸盐性能好，水化热低，耐热性好，早期强度低，抗冻性、保水性差，低温凝结硬化慢，蒸汽养护效果较好	地面、地下、水工及海工工程，大体积混凝土工程，高温车间建筑等，不宜用于要求早期强度的工程及冻融循环、干湿交换环境和冬季施工
火山灰质硅酸盐水泥	抗渗、抗水、抗硫酸盐性能好，水化热低，保水性好，早期强度低，对养护温度敏感，需水量、干缩性大，抗大气、抗冻性较差	更适用于地下、水中、潮湿环境工程和大体积混凝土工程等，地上工程要加强养护，不宜用于受冻、干燥环境和要求早期强度的工程
粉煤灰硅酸盐水泥	干缩性小，抗裂性好，水化热低，耐蚀性较好，早期强度增进率较小，后期增进率大，抗冻性差	一般工业和民用建筑，尤其适用于大体积混凝土及地下、海港工程等，不宜用于受冻、干燥环境和要求早期强度的工程
复合硅酸盐水泥	标准规定的强度指标与普通水泥相近，水化热较低，抗渗、抗硫酸盐性能较好	根据所掺混合材料的种类与数量，考虑其用途
白色硅酸盐水泥	颜色白净，性能同普通水泥	建筑物的装饰及雕塑、制造彩色水泥
快硬高强水泥	硬化快，早期强度高	要求早期强度、紧急抢修和冬季施工的混凝土工程

（续）

名　称	主　要　特　性	用　途　举　例
低热微膨胀水泥	水化热低，硬化初期微膨胀，抗渗性、抗裂性较好	水工大体积混凝土及大仓面浇筑的混凝土工程
膨胀水泥	硬化过程中体积略有膨胀，膨胀值略小	填灌构件接缝、接头或加固修补，配制防水砂浆及混凝土
自应力水泥	硬化过程中体积略有膨胀，膨胀值较大	填灌构件接缝、接头，配制自应力钢筋混凝土，制造自应力钢筋混凝土压力管
矿渣大坝水泥	水化热更低，抗冻、耐磨性较差，抗水性、抗硫酸盐侵蚀的能力较强	大坝或大体积建筑物内部及水下等工程条件
抗硫酸盐硅酸盐水泥	抗硫酸盐侵蚀性强，抗冻性较好，水化热较低	受硫酸盐侵蚀和冻融作用的水利、港口及地下、基础工程
高铝水泥	硬化快，早期强度高，具有较高的抗渗性、抗冻性和抗侵蚀性	配制不定形耐火材料、石膏矾土膨胀水泥、自应力水泥等特殊用途水泥，以及抢建、抢修、抗硫酸盐侵蚀和冬季工程等

6.5.3　水泥生产工艺

水泥的生产工艺按生料制备方法的不同可分为干法、半干法与湿法。原料经烘干、粉碎制成生料粉，然后喂入窑内煅烧成熟料的方法称为干法；将制成的料粉加入适量的水制成生料球，再喂入立窑或立波尔窑内煅烧成熟料的方法称为半干法，也可归入干法；将原料加水粉磨成料浆，再喂入回转窑内煅烧成熟料的方法称为湿法。

目前，通用硅酸盐水泥的生产主要采用带悬浮预热器和分解炉的预分解窑。水泥的生产过程概括为“两磨一烧”，即生料制备、熟料煅烧和水泥制成。图6-18所示为预分解窑水泥生产线的工艺流程。图6-19所示为典型的机械化立窑水泥生产工艺流程。

1. 原料

制造硅酸盐水泥的主要原料是钙质原料（主要提供氧化钙）和硅铝质原料（主要提供氧化硅和氧化铝，也提供部分氧化铁）。我国硅铝质原料及煤炭灰分一般含氧化铝较高，含氧化铁不足，绝大部分水泥厂还需用铁质原料。随着工业生产的发展，利用工业渣进行配料已成为水泥工业的新趋势。

2. 破碎

破碎是指在外力作用下，克服固体物料各质点的内聚力，使其粒度减小的过程。根据固体物料粉碎后的粒度大小，将粉碎分为破碎和粉磨两个阶段。将

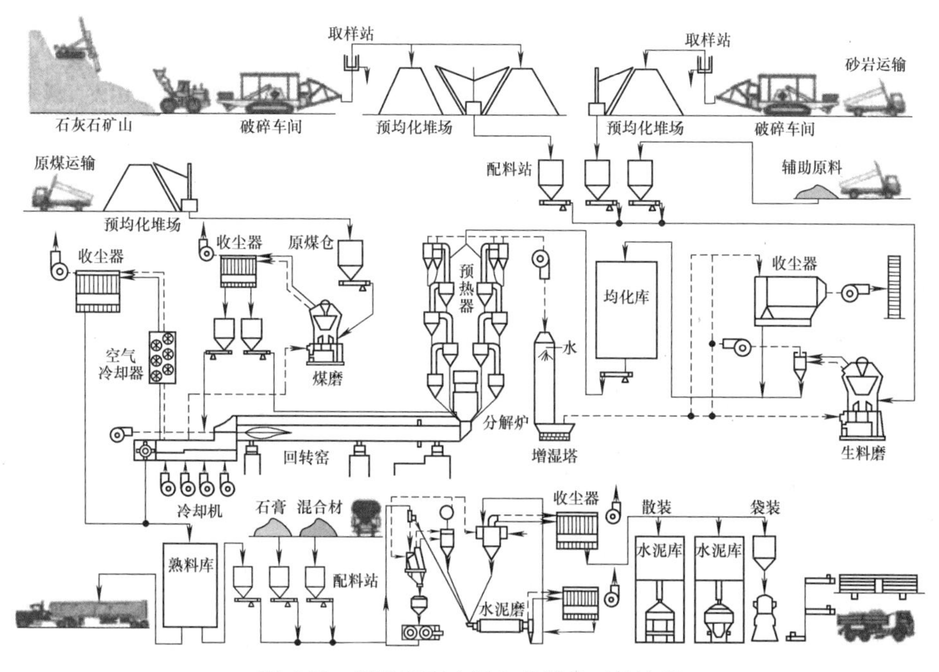

图 6-18　预分解窑水泥生产线的工艺流程

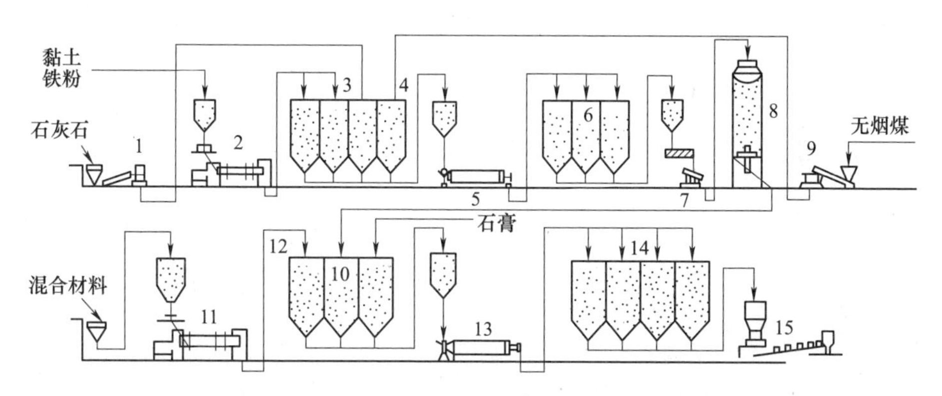

图 6-19　典型的机械化立窑水泥生产工艺流程示意图

1—破碎机　2—烘干机　3—原料库　4—原煤库　5—生料磨　6—生料库　7—成球盘　8—立窑
9—碎煤机　10—熟料库　11—烘干机　12—混合材料库　13—水泥磨　14—水泥库　15—包装机

大块物料碎裂成小块物料的过程称为破碎，将小块物料磨成细粉的过程称为粉磨。将大块物料破碎成小块后，便于它们的运输、储存、预均化、混合、配料和粉磨等。水泥厂需要破碎的物料主要有石灰石、砂岩、熟土、石膏、原煤和熟料等。其中，典型的石灰石破碎工艺流程如图 6-20 所示。

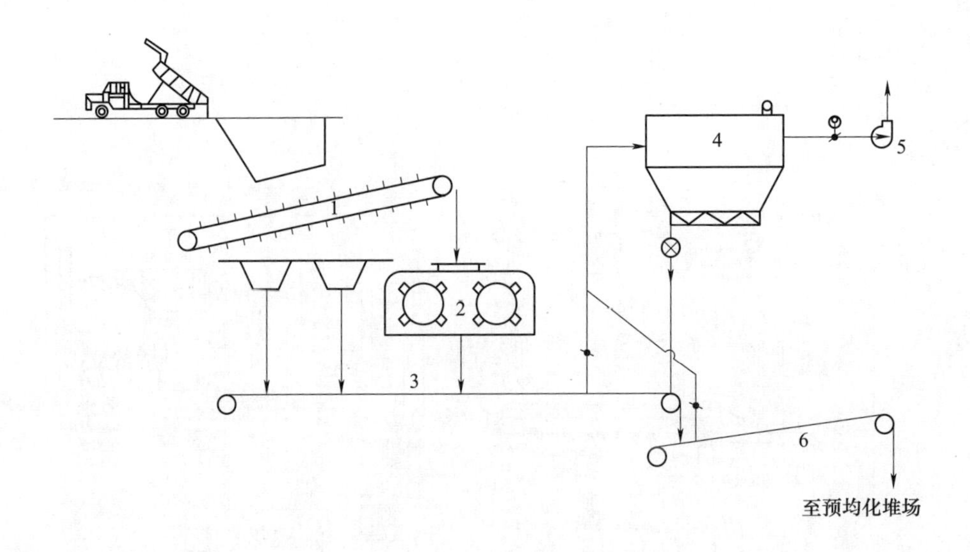

图 6-20 典型的石灰石破碎工艺流程

1—板式喂料机 2—破碎机 3—出料胶带机 4—收尘器 5—排风机 6—胶带输送机

3. 烘干

在水泥生产过程中，物料的烘干是很重要的工序之一。水泥生产所用的原料及混合材料都含有一定的水分，应将湿原料烘干，降低其水分，使生料或水泥的含水量控制在1%（质量分数）以内，以满足原料粉磨、输送和均化对物料水分的要求。这样既有利于提高粉磨效率，确保产品质量，也有利于提高系统的运转率。在水泥生产中，应根据物料的物理性质、水分等因素来确定烘干方法。通常采用的烘干方法有两种：一种是采用单独的烘干设备，将物料在入磨前进行预烘干；另一种是采用烘干兼粉磨的磨机，物料在粉磨过程中被烘干。

4. 粉磨

粉磨是将小块状（粒状）物料磨碎成细粉（不大于 0.1mm）的过程。水泥厂粉磨有生料粉磨、水泥粉磨和煤粉粉磨几种工艺流程。生料粉磨是将原料配合后粉磨成生料的工艺过程，水泥粉磨是将熟料、石膏和混合材配合后粉磨成水泥的工艺过程。另外，我国水泥生产大多以煤作燃料，也要进行单独粉磨，将块煤磨细制成煤粉，供回转窑和分解炉使用。辊式磨粉磨是常用的工艺方法之一，其工艺流程如图 6-21 所示。

立磨是根据料床粉磨原理来粉磨物料的机械。立磨由加压机构提供粉磨动力，同时也借助磨辊与磨盘运动速度的差异产生的剪切研磨力来粉碎、研磨料床上的物料。不同类型立磨的差别主要是磨盘和磨辊的形状及结构不同，典型立磨的结构特点见表 6-17。

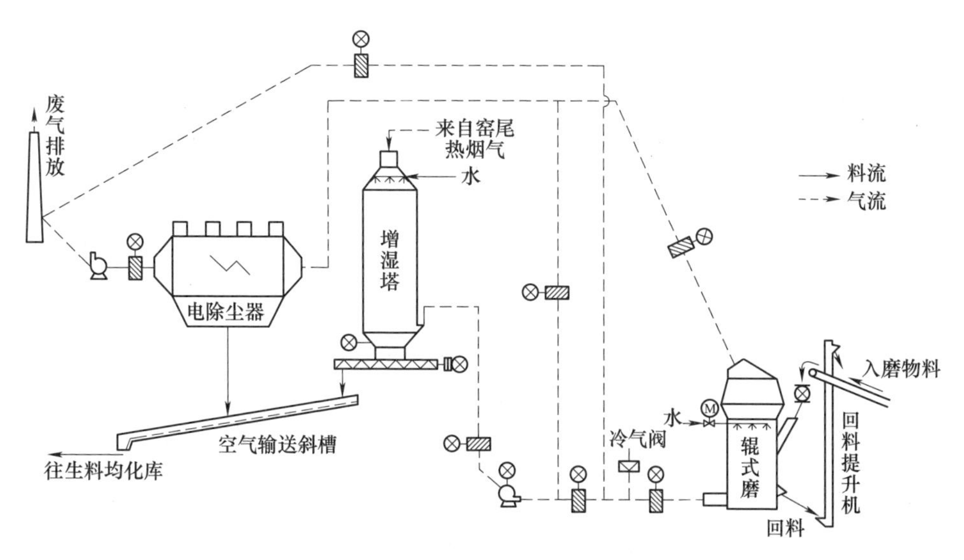

图 6-21　辊式磨粉磨生料工艺流程

表 6-17　典型立磨的结构特点

项目	LM 型	MPS 型	RM 型	ATOX 型	雷蒙型
图例					
磨辊形式	锥形磨辊	鼓形磨辊	两个窄辊组成的鼓形磨辊	多边形磨辊镶有弧形衬板	圆柱形磨辊
磨盘形式	水平磨盘	与磨辊形式相适应的曲面磨盘，镶有分片衬板	与磨辊形式相适应的碗形磨盘	水平磨盘，段节衬板	带 15° 倾角的碗形磨盘
磨辊数及加压方式	两辊弹簧式及二、四辊液压式	三个磨辊，用液压气动预应力弹簧加压系统压紧	具有两对磨辊，用液压气动装置压紧	三个磨辊，液力压紧	新型为三磨辊，液压系统

5. 均化

出磨生料均化是生料均化过程中的最后一环，其担负的均化工作量约占均化过程总量的半数左右。生料均化库的任务是消除出磨生料具有的短周期成分波动，使其质量达到入窑生料的要求，从而稳定窑的热工参数，提高熟料的产量和质量。

生料均化原理主要是采用空气搅拌及重力作用下产生的“漏斗效应”，使生料粉向下卸落时切割尽量多层料面予以混合。同时，在不同流化空气的作用下，使沿库内平行料面发生大小不同的流化膨胀作用，有的区域卸料，有的区域流化，从而使库内料面产生径向混合均化。均化作用原理有三种：空气搅拌、重力均化和径向混合。目前，水泥工业所用生料均化库大都是利用这三种作用原理进行匹配设计的。

6. 煅烧

水泥熟料的形成是水泥生产过程中最重要的环节，它决定着水泥产品的产量、质量和消耗三大指标。在水泥工业的发展过程中，出现过多种类型的窑。目前，世界范围内广泛应用的水泥熟料煅烧设备是预分解窑。水泥熟料出冷却机后，不能直接送到粉磨车间进行粉磨，而是需要经过储存。现代水泥厂熟料的储存一般采用帐篷库，其散热好，投资较少。其目的是：

1）降低熟料温度，以保证磨机正常工作。

2）熟料中部分 CaO 吸收空气中水汽水化，从而改善熟料质量，提高易磨性。

3）保证窑磨平衡，有利于控制水泥适量。

实践证明，火焰与煅烧的关系密不可分，火焰的形状合适与否是煅烧的关键，它与煤质、燃烧器、窑型、熟料冷却机、煤粉制备、生料成分、风煤配合、一次风和二次风的温度、窑速、操作控制、产量等因素有关。理想的火焰是：有适当长度的高温部分，顺畅、完整、不散、不乱，不涮窑皮，无局部高温，便于控制，有利于稳定窑速，产量高，质量好，安全运转周期长。煅烧时的火焰类型见图 6-22。

7. 水泥的制成

水泥的制成是水泥制造的最后工序。其主要功能是将按照一定比例配合好的水泥熟料、混合材和缓凝剂粉磨至适宜的细度，增大其比表面积，加快水化速率，满足水泥浆体凝结硬化的要求。

8. 水泥储存

出磨水泥在包装出厂之前，首先是在水泥库中进行储存。水泥储存有以下几个作用：

1）严格控制水泥质量。大中型水泥厂的熟料质量较为稳定，用快速测定法几小时即可获得强度检验结果，但一般应看到 3 天强度检验结果，确认 28 天强度合格方可出库。

2）改善水泥质量。水泥在存放过程中可消解部分游离氧化钙，也可使过热水泥得到冷却。

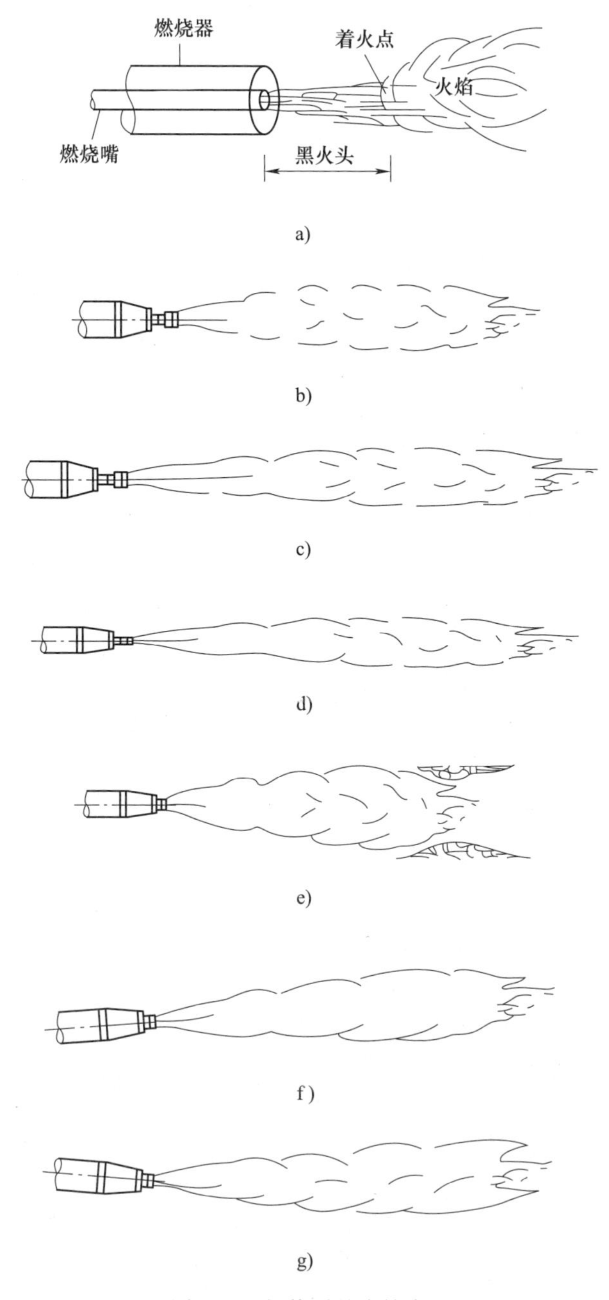

图 6-22　煅烧时的火焰类型

a）一般结构　b）活泼型　c）长黑火头　d）缓慢型　e）扩散型　f）碰窑皮火焰　g）添料型火焰

3）水泥库可分别存放不同品种和强度等级的水泥，及时满足不同客户的需要。

4）起到缓冲作用，调节水泥粉磨车间的不间断操作和水泥及时出厂。

5）对水泥进行均化，减小其波动。

6.5.4 通用硅酸盐水泥

1. 通用硅酸盐水泥的代号及组分（见表6-18）

表6-18 通用硅酸盐水泥的代号及组分

品种	代号	组分（质量分数,%）				
		熟料+石膏	粒化高炉矿渣	火山灰质混合材料	粉煤灰	石灰石
硅酸盐水泥	P·Ⅰ	100	—	—	—	—
	P·Ⅱ	≥95	≤5	—	—	—
		≥95	—	—	—	≤5
普通硅酸盐水泥	P·O	80~<95	>5~20			
矿渣硅酸盐水泥	P·S·A	50~<80	>20~50	—	—	—
	P·S·B	30~<50	>50~70	—	—	—
火山灰质硅酸盐水泥	P·P	60~<80	—	>20~40	—	—
粉煤灰硅酸盐水泥	P·F	60~<80	—	—	>20~40	—
复合硅酸盐水泥	P·C	50~<80	>20~50			

2. 通用硅酸盐水泥的强度（见表6-19）

表6-19 通用硅酸盐水泥的强度 （单位：MPa）

品种	强度等级	抗压强度		抗折强度	
		3d	28d	3d	28d
硅酸盐水泥	42.5	≥17.0	≥42.5	≥3.5	≥6.5
	42.5R	≥22.0		≥4.0	
	52.5	≥23.0	≥52.5	≥4.0	≥7.0
	52.5R	≥27.0		≥5.0	
	62.5	≥28.0	≥62.5	≥5.0	≥8.0
	62.5R	≥32.0		≥5.5	
普通硅酸盐水泥	42.5	≥17.0	≥42.5	≥3.5	≥6.5
	42.5R	≥22.0		≥4.0	
	52.5	≥23.0	≥52.5	≥4.0	≥7.0
	52.5R	≥27.0		≥5.0	

（续）

品种	强度等级	抗压强度		抗折强度	
		3d	28d	3d	28d
矿渣硅酸盐水泥 火山灰硅酸盐水泥 粉煤灰硅酸盐水泥 复合硅酸盐水泥	32.5	≥10.0	≥32.5	≥2.5	≥5.5
	32.5R	≥15.0		≥3.5	
	42.5	≥15.0	≥42.5	≥3.5	≥6.5
	42.5R	≥19.0		≥4.0	
	52.5	≥21.0	≥52.5	≥4.0	≥7.0
	52.5R	≥23.0		≥4.5	

6.5.5　水泥编码

水泥编码由水泥分类编码、水泥基准名称编码、水泥属性编码三部分组成。

1. 水泥分类编码

1）水泥分类编码方法采用线分类方法，采用三层 6 位全数字型编码，每一层以 2 位阿拉伯数字表示。第一层编码为 13；第二层、第三层编码从 01 开始，按升序排列，最多编至 99。第二层、第三层数字为 99 的编码均表示收容类目，即不能归入已成系列类目中的水泥均纳入此类目中。

2）水泥分类编码结构按照线分类法，采用三层共 6 位分类编码结构。使用的 6 位系列顺序码为 M_1M_2、M_3M_4、M_5M_6，其中，M_1M_2表示大类，M_3M_4表示中类，M_5M_6表示小类。水泥分类编码结构如下所示：

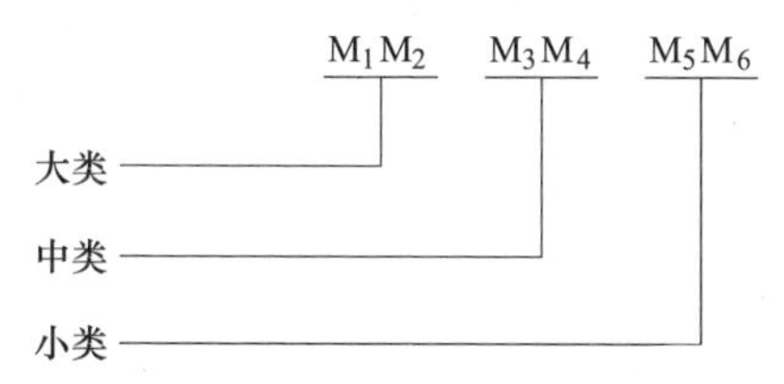

3）示例。硅酸盐水泥分类编码共分为 3 层：第一层使用 2 位顺序码 13，表示大类，即水泥；第二层使用 2 位顺序码 01，表示中类，即通用水泥；第三层使用 2 位顺序码 01，表示小类，即硅酸盐水泥。硅酸盐水泥分类编码如下所示：

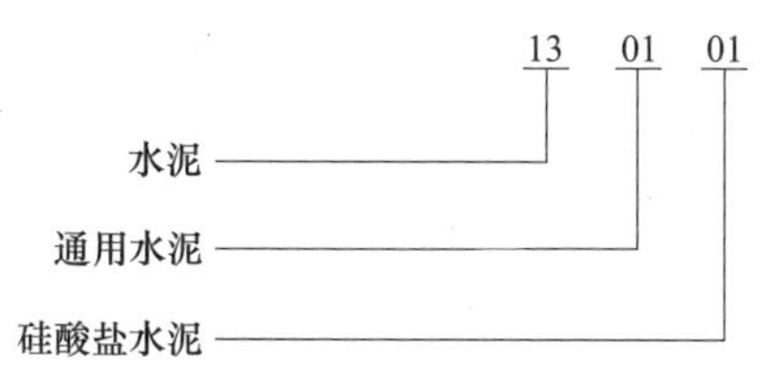

4）水泥分类编码表见表 6-20。

表 6-20　水泥分类编码表

分类编码	大　类	中　类	小　类
13	水泥		
1301		通用水泥	
130101			硅酸盐水泥
130102			普通硅酸盐水泥
130103			矿渣硅酸盐水泥
130104			粉煤灰硅酸盐水泥
130105			火山灰质硅酸盐水泥
130106			复合硅酸盐水泥
130199			其他通用水泥
1302		专用水泥	
130201			道路硅酸盐水泥
130202			油井水泥
130203			砌筑水泥
130204			核电工程用硅酸盐水泥
130205			海工硅酸盐水泥
130299			其他专用水泥
1303		特性水泥	
130301			中抗硫酸盐硅酸盐水泥
130302			高抗硫酸盐硅酸盐水泥
130303			磷渣硅酸盐水泥
130304			钢渣硅酸盐水泥
130305			石灰石硅酸盐水泥
130306			中热硅酸盐水泥
130307			低热硅酸盐水泥
130308			低热矿渣硅酸盐水泥
130309			白色硅酸盐水泥
130310			彩色硅酸盐水泥
130311			铝酸盐水泥
130312			自应力硫铝酸盐水泥
130313			快硬硫铝酸盐水泥
130314			低碱度硫铝酸盐水泥
130315			自应力铁铝酸盐水泥

（续）

分类编码	大类	中类	小类
130316			快硬铁铝酸盐水泥
130317			低热微膨胀水泥
130399			其他特性水泥
1399		其他水泥	
139999			其他品种水泥

2. 水泥基准名称编码

1）水泥基准名称编码采用 8 位全数字无含义的序列编码，由国家物品编码管理机构或授权单位统一选取或编制，其结构如下所示：

2）水泥基准名称编码表见表 6-21。

表 6-21　水泥基准名称编码表

大类	中类	小类	基准名称	基准名称编码
水泥				
	通用水泥			
		硅酸盐水泥	硅酸盐水泥	10003001
		普通硅酸盐水泥	普通硅酸盐水泥	10003002
		矿渣硅酸盐水泥	矿渣硅酸盐水泥	10003003
		粉煤灰硅酸盐水泥	粉煤灰硅酸盐水泥	10003004
		火山灰质硅酸盐水泥	火山灰质硅酸盐水泥	10003005
		复合硅酸盐水泥	复合硅酸盐水泥	10003006
	专用水泥			
		道路硅酸盐水泥	道路硅酸盐水泥	10003007
		油井水泥	油井水泥	10003008
		砌筑水泥	砌筑水泥	10003009
		核电工程用硅酸盐水泥	核电工程用硅酸盐水泥	10003010
		海工硅酸盐水泥	海工硅酸盐水泥	10003011
	特性水泥			
		中抗硫酸盐硅酸盐水泥	中抗硫酸盐硅酸盐水泥	10003012
		高抗硫酸盐硅酸盐水泥	高抗硫酸盐硅酸盐水泥	10003013
		磷渣硅酸盐水泥	磷渣硅酸盐水泥	10003014

（续）

大类	中类	小类	基准名称	基准名称编码
		钢渣硅酸盐水泥	钢渣硅酸盐水泥	10003015
		石灰石硅酸盐水泥	石灰石硅酸盐水泥	10003016
		中热硅酸盐水泥	中热硅酸盐水泥	10003017
		低热硅酸盐水泥	低热硅酸盐水泥	10003018
		低热矿渣硅酸盐水泥	低热矿渣硅酸盐水泥	10003019
		白色硅酸盐水泥	白色硅酸盐水泥	10003020
		彩色硅酸盐水泥	彩色硅酸盐水泥	10003021
		铝酸盐水泥	铝酸盐水泥	10003022
		快硬硫铝酸盐水泥	快硬硫铝酸盐水泥	10003023
		低碱度硫铝酸盐水泥	低碱度硫铝酸盐水泥	10003024
		自应力硫铝酸盐水泥	自应力硫铝酸盐水泥	10003025
		快硬铁铝酸盐水泥	快硬铁铝酸盐水泥	10003026
		自应力铁铝酸盐水泥	自应力铁铝酸盐水泥	10003027
		低热微膨胀水泥	低热微膨胀水泥	10003028

3. 水泥属性编码

1）水泥属性编码由代号、强度等级、包装方式5位编码表示，示例：强度为42.5的袋装普通硅酸盐水泥的属性编码表如下所示：

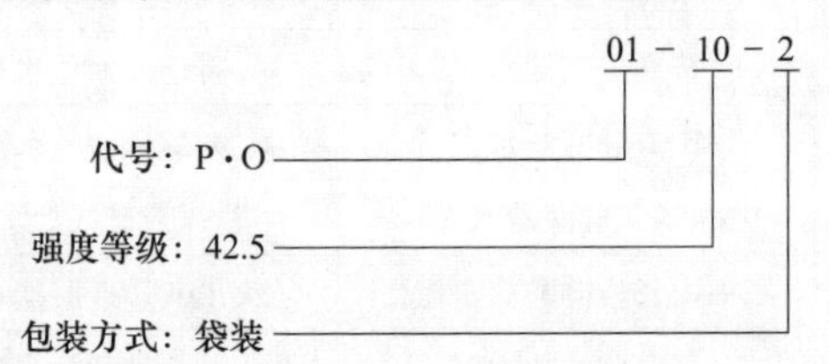

2）水泥属性值编码表见表6-22。

表6-22　水泥属性值编码表

基准名称	属性编码	属性值	属性编码	属性值	属性编码	属性值
	代号编码	代号类型	强度等级编码	强度等级类型	包装方式编码	包装方式
硅酸盐水泥	01	P·Ⅰ	10	42.5	01	散装
	02	P·Ⅱ	11	42.5R	02	袋装
			12	52.5		
			13	52.5R		
			14	62.5		
			15	62.5R		

（续）

基准名称	属性编码	属性值	属性编码	属性值	属性编码	属性值
	代号编码	代号类型	强度等级编码	强度等级类型	包装方式编码	包装方式
普通硅酸盐水泥	03	P·O	10	42.5	01	散装
			11	42.5R	02	袋装
			12	52.5		
			13	52.5R		
矿渣硅酸盐水泥	04	P·S·A	08	32.5	01	散装
	05	P·S·B	09	32.5R	02	袋装
			10	42.5		
			11	42.5R		
			12	52.5		
			13	52.5R		
粉煤灰硅酸盐水泥	06	P·F	08	32.5	01	散装
			09	32.5R	02	袋装
			10	42.5		
			11	42.5R		
			12	52.5		
			13	52.5R		
火山灰质硅酸盐水泥	07	P·P	08	32.5	01	散装
			09	32.5R	02	袋装
			10	42.5		
			11	42.5R		
			12	52.5		
			13	52.5R		
复合硅酸盐水泥	08	P·C	08	32.5	01	散装
			09	32.5R	02	袋装
			10	42.5		
			11	42.5R		
			12	52.5		
			13	52.5R		
道路硅酸盐水泥	09	P·R	08	32.5	01	散装
			10	42.5	02	袋装
			12	52.5		

（续）

基准名称	属性编码	属性值	属性编码	属性值	属性编码	属性值
	代号编码	代号类型	强度等级编码	强度等级类型	包装方式编码	包装方式
油井水泥	10	A-O			01	散装
	11	B-MSR			02	袋装
	12	B-HSR				
	13	C-O				
	14	C-MSR				
	15	C-HSR				
	16	D-MSR				
	17	D-HSR				
	18	G-MSR				
	19	G-HSR				
	20	H-MSR				
	21	H-HSR				
砌筑水泥	22	M	05	12. 5	01	散装
			06	22. 5	02	袋装
核电工程用硅酸盐水泥	23	P・N	10	42. 5		
海工硅酸盐水泥	24	P・O・P	17	32. 5L		
			08	32. 5		
			10	42. 5		
中抗硫酸盐硅酸盐水泥	25	P・MSR	08	32. 5	01	散装
			10	42. 5	02	袋装
高抗硫酸盐硅酸盐水泥	26	P・HSR	08	32. 5	01	散装
			10	42. 5	02	袋装
磷渣硅酸盐水泥	27	PPS	08	32. 5	01	散装
			09	32. 5R	02	袋装
			10	42. 5		
			11	42. 5R		
			12	52. 5		
			13	52. 5R		
钢渣硅酸盐水泥	28	P・SS	08	32. 5	01	散装
			10	42. 5	02	袋装

（续）

基准名称	属性编码	属性值	属性编码	属性值	属性编码	属性值
	代号编码	代号类型	强度等级编码	强度等级类型	包装方式编码	包装方式
石灰石硅酸盐水泥	29	P·L	08	32.5	01	散装
			09	32.5R	02	袋装
			10	42.5		
			11	42.5R		
中热硅酸盐水泥	30	P·MH	10	42.5	01	散装
					02	袋装
低热硅酸盐水泥	31	P·LH	10	42.5	01	散装
					02	袋装
低热矿渣硅酸盐水泥	32	P·SLH	08	32.5	01	散装
					02	袋装
白色硅酸盐水泥	33	P·W	08	32.5	01	散装
			10	42.5	02	袋装
			12	52.5		
彩色硅酸盐水泥			07	27.5	01	散装
			08	32.5	02	袋装
			10	42.5		
铝酸盐水泥	34	CA-50			01	散装
	35	CA-60			02	袋装
	36	CA-70				
	37	CA-80				
自应力硫铝酸盐水泥	38	S·SAC	01	3.0	01	散装
			02	3.5	02	袋装
			03	4.0		
			04	4.5		
快硬硫铝酸盐水泥	39	R·SAC	10	42.5	01	散装
			12	52.5	02	袋装
			14	62.5		
			16	72.5		
Ⅰ型低碱度硫铝酸盐水泥	40	L·SAC	08	32.5	01	散装
			10	42.5	02	袋装
			12	52.5		

（续）

基准名称	属性编码	属性值	属性编码	属性值	属性编码	属性值
	代号编码	代号类型	强度等级编码	强度等级类型	包装方式编码	包装方式
自应力铁铝酸盐水泥	41	SFAC	8	32.5	01	散装
			10	42.5	02	袋装
快硬铁铝酸盐水泥	42	R·FAC	10	42.5	01	散装
			12	52.5	02	袋装
			14	62.5		
			16	72.5		
低热微膨胀水泥	43	LHEC	08	32.5	01	散装
					02	袋装

4. 水泥编码表的使用要求

1）水泥分类编码和基准名称编码可以单独使用，也可以组合使用。组合使用时，分类编码在前，基准名称编码在后，中间无分隔符。

水泥的属性编码不单独使用，应与基准名称编码组合使用。

2）示例。编码为“1301021000300201-10-2”的普通硅酸盐水泥，其编码表见表6-23。

表6-23 普通硅酸盐水泥编码表

分类编码			基准名称编码	属性编码		
M_1M_2 大类	M_3M_4 中类	M_5M_6 小类	$N_1N_2N_3N_4N_5N_6N_7N_8$ 名称	X_1X_2 代号	X_3X_4 强度等级	X_5 包装方式
13	01	02	10003002	01	10	2
水泥	通用水泥	普通硅酸盐水泥	普通硅酸盐水泥	P·O	42.5	袋装

注：第一部分“130102”为分类编码，表示其属于水泥大类（13），通用水泥（1301）下的普通硅酸盐水泥小类（130102）；第二部分“10003002”为名称编码，表示该水泥为普通硅酸盐水泥；第三部分“01-10-2”为属性编码，其中，“01”表示其代号为P·O，“10”表示其强度等级为42.5，“2”表示其包装方式为袋装。

6.5.6 水泥的缺陷

（1）粒度过大　生产的水泥粉料粒度过大（粒度大于32μm的颗粒占总体积的25%以上），水泥在使用过程中无法达到所要求的性能。

（2）粒度过小　生产的水泥粉料粒度过小（粒度小于3μm的颗粒占总体积的10%以上），水泥在使用过程中无法达到所要求的性能。

（3）粒度不均　生产的水泥粉料粒度不均匀，水泥在使用过程中无法达到所要求的性能。

（4）形状系数过小　形状系数 f 按下式计算：

$$f=4\pi\frac{\text{颗粒的投影面积}}{(\text{该面积的周长})^2}\times 100$$

形状系数过小，则圆度小（见图 6-23），水泥质量差，在使用过程中无法达到所要求的性能。

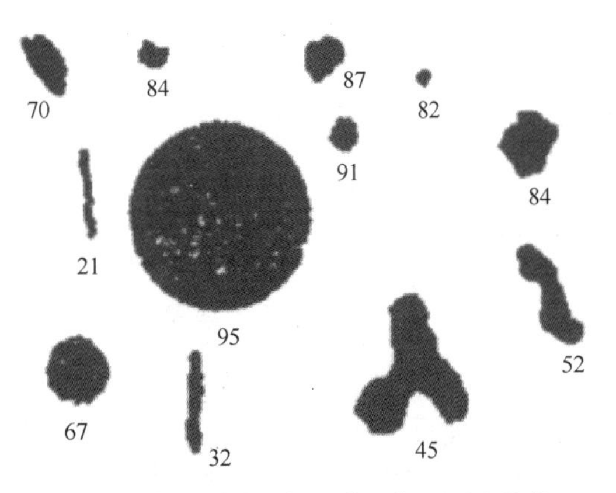

图 6-23　水泥颗粒形状及其 f 值（图中数值）

（5）杂质过多　水泥中的杂质（如铁屑、生料、矿渣等）过多，在使用过程中无法达到所要求的性能。

第 7 章

高分子材料

07

按照相对分子质量的高低，可以将化合物分为高分子化合物和低分子化合物两类。

所谓高分子化合物，是指相对分子质量大于 5000 的化合物（相对分子质量不大于 5000 的化合物称为低分子化合物），如天然高分子化合物“丝蛋白”的相对分子质量约为 150000，人工合成高分子化合物“聚乙烯”的相对分子质量为 20000~200000。高分子化合物都是由一种或多种低分子化合物聚合而成的，所以又称为聚合物或高聚物。

高分子材料是由高分子化合物组成的材料，具有种类多、密度小（仅为钢铁材料的 1/8~1/7），比强度大，电绝缘性、耐蚀性好，加工容易等特点，可满足多种特种用途的要求，在国民经济建设中占有重要的地位。高分子材料主要包括塑料、纤维、橡胶、涂料、胶黏剂等，目前其体积用量已超过了金属材料。

7.1 高分子材料的分类

1. 按来源分类

高分子材料按来源分为天然高分子材料和合成高分子材料。

1）天然高分子材料是存在于动物、植物及生物体内的高分子物质，可分为天然纤维、天然树脂、天然橡胶、动物胶等。

2）合成高分子材料主要是指塑料、合成橡胶和合成纤维三大合成材料，此外还包括胶黏剂、涂料以及各种功能性高分子材料。合成高分子材料具有天然高分子材料所没有的或较为优越的性能——较小的密度，较高的力学性能、耐蚀性、电绝缘性等。

2. 按主链结构分类

1）碳链高分子材料：分子主链由 C 原子组成，如 PP、PE、PVC。

2）杂链高分子材料：分子主链由 C、O、N、P 等原子构成，如聚酰胺、聚酯、硅油。

3）元素有机高分子材料：分子主链不含 C 原子，仅由一些杂原子组成的高分子。

3. 按高分子主链几何形状分类

按高分子主链几何形状可分为：线型高分子材料、支链型高分子材料、体型高分子材料。

4. 按高分子微观排列情况分类

按高分子微观排列情况可分为：晶态高分子材料、半晶态高分子材料、非晶态高分子材料。

5. 按应用功能分类

按照材料应用功能分类，高分子材料分为通用高分子材料、特种高分子材料和功能高分子材料三大类。

1）通用高分子材料指能够大规模工业化生产，已普遍应用于建筑、交通运输、农业、电气电子工业等国民经济主要领域和人们日常生活的高分子材料。通用高分子材料又分为塑料、橡胶、纤维、胶黏剂、涂料等不同类型。

2）特种高分子材料主要是一类具有优良机械强度和耐热性能的高分子材料，如聚碳酸酯、聚酰亚胺等材料，已广泛应用于工程材料上。

3）功能高分子材料是指具有特定的功能作用，可做功能材料使用的高分子材料，如功能性分离膜、导电材料、医用高分子材料、液晶高分子材料等。

6. 按特性分类

高分子材料按特性分为塑料、橡胶、纤维涂料、胶黏剂和功能高分子材料等。

1）塑料是以合成树脂或化学改性的天然高分子为主要成分，再加入填料、增塑剂和其他添加剂制得的。其分子间次价力、模量和形变量等介于橡胶和纤维之间。塑料通常按合成树脂的特性分为热固性塑料和热塑性塑料，按用途又分为通用塑料和工程塑料。

2）橡胶是一类线型柔性高分子材料。其分子链间次价力小，分子链柔性好，在外力作用下可产生较大形变，除去外力后能迅速恢复原状。橡胶可分为天然橡胶和合成橡胶两种。

3）纤维分为天然纤维和化学纤维。前者指蚕丝、棉、麻、毛等；后者以天然高分子或合成高分子为原料，经过纺丝和后处理制得。纤维的次价力大，形变能力小，模量高，一般为晶态高分子材料。

4）涂料是以高分子材料为主要成膜物质，添加溶剂和各种添加剂制得的。根据成膜物质不同，涂料分为油脂涂料、天然树脂涂料和合成树脂涂料。

5）胶黏剂是以合成天然高分子化合物为主体制成的胶黏材料。胶黏剂分为天然胶黏剂和合成胶黏剂两种。应用较多的是合成胶黏剂。

6）功能高分子材料。功能高分子材料除具有聚合物的一般力学性能、绝缘性能和热性能外，还具有物质、能量和信息的转换、磁性、传递和储存等特殊功能。已实用的有高分子信息转换材料、高分子透明材料、高分子模拟酶、生物降解高分子材料、高分子形状记忆材料和医用、药用高分子材料等。

7.2 高分子的合成

高分子合成的方法如图 7-1 所示。

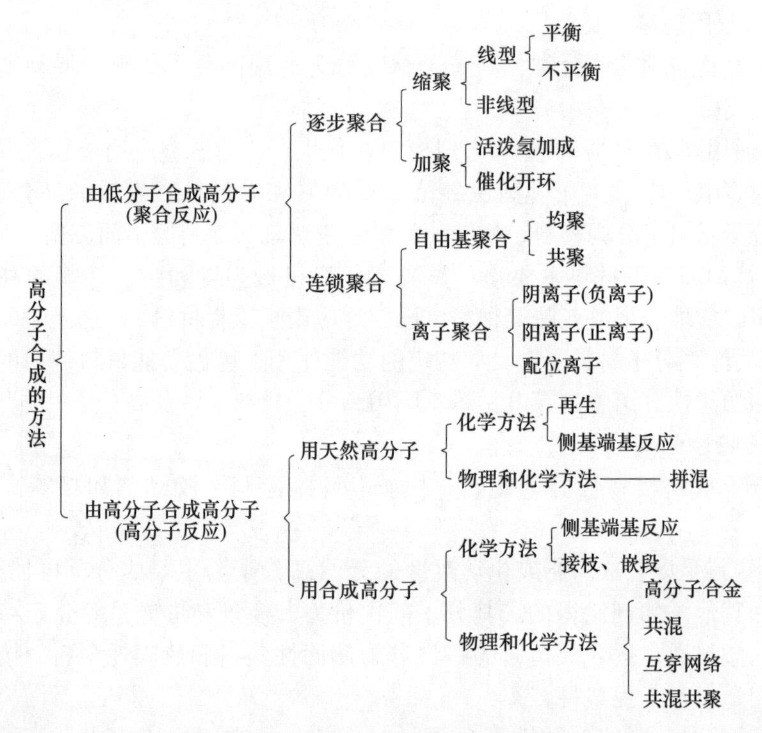

图 7-1　高分子合成的方法

7.3 塑料

塑料是指以树脂（高聚物）为主要成分，大多含有添加剂（如增塑剂、填充剂、润滑剂、防紫外线剂以及颜料等）且在加工过程中能流动成型的一大类高分子材料。树脂是一种高分子有机化合物，其特点是无明显的熔点，受热后逐渐软化，可溶解于有机溶剂，不溶解于水。树脂分天然树脂和合成树脂两种。从松树分泌出的松香、从热带昆虫分泌物中提取的虫胶，以及石油中的沥青等都属于天然树脂。合成树脂既保留了天然树脂的优点，同时又改善了成型加工工艺性和使用性能等。目前，石油是制取合成树脂的主要原料。常用的合成树脂有聚乙烯、聚丙烯、聚氯乙烯、酚醛树脂、氨基树脂、环氧树脂等。树脂聚合物的分子结构有三种型式：线型、体型及带支链型，如图 7-2 所示。

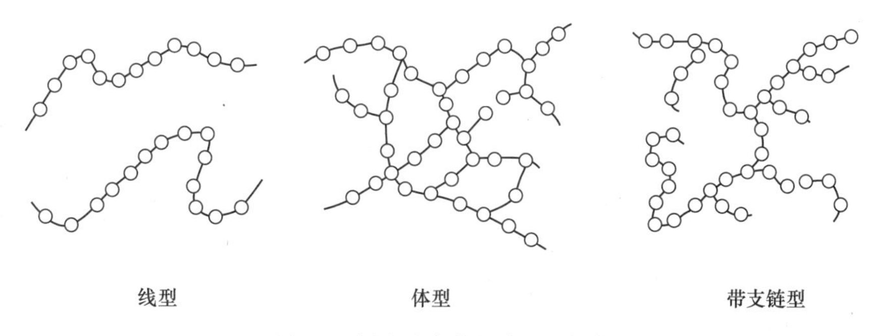

图 7-2　树脂聚合物的分子链结构

7.3.1　塑料的分类

1. 按用途分类

（1）通用塑料　一般指产量大、用途广、成型性好、价廉的一类塑料，如聚乙烯、聚丙烯、聚氯乙烯、聚苯乙烯和酚醛塑料等。

（2）工程塑料　一般指能承受一定的外力作用且有良好的力学性能和尺寸稳定性，并在高低温下仍能保持优良性能，可作为工程结构件的一类塑料，如尼龙、聚砜、聚甲醛、聚苯硫醚和耐热环氧等。

（3）特种塑料　一般指具有特种功能（如耐热、自润滑等），应用于特殊领域的一类塑料，如氟塑料、有机硅塑料、聚酰亚氨塑料等。

2. 按成型方法分类

（1）浇注塑料　一般指能在无压或稍加压力的情况下，倾注于模具中能硬化成一定形状制品的液态树脂混合物，如尼龙。

（2）层压塑料　一般指浸渍有树脂的纤维织物经叠合、热压结合而成为整体材料的一类塑料，如 SMC 塑料等。

（3）模压塑料　供压缩成形的树脂混合料，如常用熟固性塑料。

（4）注射、挤出和吹塑塑料　一般指能在料筒温度下熔融、流动，并在模具中能迅速硬化的一类树脂混合物。

（5）反应注射模塑料　一般特指液态原材料加压注入模腔内，使其发生化学反应经交联而固化成制品的一类高聚物，如聚氨酯等。

3. 按物理化学性能分类

（1）热固性塑料　在热或其他条件作用下能固化成不熔、不溶性物料的一类塑料，如酚醛塑料、环氧塑料、DAP塑料、氨基塑料及不饱和聚酯塑料等。

（2）热塑性塑料　在特定的温度范围内能反复加热熔融和冷却硬化的一类塑料，如聚乙烯塑料、ABS塑料、聚碳酸酯塑料、聚酰胺塑料和聚甲醛塑料等。

4. 按半成品和制品分类

（1）泡沫塑料　整体内含有无数微孔的一类塑料，如聚氨酯泡沫塑料、聚苯乙烯泡沫塑料、低发泡结构塑料等。

（2）增强塑料　加有增强剂，使其某些力学性能比原树脂有较大提高的一类塑料，如玻璃纤维增强塑料、碳纤维增强塑料和硅纤维增强塑料等。

（3）薄膜　一般指厚度在0.25mm以下的平整而柔软的一类塑料制品，如聚乙烯薄膜、聚氯乙烯薄膜、聚酯薄膜等。

（4）模塑粉　俗称塑料粉，主要由热固性树脂（如酚醛等）和填料（如木粉等），经充分混合、滚压、粉碎而得的一类塑料，如酚醛塑料粉等。

7.3.2　塑料的各类名称、代号及标志

1. 塑料名称及缩写代号

常用塑料名称及缩写代号见表7-1。

表7-1　常用塑料名称及缩写代号

名　称	缩写代号①	名　称	缩写代号①
丙烯腈-丁二烯塑料	AB	羧甲基纤维素	CMC
丙烯腈-丁二烯-丙烯酸酯塑料	ABAK(ABA)	硝酸纤维素	CN
丙烯腈-丁二烯-苯乙烯塑料	ABS	环烯烃共聚物	COC
丙烯腈-氯化聚乙烯-苯乙烯塑料	ACS(ACPES)	丙酸纤维素	CP
		三乙酸纤维素	CTA
丙烯腈-（乙烯-丙烯-二烯）-苯乙烯塑料	AEPDS (AEPDMS)	乙烯-丙烯酸塑料	EAA
		乙烯-丙烯酸丁酯塑料	EBAK(EBA)
丙烯腈-甲基丙烯酸甲酯塑料	AMMA	乙基纤维素	EC
丙烯腈-苯乙烯-丙烯酸酯塑料	ASA	乙烯-丙烯酸乙酯塑料	EEAK(EEA)
乙酸纤维素	CA	乙烯-甲基丙烯酸塑料	EMA
乙酸丁酸纤维素	CAB	环氧树脂或环氧塑料	EP
乙酸丙酸纤维素	CAP	乙烯-丙烯塑料	E/P(EPM)
甲醛纤维素	CEF	乙烯-四氟乙烯塑料	ETFE
甲酚-甲醛树脂	CF	乙烯-乙酸乙烯酯塑料	EVAC(EVA)

（续）

名　称	缩写代号①
乙烯-乙烯醇塑料	EVOH
全氟（乙烯-丙烯）塑料	FEP(PEEP)
呋喃-甲醛树脂	FF
液晶聚合物	LCP
甲基丙烯酸甲酯-丙烯腈-丁二烯-苯乙烯塑料	MABS
甲基丙烯酸甲酯-丁二烯-苯乙烯塑料	MBS
甲基纤维素	MC
三聚氰胺-甲醛树脂	MF
三聚氰胺-酚醛树脂	MP
α-甲基苯乙烯-丙烯脂塑料	MSAN
聚酰胺	PA
聚丙烯酸	PAA
聚芳醚酮	PAEK
聚酰胺（酰）亚胺	PAI
聚丙烯酸酯	PAK
聚丙烯腈	PAN
聚芳酯	PAR
聚芳酰胺	PARA
聚丁烯	PB
聚丙烯酸丁酯	PBAK
1，2-聚丁二烯	PBD
聚萘二甲酸丁二酯	PBN
聚对苯二甲酸丁二酯	PBT
聚碳酸酯	PC
聚亚环己基-二亚甲基-环己基二羧酸酯	PCCE
聚己内酯	PCL
聚对苯二甲酸亚环己基-二亚甲酯	PCT
聚三氟氯乙烯	PCTFE
聚邻苯二甲酸二烯丙酯	PDAP
聚二环戊二烯	PDCPD
聚乙烯	PE
氯化聚乙烯	PE-C(CPE)
高密度聚乙烯	PE-HD(HDPE)
低密度聚乙烯	PE-LD(LDPE)
线型低密度聚乙烯	PE-LLD(LLDPE)
中密度聚乙烯	PE-MD(MDPE)
超高分子量聚乙烯	PE-UHMW (UHMWPE)
极低密度聚乙烯	PE-VLD(VLDPE)
聚酯碳酸酯	PEC
聚醚醚酮	PEEK
聚醚酯	PEEST
聚醚（酰）亚胺	PEI
聚醚酮	PEK
聚萘二甲酸乙二酯	PEN
聚氧化乙烯	PEOX
聚酯型聚氨酯	PESTUR
聚醚砜	PESU
聚对苯二甲酸乙二酯	PET
聚醚型聚氨酯	PEUR
酚醛树脂	PF
全氟烷氧基烷树脂	PFA
聚酰亚胺	PI
聚异丁烯	PIB
聚异氰脲酸酯	PIR
聚酮	PK
聚甲基丙烯酰亚胺	PMI
聚甲基丙烯酸甲酯	PMMA
聚-*N*-甲基甲基丙烯酰亚胺	PMMI
聚-4-甲基-1-戊烯	PMP

（续）

名称	缩写代号①	名称	缩写代号①
聚-α-甲基苯乙烯	PMS	聚偏二氯乙烯	PVDC
聚氧亚甲基	POM	聚偏二氟乙烯	PVDF
聚丙烯	PP	聚氟乙烯	PVF
可发性聚丙烯	PP-E(EPP)	聚乙烯醛缩甲醛	PVFM
高抗冲聚丙烯	PP-HI(HIPP)	聚-*N*-乙烯基咔唑	PVK
聚苯醚	PPE	聚-*N*-乙烯基吡咯烷酮	PVP
聚氧化丙烯	PPOX	苯乙烯-丁二烯塑料	SB
聚苯硫醚	PPS	苯乙烯-顺丁烯二酸酐塑料	SMAH (S/MA、SMA)
聚苯砜	PPUS		
聚苯乙烯	PS	苯乙烯-α-甲基苯乙烯塑料	SMS
可发聚苯乙烯	PS-E	脲-甲醛树脂	UF
高抗冲聚苯乙烯	PS-HI	不饱和聚酯树脂	UP
聚砜	PSU	氯乙烯-乙烯塑料	VCE
聚四氟乙烯	PTFE	氯乙烯-乙烯-丙烯酸甲酯塑料	VCEMAK (VCEMA)
聚对苯二甲酸丙二酯	PTT		
聚氨酯	PUR	氯乙烯-乙烯-丙烯酸乙酯塑料	VCEVAC
聚乙酸乙烯酯	PVAC	氯乙烯-丙烯酸甲酯塑料	VCMAK(VCMA)
聚乙烯醇	PVAL(PVOH)	氯乙烯-甲基丙烯酸甲酯塑料	VCMMA
聚乙烯醇缩丁醛	PVB	氯乙烯-丙烯酸辛酯塑料	VCOAK(VCOA)
聚氯乙烯	PVC	氯乙烯-乙酸乙烯酯塑料	VCVAC
氯化聚氯乙烯	PVC-C(CPVC)	氯乙烯-偏二氯乙烯塑料	VCVDC
未增塑聚氯乙烯	PVC-U(UPVC)	乙烯基酯树脂	VE

① 括号内的字母组合是曾推荐使用的缩写代号。

2. 塑料填充及增强材料

1）填充及增强材料的表示符号见表7-2。

表7-2 填充及增强材料的表示符号

符号	材料①	符号	材料①
B	硼	K	碳酸钙
C	碳	L	纤维素
D	三水合氧化铝	M	矿物、金属②
E	黏土	N	天然有机物（棉、剑麻、大麻、亚麻等）
G	玻璃	P	云母

（续）

符号	材　　料[1]	符号	材　　料[1]
Q	硅	T	滑石
R	聚芳基酰胺	W	木
S	合成有机物（如细粒聚四氟乙烯、聚酰亚胺或热固树脂）	X	未规定
		Z	该表内未包括的其他物质

① 这些材料可以被进一步定义，如使用化学符号或由其他相关标准定义的符号。

② 若为金属（M）时，应该使用化学符号表示金属的类型。

2）表示填充及增强材料的形状或结构符号见表 7-3。

表 7-3　表示填充及增强材料的形状或结构符号

符号	形状或结构	符号	形状或结构
B	珠状、球状、球体	P	纸
C	片状、切片	R	粗纱
D	微粉、粉末	S	薄片
F	纤维	T	缠绕或纺织成的织物、绳
G	研磨	V	板坯
H	须状物，晶须	W	纺织物
K	针织织物	X	未规定
L	片坯	Y	纱
M	毡片（厚型）	Z	该表内未包括的其他材料
N	无纺织物（纺织物、薄型）		

3. 塑料增塑剂名称及代号

塑料增塑剂名称及代号见表 7-4。

表 7-4　塑料增塑剂名称及代号

缩写代号	增塑剂名称	缩写代号	增塑剂名称
DCHP	dicyclohexyl phthalate 邻苯二甲酸二环己酯	DEP	diethyl phthalate 邻苯二甲酸二乙酯
DCP	dicapryl phthalate 邻苯二甲酸二辛酯	DHP	diheptyl phthalate 邻苯二甲酸二庚酯
DDP	didecyl phthalate 邻苯二甲酸二癸酯	DHXP	dihexyl phthalate 邻苯二甲酸二己酯
DEGDB	diethylene glycol dibenzoate 二苯甲酸二甘醇酯	DIBA	diisobutyl adipate 己二酸二异丁酯

（续）

缩写代号	增塑剂名称
DIBM	diisobutyl maleate 顺丁烯二酸二异丁酯； 马来酸二异丁酯
DIBP	diisobutyl phthalate 邻苯二甲酸二异丁酯
DIDA	diisodecyl adipate 己二酸二异癸酯
DIDP	diisodecyl phthalate 邻苯二甲酸二异癸酯
DIHP	diisoheptyl phthalate 邻苯二甲酸二异庚酯
DIHXP	diisohexyl phthalate 邻苯二甲酸二二异己酯
DINA	diisononyl adipate 己二酸二异壬酯
DINP	diisononyl phthalate 邻苯二甲酸二异壬酯
DIOA	diisooctyl adipate 己二酸二异辛酸
DIOM	diisooctyl maleate 顺丁烯二酸二异辛酯； 马来酸二异辛酯
DIOP	diisooctyl phthalate 邻苯二甲酸二异辛酯
DIOS	diisooctyl sebacate 癸二酸二异辛酯
DIOZ	diisooctyl azelate 壬二酸二异辛酸
DIPP	diisopentyl phthalate 邻苯二甲酸二异戊酯
DMEP	di-(2-methyloxyethyl) phthalate 邻苯二甲酸二 （2-甲氧基乙）酯
DMP	dimethyl phthalate 邻苯二甲酸二甲酯
DMS	dimethyl sebacate 癸二酸二甲酯
DNF	dinonyl fumarate 反丁烯二酸二壬酯； 富马酸二壬酯
DNM	dinonyl maleate 顺丁烯二酸二壬酯； 马来酸二壬酯
DNOP	di-n-octyl phthalate 邻苯二甲酸二正辛酯
DNP	dinonyl phthalate 邻苯二甲酸二壬酯
DNS	dinonyl sebacate 癸二酸二壬酯
DOA	dioctyl adipate 己二酸二辛酯
DOIP	dioctyl isophthalate 间苯二甲酸二辛酯
DOP	dioctyl phthalate 邻苯二甲酸二辛酯
DOS	dioctyl sebacate 癸二酸二辛酯
DOTP	dioctyl terephthalate 对苯二甲酸二辛酯
DOZ	dioctyl azelate 壬二酸二辛酯
DPCF	diphenyl cresyl phosphate 磷酸二苯甲酚酯
DPGDB	di-*x*-propylene glycol dibenzoate 二苯甲酸二-*x*-丙二醇酯
DPOF	diphenyl octyl phosphate 磷酸二苯辛酯
DPP	diphenyl phthalate 邻苯二甲酸二苯酯
DTDP	diisotridecyl phthalate（see2. 8） 邻苯二甲酸二异十三烷酯
DUP	diundecyi phthalate 邻苯二甲酸双十一烷酯

（续）

缩写代号	增塑剂名称	缩写代号	增塑剂名称
ELO	epoxidized linseed oil 环氧化亚麻子油	SOA	sucrose octa-acetate 蔗糖八乙酸酯
ESO	epoxidized soya bean oil 环氧化大豆油	TBAC	tributyl o-acetylcitrate 邻乙酰柠檬酸三丁酯
GTA	glycerol triacetate 三乙酸甘油酯	TBEP	tri-(2-butoxyethyl) phosphate 磷酸三（2-丁氧乙基）酯
HNUA	heptyl nonyl undecyl adipate (=711A) 己二酸庚基·壬十一烷酯	TBP	tributyl phosphate 磷酸三丁酯
		TCEF	trichloroethyl phosphate 磷酸三氯乙酯
HNUP	heptyl nonyl undecyl phthalate (=711P) 邻苯二甲酸庚·壬十一烷酯	TCF	tricresyl phosphate 磷酸三甲酚酯
		TDBPP	tri-(2，3-dibromopropyl) phosphate 磷酸三（2，3-二溴丙）酯
HXODA	hexyl octyl decyl adipate (=610A) 己二酸己辛·癸酯		
HXODP	hexyl octyl decyl phthalate (=610P) 邻苯二甲酸己·辛·癸酯	TDCPP	tri-(2，3-dichloropropyl) phosphate 磷酸三（2，3-二氯丙）酯
NUA	nonyl undecyl adipate (=911A) 己二酸壬基十一烷酯	TEAC	triethyl o-acetylcitrate 邻乙酰柠檬酸三乙酯
		THFO	tetrahydrofurfuryl oleate 油酸四氢糠醇酯
NUP	nonyl undecyl phthalate (=911P) 邻苯二甲酸壬基十一烷酯	THTM	triheptyl trimellitate 偏苯三酸三庚酯
		TIOTM	triisooctyl trimellitate 偏苯三酸三异辛酯
ODA	octyl decyl adipate 己二酸辛·癸酯		
ODP	octyl decyl phthalate 邻苯二甲酸辛·癸酯	TOF	trioctyl phosphate 磷酸三辛酯
ODTM	n-octyl decyl trimellitate 偏苯三酸辛基癸基酯	TOPM	tetraoctyl pyromellitate 均苯四甲酸四辛酯
PO	paraffin oil 石蜡油	TOTM	trioctyl trimellitate 偏苯三酸三辛酯
PPA	poly (propylene adipate) 聚己二酸丙二醇酯	TPP	triphenyl phosphate 磷酸三苯酯
PPS	poly (propylene sebacate) 聚癸二酸丙二酯	TXF	trixylyl phosphate 磷酸三二甲苯酯

4. 塑料阻燃剂名称及符号

塑料阻燃剂的符号是先以大写字母“FR”写成缩略语，紧接着不留空格，按表 7-5 选出合适的两位数代号，并用括号括起来。当阻燃剂的质量分数超过1%时应予以标识。这些代号是对塑料名称与代号、塑料填充及增强材料、塑料增塑剂的名称及代号的补充。

示例 1：

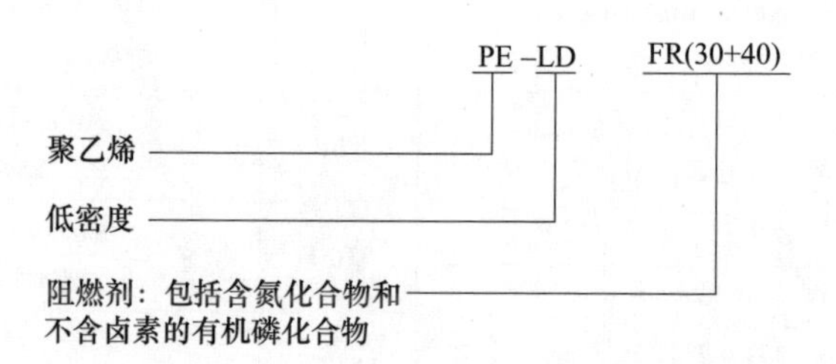

示例 2：

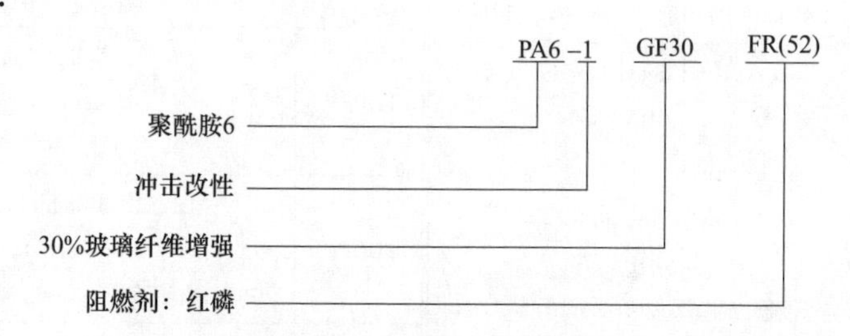

表 7-5 阻燃剂名称及代号

类别	代号	名称
卤代化合物	10	脂肪族/脂环族氯代化合物
	11	含有锑化合物的脂肪族/脂环族氯代化合物
	12	芳香族氯代化合物
	13	含有锑化合物的芳香族氯代化合物
	14	脂肪族/脂环族溴代化合物
	15	含有锑化合物的脂肪族/脂环族溴代化合物
	16	芳香族溴代化合物（溴代二苯醚和溴代联苯除外）
	17	含有锑化合物的芳香族溴代化合物（溴代二苯醚和溴代联苯除外）
	18	多溴代二苯醚
	19	含有锑化合物的多溴代二苯醚
	20	多溴代联苯
	21	含有锑化合物的多溴代联苯
	22	脂肪族/脂环族氯代和溴代化合物
	25	脂肪族氟代化合物

（续）

类别	代号	名称
含氮化合物	30	含氮化合物（限于三聚氰胺、三聚氰胺脲酸酯、脲）
有机磷化合物	40	不含卤素的有机磷化合物
	41	氯代有机磷化合物
	42	溴代有机磷化合物
无机磷化合物	50	正磷酸铵
	51	多磷酸铵
	52	红磷
金属氧化物 金属氢氧化物 金属盐	60	氢氧化铝
	61	氢氧化镁
	62	氧化锑（Ⅲ）
	63	锑酸碱金属盐
	64	水合碳酸镁/水合碳酸钙
硼化合物和 锌化合物	70	无机硼化合物
	71	有机硼化合物
	72	硼酸锌
	73	有机锌化合物
硅化合物	75	无机硅化合物
	76	有机硅化合物

5. 塑料制品的标志

塑料制品的标志见表 7-6。

表 7-6　塑料制品的标志

图　形	名称	图　形	名称
	可重复使用		再生塑料
	可回收再生利用	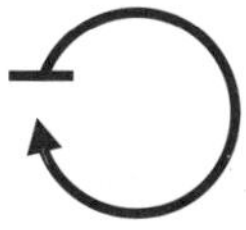	回收再加工利用塑料
	不可回收再生利用塑料		

7.3.3 塑料的性能

1. 常用热塑性塑料的性能

1）常用热塑性塑料的使用性能见表7-7。

表7-7 常用热塑性塑料的使用性能

塑料名称	性能	用途
硬聚氯乙烯（RPVC）	力学强度高，电气性能优良，耐酸碱性极强，化学稳定性好，但软化点低	适于制造棒、管、板、输油管及耐酸碱零件
软聚氯乙烯（SPVC）	伸长率大，力学强度、耐蚀性、电绝缘性均低于硬聚氯乙烯，且易老化	适于制作薄板、薄膜、电线电缆绝缘层、密封件等
聚乙烯（PE）	耐蚀性、电绝缘性（尤其高频绝缘性）优良，可以氯化、辐照改性，可用玻璃纤维增强 高密度聚乙烯熔点、刚性、硬度和强度较高，吸水性小，有突出的电气性能和良好的耐辐射性 低密度聚乙烯柔软性、伸长率、冲击强度和透明性较好 超高分子量聚乙烯冲击强度高，耐疲劳，耐磨，用冷压烧结成型	HDPE适于制作耐腐蚀零件和绝缘零件 LDPE适于制作薄膜等 超高分子量聚乙烯适于制作减摩、耐磨及传动零件
聚丙烯（PP）	密度小，强度、刚性、硬度、耐热性均优于HDPE，可在100℃左右使用；耐蚀性优良，高频绝缘性良好，不受湿度影响，但低温变脆，不耐磨，易老化	适于制作一般机械零件、耐腐蚀零件和绝缘零件
聚苯乙烯（PS）	电绝缘性（尤其高频绝缘性）优良，无色透明，透光率仅次于有机玻璃，着色性、耐水性、化学稳定性良好，力学强度一般，但性脆，易产生应力破裂，不耐苯、汽油等有机溶剂	适于制作绝缘透明件、装饰件及化学仪器、光学仪器等零件
丁苯橡胶改性聚苯乙烯（203A）	与聚苯乙烯相比，冲击强度较高，其余性能相似	适于制作各种仪表和无线电结构零件
聚苯乙烯改性有机玻璃（372）	透明性极好，力学强度较高，有一定的耐热、耐寒和耐气候性，耐腐蚀；绝缘性良好，综合性能超过聚苯乙烯，但质脆，易溶于有机溶剂，如作透光材料，其表面硬度稍低，容易擦毛	适于制作绝缘零件及透明和强度一般的零件
苯乙烯-丙烯腈共聚物（AS）	冲击强度比聚苯乙烯高，耐热、耐油、耐蚀性好，弹性模量为现有热塑性塑料中较高的一种，并能很好地耐某些使聚苯乙烯应力开裂的烃类	广泛用来制作耐油、耐热、耐化学腐蚀的零件及电信仪表的结构零件
苯乙烯-丁二烯-丙烯腈共聚物（ABS）	综合性能较好，冲击强度、力学强度较高，尺寸稳定，耐化学性、电性能良好；易于成型和机械加工，与372有机玻璃的熔接性良好，可作双色成型塑件，且表面可镀铬	适于制作一般机械零件、减摩耐磨零件、传动零件和电信结构零件

（续）

塑料名称	性　　能	用　　途
聚酰胺（PA）	坚韧，耐磨，耐疲劳，耐油，耐水，抗霉菌，但吸水率大 PA6 弹性好，冲击强度高，吸水性较大 PA66 强度高，耐磨性好 PA610 与 PA66 相似，但吸水性和刚性都较小 PA1010 半透明，吸水性较小，耐寒性较好	适于制作一般机械零件，减摩耐磨零件，传动零件，以及化工、电器、仪表等零件
聚甲醛（POM）	综合性能良好，强度、刚度高，冲击强度、疲劳性能、蠕变性能较好，减摩耐磨性好，吸水小，尺寸稳定性好，但热稳定性差，易燃烧，长期在大气中曝晒会老化	适于制作减摩零件、传动零件、化工容器及仪器仪表外壳
聚碳酸酯（PC）	冲击强度高，弹性模量和尺寸稳定性较高；无色透明，差色性好，耐热性比尼龙、聚甲醛高，抗蠕变和电绝缘性较好，耐蚀性、耐磨性良好，但自润性差，不耐碱、酮、胺、芳香烃，有应力开裂倾向，高温易水解，与其他树脂相溶性差	适于制作仪表小零件，绝缘透明件和耐冲击零件
氯化聚醚	耐蚀性好（略次于氟塑料），摩擦因数低，吸水性很小，尺寸稳定性高，耐热性比硬聚氯乙烯好，抗氧化性比尼龙好，可焊接、喷涂，但低温性能差	适于制作腐蚀介质中的减摩耐磨零件、传动零件、一般机械及精密机械零件
聚砜（PSF）	耐热耐寒性、抗蠕变及尺寸稳定性优良，耐酸，耐碱，耐高温蒸汽 聚砜硬度和冲击强度高，可在-65~150℃下长期使用，在水、湿空气或高温下仍保持良好的绝缘性，但不耐芳香烃和卤代烃 聚芳砜耐热和耐寒性好，可在-240~260℃下使用，硬度高，耐辐射	适于制作耐热件，绝缘件，减摩、耐磨传动件，仪器仪表零件，计算机零件及抗蠕变结构零件。聚芳砜还可用于低温下工作零件
聚苯醚（PPO）	综合性能良好，拉伸、刚性、冲击、抗蠕变及耐热性较高，可在 120℃蒸汽中使用；电绝缘性优越，受温度及频率变化的影响很小，吸水性小，但有应力开裂倾向。改性聚苯醚可消除应力开裂，成型加工性好，但耐热性略差	适于制作耐热件、绝缘件、减摩耐磨件、传动件、医疗器械零件和电子设备零件
氟塑料	耐腐蚀性、耐老化及电绝缘性优越，吸水性很小 聚四氟乙烯对所有化学药品都能耐蚀，摩擦因数在塑料中最低，不粘，不吸水，可在-195~250℃长期使用，但冷流性大，不能注射成型 聚三氟氯乙烯耐蚀，耐热和电绝缘性略次于聚四氟乙烯，可在-180~190℃下长期使用，可注射成型，在芳香烃和卤代烃中稍微溶胀 聚全氟乙丙烯除使用温度外，几乎保留聚四氟乙烯所有的优点，且可挤压、模压及注射成型，黏性好，可热焊	适于制作耐腐蚀件、减摩耐磨件、密封件、绝缘件和医疗器械零件

（续）

塑料名称	性能	用途
醋酸纤维素（EC）	强韧性很好，耐油耐稀酸，透明有光泽，尺寸稳定性好，易涂饰、染色、黏合、切削，在低温时冲击强度和拉伸强度下降	适于制作汽车、飞机、建筑用品，机械、工具用品，化妆品器具，照相、电影胶卷
聚酰亚胺（PI）	综合性能优良，强度高，抗蠕变，耐热性好，可在-200~260℃下长期使用，减摩耐磨、电绝缘性优良，耐辐射，耐电晕，耐稀酸，但不耐碱、强氧化剂和高压蒸汽 均苯型聚酰亚胺成型困难 醚酐型聚酰亚胺可挤压、模压、注射成型	适于制作减摩耐磨零件、传动零件、绝缘零件、耐热零件，用作防辐射材料、涂料和绝缘薄膜

2）常用热塑性塑料的力学性能见表7-8。

表7-8　常用热塑性塑料的力学性能

塑料名称		屈服强度/MPa	拉伸强度/MPa	断裂伸长率（%）	拉伸弹性模量/GPa	弯曲强度/MPa	弯曲弹性模量/GPa	压缩强度/MPa	剪切强度/MPa	冲击强度（缺口试样简支梁）/(kJ/m²)	布氏硬度
聚乙烯	高密度	22~30	27	15~100	0.84~0.95	27~40	1.1~1.4	22	—	65.5	2.07 邵氏D60~70
	低密度	7~19	7~16	90~650	0.12~0.24	25	0.11~0.24	—	—	48	邵氏D41~46
聚丙烯	纯聚丙烯	37	—	>200	—	67	1.45	56	—	3.5~4.8	8.65 洛氏R95~105
	乙烯丙烯嵌段共聚	36	—	>430	—	53	1.23	43	—	10	6.94
	玻璃纤维增强	78~90	78~90	—	—	132	4.5	70	—	14.1	9.1
	添加$CaCO_3$等填充物	16~185	16~175	43	—	77	—	35	190	7.4	5.4
聚甲基丙烯酸甲酯	聚甲基丙烯酸甲酯	80	80	2~10	3.16	145	2.56	84~127	—	3	15.3
	与苯乙烯共聚	63	—	4~5	3.5	113~130	—	77~105	—	0.75~1.1（悬臂缺口）	洛氏M70~85
	与α-甲基苯乙烯共聚	35~63	—	>15~50	1.4~2.8	56~91	—	28~98	—	0.64（悬臂缺口）	洛氏R99~120

（续）

塑料名称		屈服强度/MPa	拉伸强度/MPa	断裂伸长率(%)	拉伸弹性模量/GPa	弯曲强度/MPa	弯曲弹性模量/GPa	压缩强度/MPa	剪切强度/MPa	冲击强度(缺口试样简支梁)/(kJ/m²)	布氏硬度
聚氯乙烯	硬质	35~50	35~50	20~40	2.4~4.2	≥90	0.05~0.09	68	—	58	16.2 洛氏 R110~120
	软质	10~24	—	300	—	—	0.006~0.012	—	—	—	邵氏 A96
聚苯乙烯	一般型	35~63	35~63	1.0	2.8~3.5	61~98	—	80~112	—	0.54~0.86(悬臂缺口)	洛氏 M65~80
	抗冲型	14~48	14~48	5.0	1.4~3.1	35~70	—	28~63	—	1.1~23.6(悬臂缺口)	洛氏 M20~80
	20%~30%玻璃纤维增强	77~106	77~106	0.75	3.23	70~119	—	84~112	—	0.75~13(悬臂缺口)	洛氏 M65~90
苯乙烯共聚	ACS	36	31	11	—	47	1.34	44	—	49	4.98
	AAS	36	35	37	1.7~2.3	59	1.7	46	—	11	5.98
	ABS	50	38	35	1.8	80	1.4	53	24	11	9.7 洛氏 R121
	改性聚苯乙烯(丁苯橡胶改性)	33	38	30.8	—	56	1.8	72	—	14.4	9.8
聚对苯二甲酸乙二醇酯	纯	68	68	78	2.9	104	—	77	63	5.3	14.2
	玻璃纤维增强	125	125	0	—	138~210	9.1	159	—	12.4	16.6
纤维素	乙基纤维素	—	14~56	5~40	0.7~2.1	28~84	—	70~240	—	4.3~18.2	洛氏 R50~115
	醋酸纤维素	—	13~59	6~70	0.46~2.8	14~110	—	15~250	—	0.86~11.1	洛氏 R35~125
	硝酸纤维素	—	49~56	40~45	1.3~1.5	63~77	—	150~246	—	10.7~15	洛氏 R95~115

（续）

塑料名称		屈服强度/MPa	拉伸强度/MPa	断裂伸长率（%）	拉伸弹性模量/GPa	弯曲强度/MPa	弯曲弹性模量/GPa	压缩强度/MPa	剪切强度/MPa	冲击强度（缺口试样简支梁）/（kJ/m²）	布氏硬度
聚碳酸酯	纯	72	60	75 泊松比 0.38	2.3	113	1.54	77	40	55.8~90	11.4 洛氏 M75
聚碳酸酯	20%~30%长玻璃纤维	120	120	泊松比 0.38	—	169	4.0	130	—	22	14.5
聚碳酸酯	20%~30%长玻璃纤维	84	84	泊松比 0.38	6.5	134	3.12	110	53	10.7	13.5
改性聚碳酸酯	与低压聚乙烯共混	64	62	92	—	97	1.53	69	—	90	10.4
改性聚碳酸酯	与 ABS 共混	71	59	86	2.1~2.3	108	1.84	92	—	74	11.30
聚甲醛	纯	69	60	55	2.5	104	1.8	69	45	15	11.20 洛氏 M78
聚甲醛	聚四氟乙烯填充	62	45~50	59~72	—	105	2.1~2.8	73~88	—	13~16	12.5
聚砜	纯	82	58	30	2.5	>120	2.0	85	45	20	12.7 洛氏 M69、R120
聚砜	30%玻璃纤维增强	>103	>103	0	3.0	>180	3.1	116	>45	10.1	14
聚砜	聚四氟乙烯填充	77	55	28	2.0	107	1.8	>60	>40	10.9	12.8
聚砜	聚芳砜	98	98	—	—	154	2.1	127	—	17	14.0 洛氏 M110
聚砜	聚醚砜	101	97	26	2.6	147	2.1	113	—	18	12.93
聚苯醚	纯	87	69	14	2.5	140	2.0	103	725	13.5	13.3 洛氏 R118~123
聚苯醚	改性聚苯醚（与聚苯乙烯共混）	82	67	55	2.1	130	1.7	93	—	27	13.5 洛氏 R119
氯化聚醚	纯	32	26	230	1.1	49	0.9	38	—	10.7	4.2 洛氏 R100
氯化聚醚	改性氯化聚醚（与聚乙烯共混）	34	26	120	—	41	—	44	—	7.7	3.9

（续）

塑料名称			屈服强度/MPa	拉伸强度/MPa	断裂伸长率（%）	拉伸弹性模量/GPa	弯曲强度/MPa	弯曲弹性模量/GPa	压缩强度/MPa	剪切强度/MPa	冲击强度（缺口试样简支梁）/（kJ/m^2）	布氏硬度
聚酚氧		纯	68	48~53	40~100	2.7	137	2.4	81	—	13.4	10 洛氏 R121
聚酰胺树脂	尼龙1010	纯	62	54	168	1.8	88	1.3	57	42	25.3	9.75
		30%玻璃纤维增强	174	174	0	8.7	208	4.6	134	59	18	13.6
	尼龙6	纯	70	62	90~200	2.6	96	2.3	92	59	11.8	11.6 洛氏 R85~114
		30%玻璃纤维增强	164	164	0	—	227	7.5	180		15.5	14.5
	尼龙610	纯	75	56	66	2.3	110	1.8	76	42	15.2	9.52 洛氏 R90~113
		40%玻璃纤维增强	210	210	0	11.4	281	6.5	165	93	38	14.9
	尼龙66	纯	89	74	28	1.2~2.8	126	2.8	71~98	67	6.5	12.2 洛氏 R100~118
		30%玻璃纤维增强	146	146	0	6.0~12.6	215	4.7	105~168	98	17.5	15.6 洛氏 M94
	尼龙9	纯	55	38	75	—	90	1.3	60	50	—	8.31
	尼龙11	纯	54	42	80	1.4	101	1.6	51	40	15	7.5 洛氏 R100
	MC-尼龙	浇铸尼龙	97	84	36	3.6	134	4.2	86	—	—	12.5 R91
含氟树脂		聚四氟乙烯	14~25	—	25~35	0.4	11~14	—	12 42 （1%变形）	—	16.4	R58 邵氏 D50~65
		聚三氟氯乙烯	32~40	—	30~190	1.1~1.3	55~70	1.3~1.8	32~52	38~42	13~17	9~13 邵氏 D74~78

（续）

塑料名称		屈服强度/MPa	拉伸强度/MPa	断裂伸长率（%）	拉伸弹性模量/GPa	弯曲强度/MPa	弯曲弹性模量/GPa	压缩强度/MPa	剪切强度/MPa	冲击强度（缺口试样简支梁）/（kJ/m^2）	布氏硬度
含氟树脂	聚偏氟乙烯	46~49	—	30~300	0.8	—	1.4	70	—	20.3	邵氏 D80
	聚四氟乙烯与六氟丙烯共聚	20~25	—	250~370	0.3	—	—	—	—	—	洛氏 R25

注：表中玻璃纤维前百分数为质量分数，后同。

3）常用热塑性塑料的物理性能见表 7-9。

表 7-9　常用热塑性塑料的物理性能

塑料名称		密度/(g/m^3)	比体积/(cm^3/g)	吸水率(24h 长时期)(质量分数,%)	折射率	透光率或透明度(%)
聚乙烯	高密度	0.941~0.965	1.03~1.06	<0.01	1.54	不透明
	低密度	0.910~0.925	1.08~1.10		1.51	半透明
聚丙烯	纯聚丙烯	0.90~0.91	1.10~1.11	0.01~0.03 浸水 18d，0.5	—	半透明
	乙烯、丙烯嵌段共聚	0.91	1.10	—	—	—
	玻璃纤维增强	—	—	0.05	—	—
	添加 $CuCO_3$ 等填充物	—	—	—	—	—
聚甲基丙烯酸甲酯	聚甲基丙烯酸甲酯	1.17~1.20	0.83~0.84	0.3~0.4	1.41	90~92
	与苯乙烯共聚	1.12~1.16	0.86~0.89	0.2	—	90
	与 α-甲基苯乙烯共聚	1.16	0.86	0.2	—	—
聚氯乙烯	硬质	1.35~1.45	0.69~0.74	0.07~0.4	1.52~1.55	透明
	软质	1.16~1.35	0.74~0.86	0.15~0.75	—	透明
聚苯乙烯	一般型	1.04~1.06	0.94~0.96	0.03~0.05	1.59~1.60	—
	抗冲型	0.98~1.10	0.91~1.02	0.1~0.3	1.57	透明
	20%~30%玻璃纤维增强	1.20~1.33	0.75~0.83	0.05~0.07	—	透明

（续）

塑料名称		密度/(g/m^3)	比体积/(cm^3/g)	吸水率(24h/长时期)(质量分数,%)	折射率	透光率或透明度(%)
苯乙烯共聚树脂	ACS	1. 07～1. 10	0. 91～0. 93	0. 20～0. 30	—	不透明
	AAS	1. 05～1. 12	0. 89～0. 95	0. 5	—	不透明
	ABS	1. 02～1. 16	0. 86～0. 98	0. 2～0. 4	—	—
	ABS 玻璃纤维增强	1. 20～1. 38	0. 72～0. 83	0. 1～0. 7	—	—
聚对苯二甲酸乙二醇酯	纯	1. 32～1. 37	0. 73～0. 76	0. 26	—	—
	玻璃纤维增强	1. 63～1. 70	0. 59～0. 61	—	—	—
纤维素	乙基纤维素	1. 09～1. 17	0. 85～0. 92	0. 8～1. 8	1. 47	—
	醋酸纤维素	1. 23～1. 34	0. 75～0. 81	1. 9～6. 5	1. 46～1. 50	—
	硝酸纤维素	1. 35～1. 40	0. 71～0. 74	1. 0～2. 0	1. 49～1. 51	—
聚碳酸酯	纯	1. 20	0. 83	23℃、50%RH，0. 15 23℃浸水中，0. 35	1. 586（25℃）	—
	20%～30%长玻璃纤维	1. 35～1. 50	0. 67～0. 74	23℃、50%RH，0. 09～0. 15 23℃浸水中，0. 2～0. 4	—	—
	20%～30%短玻璃纤维	1. 34～1. 35	0. 74～0. 75	0. 09～0. 15 0. 2～0. 4	—	—
改性聚碳酸酯	与高密度聚乙烯共混	1. 18	0. 85	0. 15	—	—
	与 ABS 共混	1. 15	0. 87	0. 15	—	—
聚甲醛	纯	1. 41	0. 71	0. 12～0. 15 0. 8	—	—
	聚四氟乙烯填充	1. 52	0. 66	0. 06～0. 15 0. 55	—	—
聚砜	纯	1. 24	0. 80	0. 12～0. 22 23℃28d，0. 62	1. 63	透明
	30%玻璃纤维增强	1. 34～1. 40	0. 71～0. 75	<0. 1	—	—
	聚四氟乙烯填充	1. 34	0. 75	<0. 1	—	—
	聚芳砜	1. 37	0. 73	1. 8	1. 67	
	聚醚砜	1. 36	0. 73	0. 43	1. 65	

（续）

塑料名称			密度/(g/m^3)	比体积/(cm^3/g)	吸水率（24h / 长时期）（质量分数,%）	折射率	透光率或透明度（%）
聚苯醚	纯		1.06~1.07	0.93~0.94	24h，0.06 23℃水中长期，0.14	—	—
	改性聚苯醚（与聚苯乙烯共混）		1.06	0.94	0.06 0.11	—	不透明
氯化聚醚	纯		1.4~1.41	0.71	<0.01 <0.01	1.586	80~87
	改性氯化聚醚（与聚乙烯共混）		—	—	—	—	—
聚酚氧	纯		1.17	0.85	0.13	—	透明至不透明
聚酰胺树脂	尼龙1010	纯	1.04	0.96	0.2~0.4 23℃水中长期 0.5~1.7	—	半透明
		30%玻纤增强	1.19~1.30	0.77~0.84	0.4~1.0	—	不透明
	尼龙6	纯	1.10~1.15	0.87~0.91	1.6~3.0 8~12	—	半透明
		30%玻纤增强	1.21~1.35	0.74~0.83	0.9~1.3 4.0~7.0	—	不透明
	尼龙610	纯	1.07~1.13	0.88~0.93	0.4~0.5 3.0~3.5	—	半透明
		40%玻纤增强	1.38	0.72	0.17~0.28 1.8~2.1	—	不透明
	尼龙66	纯	1.10	0.91	0.9~1.6 7~10.0	—	—
		30%玻纤增强	1.35	0.74	0.5~9.3 3.8~5.8	—	—
	尼龙9	纯	1.05	0.95	0.15 1.2	—	半透明
	尼龙11	纯	1.04	0.96	0.5 0.6~1.2	—	半透明
	MC尼龙	碱聚合浇铸尼龙	1.14	0.88	0.8~1.14 5.5	—	不透明

（续）

塑料名称		密度/(g/m^3)	比体积/(cm^3/g)	吸水率(24h 长时期)(质量分数,%)	折射率	透光率或透明度(%)
含氟树脂	聚四氟乙烯	2.1~2.2	0.45~0.48	0.005	—	—
	聚三氟氯乙烯	2.11~2.3	0.43~0.47	0.005	—	
	聚偏氟乙烯	1.76	0.57	0.04	—	透明-半透明
	四氟乙烯与六氟丙烯共聚	2.14~2.17	0.46~0.47	0.005	—	—

4）常用热塑性塑料的化学性能见表7-10。

表7-10　常用热塑性塑料的化学性能

塑料性能		聚乙烯		聚丙烯				聚甲基丙烯甲酯		
		高密度	低密度	纯聚丙烯	乙烯丙烯嵌段共聚	玻璃纤维增强	添加$CaCO_3$等填充物	聚甲基丙烯酸甲酯	与苯乙烯共聚	与α-甲基苯乙烯共聚
化学性能	日光及气候影响	在大气中会被紫外线破坏，若加入质量分数为2.0%~2.5%炭黑及稳定剂，能改善抗大气老化性能		不含稳定剂时表面迅速变色、发脆，若添加抗氧化剂会改善其抗大气老化性能				能透过紫外线达73.5%，有一定的耐候性		
	耐酸性及对盐溶液的稳定性	不耐氧化性酸		60℃以下中等浓度的酸类无影响。强酸及高浓度氧化剂能引起破坏，对水和无机盐溶液稳定				除强氧化酸外，对酸、盐、水均稳定		
	耐碱性	耐碱类化合物		对碱类稳定				除强碱有侵蚀外，对弱碱较为稳定		
	耐油性	对动物油、植物油、矿物油溶胀，随温度提高更甚		对多数油类中稳定，能吸收极少量矿物油、植物油				对动物油、植物油、矿物油稳定		
	耐有机溶剂性	脂肪烃、芳香烃、酮类、醇类、酯类增塑剂等有机溶剂会加速聚乙烯应力开裂		室温下不溶于有机溶剂，超过80℃能溶于苯、甲苯等芳香烃及氯化烃中，与溶剂长期接触不产生脆裂				对芳香族、氟化烃等有机化合物能溶解，醇类脂肪族无影响		
	日光及气候影响	对紫外线敏感		受阳光的作用会变黄，变色的程度取决于聚合物中存在杂质含量				耐候性要比聚苯乙烯强，加黑色颜料的苯乙烯共聚物经户外大气侵蚀二年，其外观和性能基本不变		

（续）

塑料性能		聚乙烯		聚丙烯				聚甲基丙烯酸甲酯		
		高密度	低密度	纯聚丙烯	乙烯丙烯嵌段共聚	玻璃纤维增强	添加 $CaCO_3$ 等填充物	聚甲基丙烯酸甲酯	与苯乙烯共聚	与 α-甲基苯乙烯共聚
化学性能	耐酸性及对盐溶液的稳定性	对大多数无机酸和盐类等水溶液稳定，但强酸略有侵蚀		能耐有机酸、盐等水溶液				对酸、水、无机盐几乎完全不受影响，在冰醋酸中会引起应力开裂		
	耐碱性	对强碱侵蚀，弱碱稳定		对碱类化合物稳定				耐碱类性能优良		
	耐油性	对各种油类稳定		影响表面及颜色				某些植物油会引起应力开裂		
	耐有机溶剂性	可溶解于酮类和其他芳香族溶剂。通常增塑剂加入会使聚氯乙烯制品侵蚀和萃取		受许多烃类、酮类高级脂肪族的侵蚀而软化或溶解，对醇类稳定				在酮、醛、酯以及有些氯化烃中要溶解，长期接触烃类会软化和溶胀		

塑料性能		聚对苯二甲酸乙二醇酯		纤维素			聚碳酸酯			改性聚碳酸酯	
		纯	玻璃纤维增强	乙基纤维素	醋酸纤维素	硝酸纤维素	纯	20%~30%长玻璃纤维增强	20%~30%短玻璃纤维增强	与低压聚乙烯共混	与ABS共混
化学性能	日光及气候影响	在大气中缓慢老化		大气中易老化			日光照射微脆化，经玻璃纤维增强后紫外线影响减弱			日光照射微脆化	
	耐酸性及对盐溶液的稳定性	受大多数的浓无机酸侵蚀，对弱无机酸稳定，在热水中有水解作用		强酸侵蚀，弱酸稳定			对稀无机酸、有机酸、盐溶液和水稳定，强酸、氧化剂有破坏作用，在大于60℃水中发生水解作用			对稀无机酸、有机酸、盐溶液和水稳定，不耐强酸、氧化剂	
	耐碱性	不耐强碱，耐弱碱		强碱弱碱均稳定			弱碱影响较轻，强碱溶液、氨和胺类能引起腐蚀或分解			弱碱影响较轻，胺类强碱溶液要引起腐蚀	
	耐油性	对油类稳定		在油类中稳定			对动、植物油和多数烃油及其酯类稳定，含有极性溶剂的某些矿物油类有影响			对动、植物油和多数烃油及酯类稳定	
	耐有机溶剂性	能耐多种有机溶剂如氯化烃、芳香烃等		在芳香烃、脂肪烃中稳定，可溶解在氯化烃中			溶于氯化烃和部分酮、酯及芳香烃中，不溶于脂肪族碳氢化合物、醚和醇类			溶于氯化烃、酮、酯及芳香烃中，对醇、醚、脂肪族稳定	

（续）

塑料性能		聚甲醛		聚砜					聚苯醚	
		纯	聚四氟乙烯填充	纯	30%玻璃纤维增强	聚四氟乙烯填充	聚芳砜	聚醚砜	纯	改性聚苯醚（与聚苯乙烯共混）
化学性能	日光及气候影响	长期暴露于紫外线辐射下冲击强度显著下降，表面粉化、龟裂，力学强度下降		抗氧性较优异，不耐强辐射紫外线，较长期照射后冲击强度将有明显下降					对紫外线不稳定，在阳光中长期暴露，表面颜色变深	
	耐酸性及对盐溶液的稳定性	有机酸、盐溶液和水无影响，对强酸、强氧化剂的耐蚀性较差		除浓硝酸、浓硫酸外，对其他强和弱的无机酸、有机酸、盐和水均稳定					对水、盐溶液、强和弱的无机酸和有机酸稳定	
	耐碱性	强和弱碱均无影响，长期作用后微有侵蚀		在强碱、弱碱中稳定					弱碱无影响，强碱长时间作用能引起缓慢分解	
	耐油性	耐各种油类、酯类		对一般烃油稳定，含有极性的某些矿物油类有影响					不耐汽油，在汽油中会发生开裂	
	耐有机溶剂性	耐醛、酯、醚、烃，仅酚类有影响		在酯和酮类中会发生溶胀且有部分溶解，并溶于氯化烃和芳香烃中					溶于氯化烃、芳香烃中，不溶于脂肪烃、醚和醇类	

塑料性能		氯化聚醚		聚酚氧	聚酰胺树脂					
					尼龙 1010		尼龙 6		尼龙 610	
		纯	改性氯化聚醚（与聚乙烯共混）	纯	纯	30%玻纤增强	纯	30%玻纤增强	纯	40%玻纤增强
化学性能	日光及气候影响	日光照射后，伸长率明显下降		不耐紫外线长期照射	在阳光下暴晒半年后，其物理力学性能特别是冲击强度和伸长率将明显下降；若添加抗氧剂或加炭黑，其耐日光照射性能将有明显改善					
	耐酸性及对盐溶液的稳定性	除强氧化剂如浓硝酸、过氧化氢、发烟硫酸在较高温度下引起腐蚀外，其他均好		耐稀酸盐溶液，不耐强氧化酸	能被硫酸、甲酸、乙酸等溶解或部分溶解，能被硝酸、盐酸所水解；在常温下某些盐类如氯化钙饱和的甲醇溶液和强氧化剂引起破坏					
	耐碱性	在较高温度下可耐各种碱类		弱碱稳定，不耐强碱、胺类化合物	能耐各种浓度的碱					
	耐油性	对汽油、松节油稳定		对油类稳定	对各种动、植物油和矿物油类有很好的稳定性					
	耐有机溶剂性	对脂肪烃、芳香烃、醇类稳定，丙酮，酯类及苯胺有影响		耐溶剂性能差，对脂肪烃稳定	不受醇、酯碳氢化合物、卤化碳氢化合物、酮等的影响，可在高温下，尼龙溶解于乙二醇、冰醋酸、氯乙醇、丙二醇、1，5-戊二醇、三氯乙烯和氯化锌的甲醇溶液，能溶于高极性物质（如苯酚、甲酚）中					

（续）

<table>
<tr><th colspan="2" rowspan="3">塑料性能</th><th colspan="5">聚酰胺树脂</th><th colspan="4">含氟树脂</th></tr>
<tr><th colspan="2">尼龙 66</th><th>尼龙 9</th><th>尼龙 11</th><th>MC-尼龙</th><th rowspan="2">聚四氟乙烯</th><th rowspan="2">聚三氟氯乙烯</th><th rowspan="2">聚偏氟乙烯</th><th rowspan="2">四氟乙烯与六氟丙烯共聚</th></tr>
<tr><th>纯</th><th>30%玻纤增强</th><th>纯</th><th>纯</th><th>浇铸尼龙</th></tr>
<tr><td rowspan="5">化学性能</td><td>日光及气候影响</td><td colspan="5">在阳光下暴晒半年后，其物理力学性能特别是冲击强度和伸长率将明显下降；若添加抗氧剂或加炭黑，其耐日光照射性能将有明显改善</td><td colspan="4">能耐紫外线，耐辐射性能较差，当 γ 射线辐照后变脆，当辐照剂量达 2.58×10^{4}C/kg 时，就分解成粉末</td></tr>
<tr><td>耐酸性及对盐溶液的稳定性</td><td colspan="5">能被硫酸、甲酸、乙酸等溶解或部分溶解，能被硝酸、盐酸所水解；在常温下，某些盐类如氯化钙饱和的甲醇溶液和强氧化剂可引起破坏</td><td colspan="4">高温下浓酸、稀酸或强氧化剂不起作用，仅发现与熔融碱金属起作用</td></tr>
<tr><td>耐碱性</td><td colspan="5">能耐各种浓度的碱</td><td colspan="4">浓碱、稀碱均无影响</td></tr>
<tr><td>耐油性</td><td colspan="5">对各种动、植物油和矿物油类有很好的稳定性</td><td colspan="4">矿物油、润滑油脂、石蜡均无影响</td></tr>
<tr><td>耐有机溶剂性</td><td colspan="5">不受醇、酯碳氢化合物、卤化碳氢化合物、酮等的影响，在高温下溶解于乙二醇、冰醋酸、氯乙醇、丙二醇、1，5-戊二醇、三氯乙烯和氯化锌的甲醇溶液，能溶于高极性物质如苯酚、甲酚中</td><td colspan="4">任何有机溶剂均无影响</td></tr>
</table>

2. 常用热固性塑料的性能

1）常用热固性塑料的使用性能见表 7-11。

表 7-11　常用热固性塑料的使用性能

<table>
<tr><th>塑料名称</th><th>型号举例</th><th>性　能</th><th>用　途</th></tr>
<tr><td rowspan="4">酚醛塑料</td><td>R131、R121
R132、R126
R133、R136
R135、R137
R128、R138</td><td>可塑性和成型工艺性良好。适于压塑成型</td><td>主要用来制造日常生活和文教用品</td></tr>
<tr><td>D131、D133
D138、D135</td><td rowspan="2">机电性能和物理、化学性能良好，成型快，工艺性良好。适于压塑成型</td><td>主要用来制造日用电器的绝缘结构件</td></tr>
<tr><td>D141、D144
D145、D151</td><td>用来制造低压电器的绝缘结构件或纺织机械零件</td></tr>
<tr><td>U1601、U1801
U2101、U2301</td><td>电绝缘性能和力学、物理、化学性能良好。适宜于压塑成型。U1601 还适于压注成型</td><td>用来制造介电性较高的电信仪表和交通电器的绝缘结构件。U1601 可在湿热地区使用</td></tr>
</table>

（续）

塑料名称	型号举例	性　　能	用　　途
酚醛塑料	P2301 P7301 P3301	耐高频绝缘性和耐热性、耐水性优良。适于热压法加工成型	用来制造高频无线电绝缘零件和高压电器零件，并可在湿热地区使用
	Y2304	电气绝缘性和电气强度优良，防湿，防霉及耐水性良好。适于压塑成型，也可用压注成型	用来制造在湿度大、频率高、电压高的条件下工作的机电、电信仪表、电工产品的绝缘结构件
	A1501	物理、力学性能和电气绝缘性能良好。适于压塑成型，也可用压注成型	主要用来制造在长期使用过程中不放出氨的工业制品和机电、电信工业用的绝缘结构件
	S5802	耐水性、耐酸性、介电性、力学强度良好。适于压塑成型，也可用压注成型	主要用来制造受酸和水蒸气侵蚀的仪表、电器的绝缘结构件，以及卫生医药用零件
	H161	防霉，耐湿性优良，力学、物理性能和电绝缘性能良好。适于压塑成型，也可用压注成型	用来制造电器、仪表的绝缘结构件，可在湿热条件下使用
	E631 E431 E731	耐热性、耐水性、电气绝缘性良好。E631、E431 适于压塑成型，E731 适于压注成型	主要用来制造受热较高的电气绝缘件和电热仪器制件。适宜在湿热带使用
	M441 M4602 M5802	力学强度和耐磨性优良。适于压塑成型	主要用来制造耐磨零件
	J1503 J8603	冲击强度、耐油、耐磨性和电绝缘性能优良。J8603 还具有防霉、防湿、耐水性能。适于压塑成型	主要用来制造振动频率的电工产品的绝缘结构件和带金属嵌件的复杂制品
	T171 T661	力学性能良好，T661 还具有良好的导热性	用来制造特种要求的零件。T661 主要用于制造砂轮
	H161-Z H1606-Z D151-Z	力学、物理性能、电绝缘性能良好。适于注射成型	用来制造电器、仪表的绝缘结构件。H1606-Z 还可在湿热地区使用
氨基塑料	塑 33-3 塑 33-5	耐弧性和电绝缘性良好，耐水、耐热性较高。适于压塑成型，塑 33-5 还适于压注成型	主要用来制造要求耐电弧的电工零件以及绝缘、防爆等矿用电器零件
	脲-甲醛塑料	着色性好，色泽鲜艳，外观光亮，无特殊气味，不怕电火花，有灭弧能力，防霉性良好，耐热、耐水性比酚醛塑料弱	用来制造日用品、航空和汽车的装饰件、电器开关、灭弧器材及矿用电器等

（续）

塑料名称	型号举例	性能	用途
有机硅塑料	浇铸料	耐高低温，耐潮，憎水性好，电阻高，高频绝缘性好，耐辐射，耐臭氧	主要用于电工、电子元件及线圈的灌封与固定
	塑料粉		用来制造耐高温、耐电弧和高频绝缘零件
硅酮塑料		电性能良好，可在很宽的频率和温度范围内保持良好性能，耐热性好，可在-90℃~300℃下长期使用，耐辐射、防水、化学稳定性好，抗裂性良好。可采用低压成型	主要用于低压压注封装整流器、半导体管及固体电路等
环氧塑料	浇铸料	强度高，电绝缘性优良，化学稳定性和耐有机溶剂性好，对许多材料的黏结力强，但性能受填料品种和用量的影响。脂环族环氧塑料的耐热性较高。适于浇注成型和低压压注成型	主要用于电工、电子元件及线圈的灌封与固定，还可用来修复零件

2）常用热固性塑料的力学性能见表7-12。

表7-12　常用热固性塑料的力学性能

塑料名称		拉伸强度/MPa	断裂伸长率（%）	拉伸弹性模量/GPa	弯曲强度/MPa	弯曲弹性模量/GPa	压缩强度/MPa	剪切强度/MPa	冲击强度悬臂梁（缺口）/（J/m）	洛氏硬度
酚醛树脂	无填料	49~56	1.0~1.5	5.2~7.0	84.0~105.0	—	70.0~210.0	—	10.6~19.2	M124~128
	木粉填充	35~63	0.4~0.8	5.6~11.9	49.0~98.0	7.0~8.4	154~252	13~15	12.8~32.0	M100~115
	石棉填充	31~52	0.2~0.5	7.0~21.0	49.0~98.0	7.0~15.4	140~245	13~20	13.8~186.8	M105~115
	玻纤填充	35~126	0.2	13.3~23.1	70.0~420.0	14.0~23.1	112~490	30	16.0~960	E54~101
脲醛树脂	α-纤维素填充	38~91	0.5~1.0	7.0~10.5	70.0~126.0	9.1~11.2	175~315	—	13.3~21.3	M110~120
密胺树脂	无填料	—	—	—	77.0~84.0	—	280~315	—	—	—
	α-纤维素填充	49~91	0.6~0.9	8.4~9.8	70.0~112.0	7.7	280~315	—	12.8~18.6	M115~125

（续）

塑料名称		拉伸强度/MPa	断裂伸长率(%)	拉伸弹性模量/GPa	弯曲强度/MPa	弯曲弹性模量/GPa	压缩强度/MPa	剪切强度/MPa	冲击强度悬臂梁（缺口）/(J/m)	洛氏硬度
呋喃树脂	石棉填充	21~31	—	11.0	4.2~63.0	—	70~91	—	—	R110
有机硅树脂	浇铸（软质）	2.4~7.0	100~10000	63	—	—	0.7	—	—	邵氏 A15~65
	玻纤填充	28~45	—	—	70.0~98.0	7.0~17.5	70.0~98.0	—	16.0~427	M80~90
环氧树脂	无机物填充	28~70	—	—	42.0~105.0	—	126~210	—	16.0~24.0	M100~112
	玻纤填充	35~100	—	—	56.0~140.0	—	126~210	—	26.6~106.7	M100~112
	酚醛改性	42~84	2.0~6.0	—	—	—	—	—	—	—
	脂环族环氧	56~84	2.0~10.0	—	70.0~91.0	—	105~140	—	—	—
醇酸树脂	无机物填充	21~63	—	3.5~21.0	42.0~119.0	14.0	84.0~266	—	16.0~26.6	60~70（巴氏）
	石棉填充	31~63	—	14.0~21.0	56.0~70.0	14.0~21.0	157.5	—	24.0~26.6	M99
	玻纤填充	28~66	—	14.0~19.6	59.5~182.0	14.0	105~252	—	26.6~854	55~80（巴氏）
邻苯二甲酸二烯丙酯	玻纤填充	42~77	—	9.8~15.4	77.0~175.0	—	175~245	—	21.3~800	E80~87
	无机物填充	35~60	—	8.4~15.4	59.5~77.0	—	140~224	—	16.0~24.0	E61
不饱和聚酯	浇铸（硬）	42~91	<5.0	2.1~4.5	59.5~161.0	—	91.0~210	—	10.6~21.3	M70~115
	浇铸（软）	3.5~21	40~310	—	—	—	—	—	>370	邵氏 D84~94
	玻纤丝填充	100~210	0.5~5.0	5.6~14.0	70.0~280.0	7.0~21.0	105~210	—	106~1060	50~80（巴氏）
	玻纤布填充	210~350	0.5~2.0	10.5~31.5	280~560	—	175~350	—	266~1600	60~80（巴氏）

（续）

塑料名称		拉伸强度/MPa	断裂伸长率（%）	拉伸弹性模量/GPa	弯曲强度/MPa	弯曲弹性模量/GPa	压缩强度/MPa	剪切强度/MPa	冲击强度悬臂梁（缺口）/(J/m)	洛氏硬度
聚酰亚胺	F_4 改性	35	<1.0	—	49.7	2.7	140	—	13.3	M115
	石墨填充	40	<1.0	—	89.6	6.3	140	—	13.3	M110
	玻纤填充	189	<1.0	20.0	346.5	22.7	227.5	—	907	M120
	包封级	18	<1.0	—	70.0	4.3	67.9	—	40.5	邵氏 D50
聚氨酯	纯	—	100~1000	—	4.9~31.5	0.07~0.70	140	—	1334	邵氏 A10~邵氏 D90

3）常用热固性塑料的物理性能见表 7-13。

表 7-13 常用热固性塑料的物理性能

塑料名称		密度/(g/cm^3)	比体积/(cm^3/g)	吸水率(24h 长期)(质量分数,%)	热变形温度($180N/cm^2$)/℃	线胀系数/$10^{-5}℃^{-1}$	成型收缩率（%）	比热容/[J/(kg·K)]	热导率/[W/(m·K)]	燃烧性/(cm/min)
酚醛树脂	无填料	1.25~1.30	0.80~0.77	0.1~0.2	115~126	2.5~6.0	1.0~1.2	1680	0.189	极慢
	木粉填充	1.34~1.45	0.75~0.69	0.3~1.2	148~187	3.0~4.5	0.4~0.9	1510	0.256	极慢
	石棉填充	1.45~2.00	0.69~0.50	0.1~0.5	148~260	0.8~4.0	0.2~0.9	1260	0.546	0.80
	玻纤填充	1.69~1.95	0.59~0.51	0.03~1.20	150~310	0.8~2.0	0~0.4	1070	0.478	1.60
脲醛树脂	α-纤维素填充	1.47~1.52	0.68~0.66	0.4~0.8	126~140	2.2~3.6	0.6~1.4	1680	0.357	自熄
密胺树脂	无填料	1.48	0.67	0.3~0.5	147	—	1.1~1.2	—	—	自熄
	α-纤维素填充	1.47~1.52	0.68~0.66	0.1~0.6	176~187	4.0	0.5~1.5	1680	0.357	不燃
呋喃树脂	石棉填充	1.75	0.57	0.01~0.20	—	—	—	—	—	慢燃
有机硅树脂	浇铸（软质）	0.99~1.50	1.01~0.67	7d，0.12	—	8.0~30.0	0~0.6	—	0.231	自熄
	玻璃纤维填充	1.80~1.90	0.55~0.53	0.2	480	2.0~5.0	0~0.5	840	0.336	慢燃

（续）

塑料名称		密度/(g/cm^3)	比体积/(cm^3/g)	吸水率(24h长期)(质量分数,%)	热变形温度(180N/cm^2)/℃	线胀系数/10^{-5}℃$^{-1}$	成型收缩率(%)	比热容/[J/(kg·K)]	热导率/[W/(m·K)]	燃烧性/(cm/min)
环氧树脂	无机物填充	1.70~2.10	0.58~0.47	0.03~0.20	107~230	3.0~6.0	0.4~1.0	—	0.294	慢燃
	玻纤填充	1.70~2.00	0.58~0.50	0.04~0.20	107~230	3.0~5.0	0.4~0.8	—	0.294	自熄
	酚醛改性	1.16~1.21	0.86~0.83	优良	148~260	—	—	—	—	—
	脂环族环氧	1.16~1.21	0.86~0.83	—	90~230	—	—	—	—	—
醇酸树脂	无机物填充	1.60~2.30	0.62~0.43	0.05~0.50	176~260	2.0~5.0	0.3~1.0	1050	0.781	慢燃
	石棉填充	1.65~2.20	0.60~0.45	0.14	157	—	0.4~0.7	—	—	自熄
	玻纤填充	2.03~2.33	0.49~0.43	0.03~0.50	200~260	1.5~3.3	0.1~1.0	1050	0.840	慢燃
邻苯二甲酸二烯丙酯	玻纤填充	1.51~1.78	0.66~0.56	0.12~0.35	165~230	1.0~3.6	0.1~0.5	—	0.420	不燃
	无机物填充	1.65~1.68	0.61~0.59	0.20~0.5	160~280	1.0~4.2	0.5~0.7	—	0.672	不燃
不饱和聚酯	浇铸（硬）	1.10~1.46	0.91~0.68	0.15~0.60	60~200	5.5~10.0	—	—	0.168	—
	浇铸（软）	1.01~1.20	0.99~0.83	0.50~2.50	—	—	—	—	—	—
	玻纤丝填充	1.35~2.30	0.74~0.43	0.01~1.00	200	2.5~5.0	0~0.2	—	—	3.4
	玻纤布填充	1.50~2.10	0.66~0.47	0.05~0.50	200	1.3~3.0	0~0.2	—	—	—
聚酰亚胺	F_4 改性	1.42	0.70	0.30	287	6.6	0.6	—	0.218	不燃
	石墨填充	1.45	0.69	0.60	287	1.5	0.6	—	0.147	不燃
	玻纤填充	1.90	0.53	0.20	348	1.5	0.1~0.2	—	0.504	不燃
	包封级	1.55	0.64	0.11	287	4.5	0.3	—	0.281	不燃
聚氨酯	纯	1.10~1.50	0.91~0.67	0.02~1.50	—	—	—	1800	0.210	自熄

4）常用热固性塑料的化学性能见表 7-14。

表 7-14　常用热固性塑料的化学性能

塑料名称		有机溶剂	弱酸	强酸	弱碱	强碱	日光
酚醛树脂	无填料	尚耐	无至轻微，与酸的种类有关	受氧化酸分解，对还原酸和有机酸作用，无至轻微	轻微至明显，与碱的种类有关	分解，侵蚀	表面变黑
	木粉填充						
	石棉填充						
	玻纤填充						
脲醛树脂	α-纤维素填充	无至轻微	侵蚀	分解，侵蚀	轻微至明显	分解	变成灰色
密胺树脂	无填料	无	无	分解	无	侵蚀	退色
	α-纤维素填充						变黄
呋喃树脂	石棉填充	耐	无至轻微	氧化侵蚀	无	稍蚀	无
有机硅树脂	浇铸（软质）	溶胀	无至轻微	轻微至激烈	无至轻微	轻微至明显	无
	玻璃纤维填充	侵蚀					
环氧树脂	无机物填充	轻微至无	无	轻微至稍蚀	轻微至无	轻微至侵蚀	轻微
	玻纤填充						
	酚醛改性					无或稍蚀	变黑色
	脂环族环氧						无
醇酸树脂	无机物填充	尚好	无	侵蚀	侵蚀	分解	无
	石棉填充	无	无	轻微	无	轻微	无
	玻纤填充	尚好	差至稍好	差至稍好	差至稍好	差至稍好	无
邻苯二甲酸二烯丙脂	玻纤填充	无	无	轻微	无至轻微	轻微	无
	无机物填充						
不饱和聚酯	浇铸（硬）	稍耐	耐	侵蚀	耐	稍蚀至侵蚀	微黄至轻微
	浇铸（软）						
	玻纤丝填充						
	玻纤布填充						

（续）

塑料名称		有机溶剂	弱酸	强酸	弱碱	强碱	日光
聚酰亚胺	F_4 改性	极耐	耐	耐	侵蚀	侵蚀	—
	石墨填充						
	玻纤填充						
	包封级						
聚氨酯	纯	中等	轻微	侵蚀	轻微	侵蚀	变黄

7.3.4　塑料的生产工艺

从原料到塑料，又从塑料到塑料制品的生产流程如图7-3所示，塑料制品的生产系统如图7-4所示。

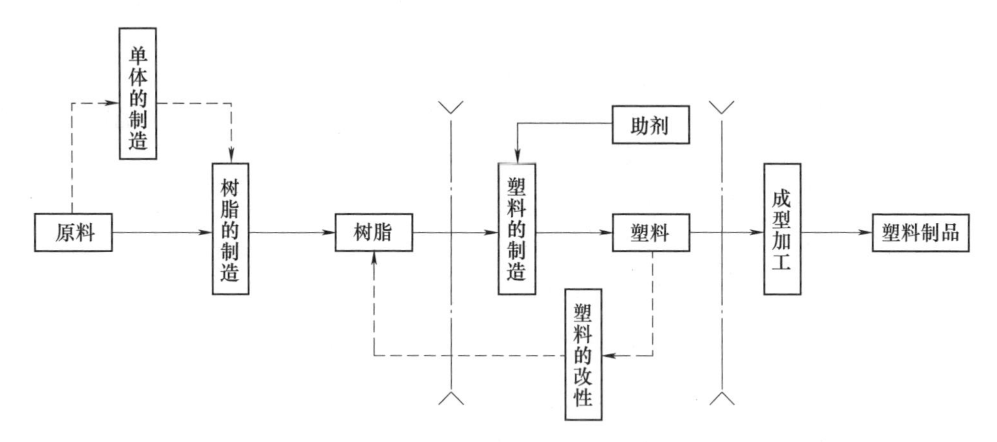

图7-3　从原料到塑料制品的生产流程

1. 配料

在塑料加工中，混合是原料配制的关键步骤。无论是不同树脂的混合，还是树脂中添加各种助剂的混合，必须达到均匀混合的技术要求。

配料工艺取决于对聚合物的需要、聚合物的形态及混合前后的用途。

（1）简单配料　树脂厂直接提供的助剂、粉料或粒料，如聚乙烯、聚丙烯等需要进行简单的改性、着色时需要进行的配料，称为简单配料。

（2）多组分粉料的配制　塑料制品厂有时需要自己进行设计配方与制备粉料，主要是聚氯乙烯在这种配料中所需加入的助剂较多，这时应进行多组分粉料的配制。

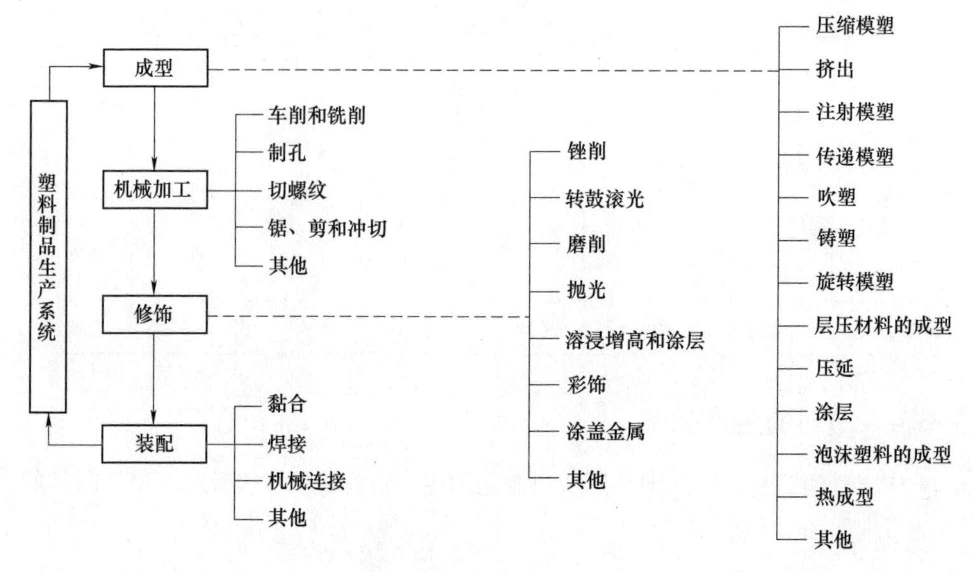

图 7-4　塑料制品的生产系统

（3）液体物料的配制　当成型需要的原料形态为液体状时，例如浇铸成型等，这时需要配制成液体物料。

（4）粒料的配制　当某些塑料需要添加助剂进行改性时，除了需要塑料与添加助剂进行简单的混合以外，还需要通过塑炼的方式，使其在加热和剪切力的作用下，经熔融、剪切混合等作用达到适当的柔软度和塑性，使各种组分的分散更趋于均匀，这时需要配制成粒料。粒料的配制过程如图 7-5 所示。

（5）糊料的配制　利用糊状塑料生产某些软质塑料制品，这时需要配制成糊料。

2. 成型

（1）注射成型　塑料注射成型过程是一个循环过程，完成一次循环即完成一次注射循环周期。每一周期主要包括定量加料、熔融塑化、施压注射、充模冷却和启模取件。取出塑件后又再闭模，进行下一个循环，如图 7-6 所示。

（2）吹塑成型　吹塑成型过程一般包括 3 个阶段：

1）熔融或塑化树脂。

2）成型型坯或预成型。

3）充气或吹胀模具里的型坯，形成最终产品。

吹塑成型过程如图 7-7 所示。

（3）挤出成型　挤出成型是在挤出机上使塑料受热呈熔融状态，在一定压

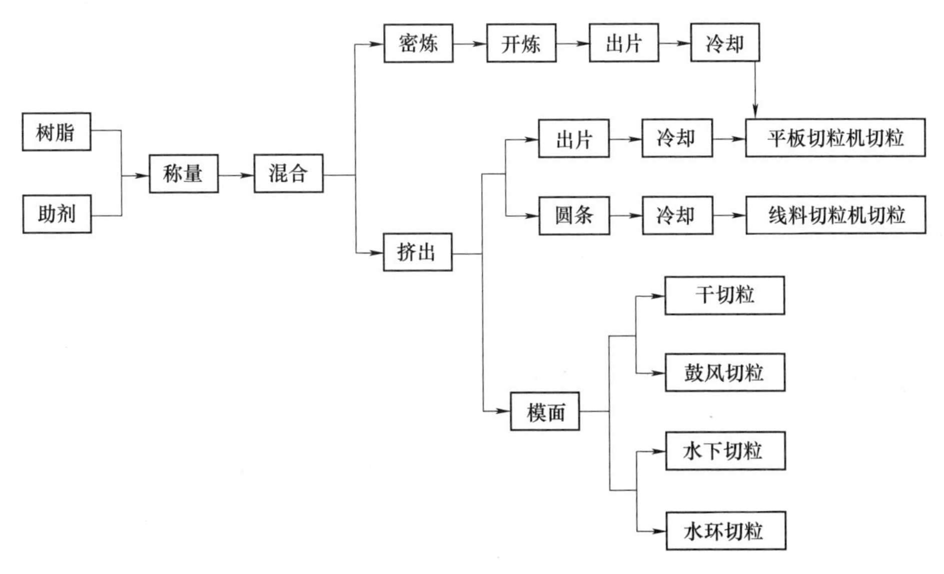

图 7-5　粒料的配制过程

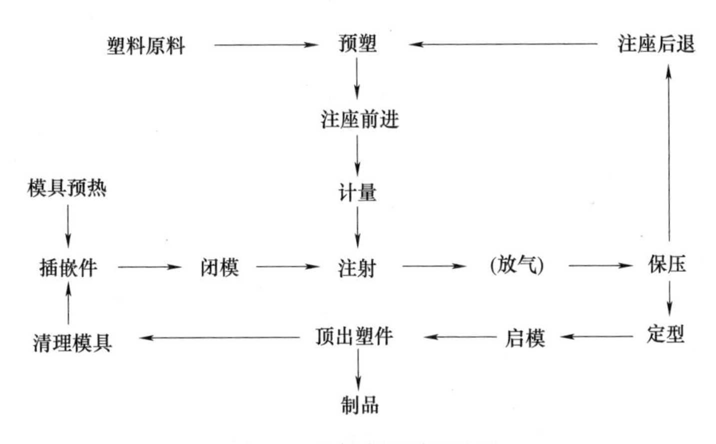

图 7-6　注射成型循环过程

力下通过挤出成型模具而获得连续型材。挤出法几乎能加工所有的热塑性塑料。可采用挤出成型的制件种类很多，如管材、薄膜、棒材、板材、电缆包层、异型材等。

挤出成型过程大致分为以下 3 个阶段：

1）塑化。通过挤出机加热器的加热和螺杆、料筒对塑料的混合、剪切作用所产生的摩擦热使固态塑料变成均匀的黏流态塑料。

2）成型。黏流态塑料在螺杆的推动下，以一定的压力和速度连续地通过成

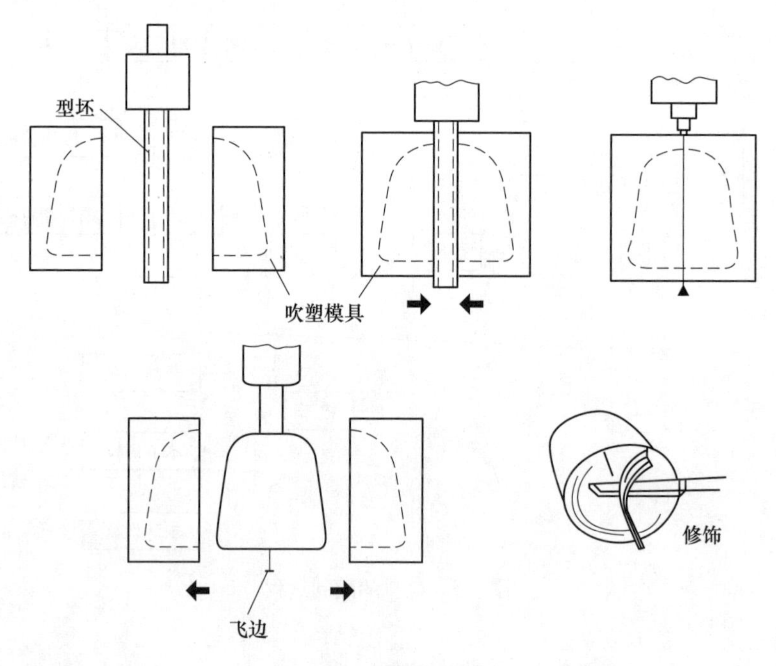

图 7-7　吹塑成型过程

型机头，从而获得一定截面形状的连续形体。

3）定型。通过冷却等方法使已成型的形状固定下来，成为所需要的塑料制品。

（4）压延成型　压延成型工艺过程如图 7-8 所示。

1）塑化是根据工艺要求，选用密闭式炼塑机、开放式炼塑机、连续式混炼机或过滤式挤出机等对配方材料进行混炼塑化。

2）压延是将混配塑化好的塑料压延成所需要形状的过程，是压延成型工艺过程的关键工序，它直接决定压延制品的质量。

3）牵引、压花、冷却、切割和收卷等过程对工艺和质量同样也有很重要的影响。

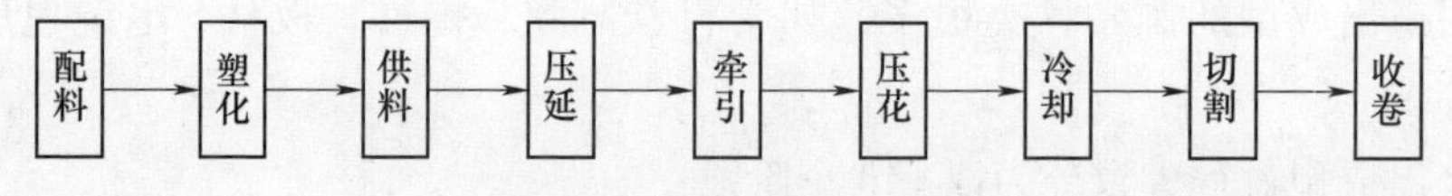

图 7-8　压延成型工艺过程

近几年来，压延机正在向大型化、高速化、自动化、精密化、多用化方向发展，以实现连续自动化生产，从而降低成本，减轻劳动强度，提高产品质量。

7.3.5 塑料的缺陷

（1）塑料制品不足 由于供料不足，融料填充流动不良，充气过多及排气不良等，型腔填充不满，从而导致塑料制品外形残缺不完整或多型腔时个别型腔填充不满。

（2）制品脆弱 由于塑料不良，方向性明显，内应力大及塑料制品结构不良等，塑料制品强度下降，发脆易裂（尤其沿料流方向更易开裂）。

（3）脱模不良 由于填充作用过强，模具脱模性能不良等，塑料制品脱模困难或脱模后塑料制品变形、破裂，或塑料制品残留方向不符合设计要求。

（4）熔接不良 由于融料分流汇合时料温下降，树脂与附和物不相溶等，融料分流汇合时熔接不良，沿塑料制品表面或内部产生明显的细接缝线。

（5）翘曲变形 由于成形时残余应力、切应力、冷却应力及收缩不均等造成的内应力，以及脱模不良，冷却不足，塑料制品强度不足，模具变形等，塑料制品发生形状畸变、翘曲不平、壁厚不匀等现象。

（6）塌坑（凹痕）或真空泡 由于保压补缩不良，塑料制品冷却不匀，壁厚不匀及塑料收缩率大。

（7）气泡 由于融料内充气过多或排气不良等，塑料制品内残留气体，并呈体积较小或成串的空穴。

（8）色泽不匀或变色 由于颜料或填料分布不良，塑料或颜料变色在塑料制品表面的色泽不匀。色泽不匀随呈现的现象不同其原因也不同。例如：进料口附近色泽不匀，主要是颜料分布不匀造成的；整个塑料制品色泽不匀，主要是塑料热稳定不良造成的；熔接部位色泽不匀则与颜料性质有关。

（9）黑点和黑条纹 由于塑料制品分解或料中可燃性挥发物、空气等在高温高压下分解燃烧，燃烧物随融料注入型腔，在塑料制品表面呈现黑点、黑条纹，或沿塑料制品表面呈炭状烧伤现象。

（10）有杂质和异物 由于塑料不纯，塑料制品中有杂质异物。

（11）透明度不良 由于融料与模具表面接触不良，塑料制品表面有细小凹穴造成光线乱散射或塑料分解，有异物杂质，或模具表面不光亮等，透明塑料透明度不良或不匀。

（12）尺寸不稳定 由于模具强度不良，精度不良，注射机工作不稳定及成形条件不稳定等，塑料制品尺寸变化不稳定。

（13）裂纹 由于塑料制品内应力过大，脱模不良，冷却不匀，塑料性能不良或塑料制品设计不良及其他弊病（如变形）等，塑料制品表面及进料口附加产生细裂纹或开裂，或在负荷和溶剂作用下发生开裂等现象。

（14）飞边过大　由于合模不良，间隙过大，塑料流动性太好，加料过多等，塑料制品沿边缘出现多余薄翅。

（15）表面波纹　融料沿模具表面不是平滑流动填充型腔，而是呈半固化波动状态沿型腔表面流动，融料有滞流现象。

7.4　橡胶

7.4.1　橡胶的分类

橡胶的分类如图 7-9 所示，橡胶制品的分类如图 7-10 所示，橡胶及其制品的分类代码见表 7-15。

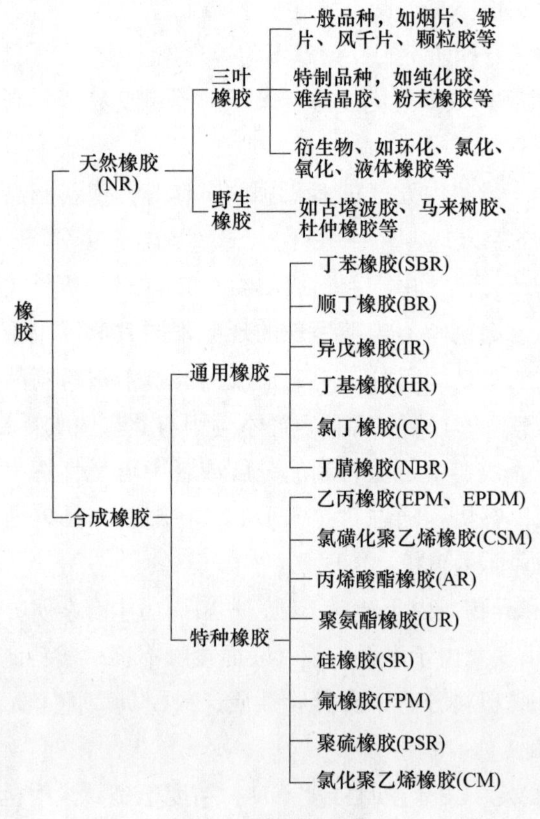

图 7-9　橡胶的分类

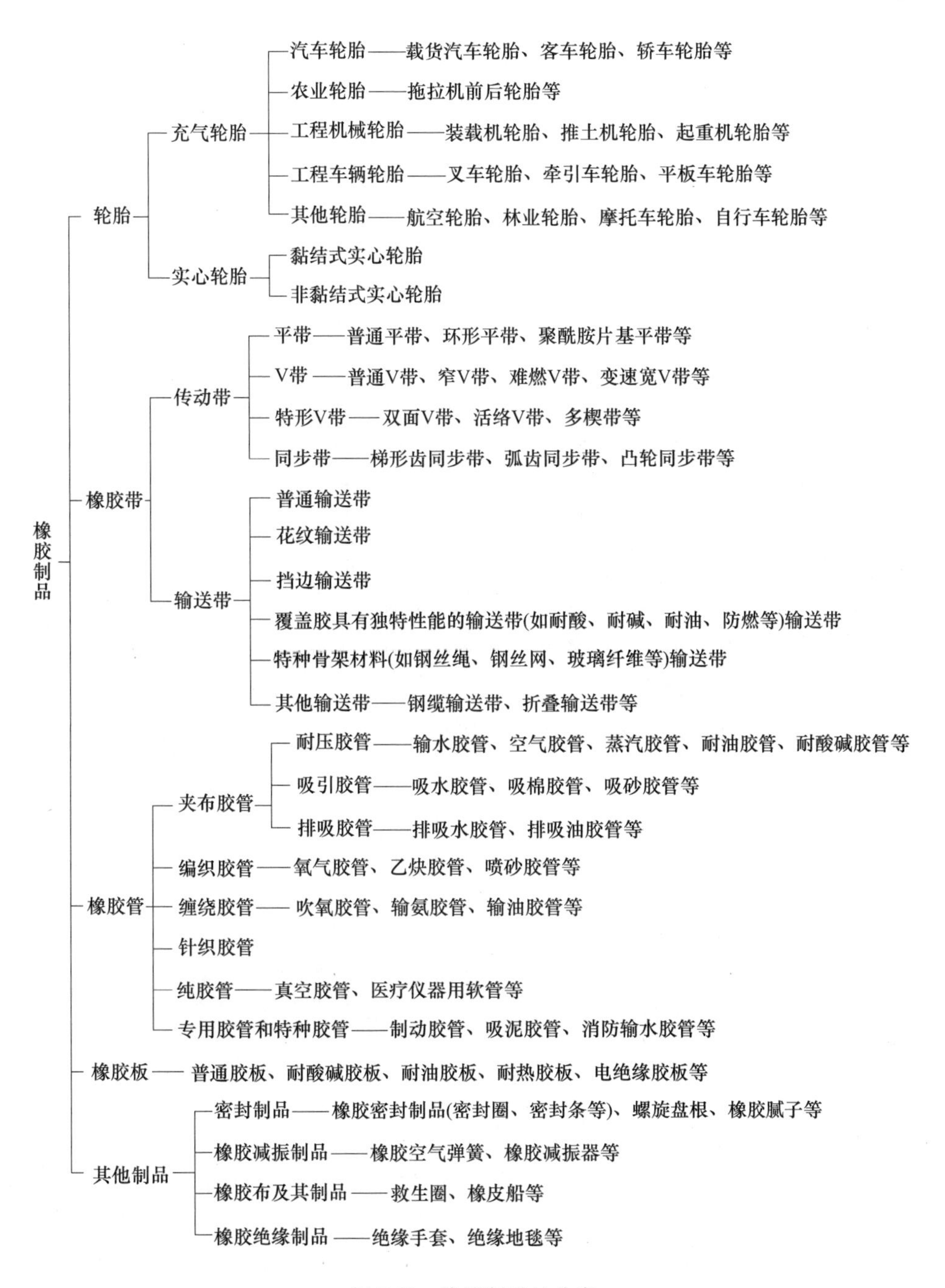

图 7-10　橡胶制品的分类

表 7-15 橡胶及其制品的分类代码

大类	中类	小类	物资名称	大类	中类	小类	物资名称
80			橡胶、塑料及其制品	80	09	03	优质橡胶管
80	01		橡胶原料	80	09	05	厚壁橡胶管
80	01	01	天然橡胶	80	09	07	耐油橡胶管
80	01	03	合成橡胶	80	09	09	耐酸橡胶管
80	03		橡胶腻子及胶液	80	09	11	耐热橡胶管
80	03	01	不干腻子	80	09	13	食用橡胶管
80	03	03	密封腻子	80	09	15	医用橡胶软管
80	03	05	胶液	80	09	17	真空橡胶管
80	05		轮胎	80	09	19	工业乳胶管
80	05	01	载重汽车和小客车轮胎	80	09	21	夹布输水胶管
80	05	03	摩托车轮胎	80	09	23	夹布空气胶管（压力管）
80	05	05	汽车外胎	80	09	25	编织氧气胶管
80	05	07	汽车内胎	80	09	27	编织乙炔胶管
80	05	09	电瓶车轮胎	80	09	29	夹布输油胶管
80	07		工业橡胶板	80	09	31	夹布输酸碱胶管
80	07	01	普通橡胶板	80	09	33	夹布喷砂管
80	07	03	透明薄橡胶板	80	09	35	夹布耐热胶管（蒸汽管）
80	07	05	耐油橡胶板	80	09	37	轻型埋线吸水管
80	07	06	军工橡胶板	80	09	39	埋线吸油管
80	07	07	耐酸碱橡胶板	80	09	41	编织输油管（耐油管）
80	07	09	耐热橡胶板	80	09	43	编织高压胶管
80	07	11	耐寒橡胶板	80	09	45	钢丝编织高压胶管
80	07	13	食用橡胶板	80	09	47	钢丝缠绕高压胶管
80	07	15	真空橡胶板	80	09	51	特种耐油管
80	07	17	硅橡胶板	80	09	53	吸尘管
80	07	19	带楞（雷司）橡胶板	80	09	55	冷却管
80	07	21	白海绵橡胶板	80	09	57	军用夹布胶管
80	07	23	黑海绵橡胶板	80	09	59	军用棉线编织胶管
80	07	25	乳胶海绵板	80	09	61	军用钢丝编织胶管
80	07	27	夹布橡胶板	80	11		橡胶条
80	07	29	高压绝缘橡胶板	80	11	01	普通橡胶圆条
80	09		工业橡胶管	80	11	03	耐油橡胶圆条

（续）

大类	中类	小类	物资名称	大类	中类	小类	物资名称
80	11	05	海绵橡胶圆条	80	17	07	非标准骨架式油封
80	11	07	真空橡胶圆条	80	17	09	非标准无骨架式油封
80	11	09	普通橡胶方条	80	19		橡胶密封圈
80	11	11	耐油橡胶方条	80	19	01	O形橡胶密封圈
80	11	13	橡胶嵌条	80	19	03	铁道运输设备专用O形橡胶密封圈
80	11	15	橡胶海绵嵌条				
80	11	17	包布海绵条	80	19	05	O形耐油橡胶密封圈
80	11	19	平直橡胶条	80	19	07	V形耐油橡胶密封圈
80	11	21	角尺橡胶条	80	19	09	V形夹织物橡胶密封圈
80	11	23	空心橡胶条	80	19	13	橡胶垫圈
80	11	25	梯形橡胶条	80	19	15	耐热橡胶垫圈
80	11	27	异形橡胶条	80	19	17	油桶盖橡胶密封圈
80	11	29	水密门橡胶条	80	19	19	非标准橡胶密封圈
80	11	99	其他橡胶条	80	19	21	人孔盖橡胶垫圈
80	13		绝缘硬质橡胶	80	19	23	耐油刀门圈
80	13	01	绝缘硬质橡胶板（电工硬橡胶）	80	19	25	橡胶皮碗
80	13	03	绝缘硬质橡胶棒（电工硬橡胶）	80	21		橡胶杂件
80	15		橡胶带	80	21	01	橡胶冲垫
80	15	01	运输胶带	80	21	03	橡胶出线圈
80	15	03	传动胶带（平胶带）	80	21	05	起动器出线圈
80	15	05	聚氨酯胶带	80	21	07	橡胶机脚
80	15	07	磨床无接头平胶带	80	21	09	橡胶拐杖套，家具脚套
80	15	09	麻蜡带（磨床带）	80	21	11	橡胶瓶塞
80	15	11	丝织（锦纶）磨床带	80	21	13	弹性橡胶圈
80	15	13	三角胶带	80	21	15	橡胶块
80	17		橡胶油封	80	21	17	橡胶模压件
80	17	01	J形无骨架橡胶油封	80	21	19	电缆水密块
80	17	03	低速普通型骨架式橡胶油封	80	21	21	橡胶防滑块
80	17	05	高速骨架式橡胶油封PG系列	80	21	99	其他橡胶件

7.4.2 橡胶制品的组成

橡胶制品的组成见表7-16。

表 7-16 橡胶制品的组成

组分名称		作用说明	主要原料
生胶		未加配合剂的橡胶称为生胶。它是橡胶制品的主要组分，并对其他组分起着黏结剂的作用。不同的生胶可以制成不同性能的橡胶制品	1）天然橡胶——天然胶乳、烟片胶、皱皮胶、颗粒胶等 2）合成橡胶——丁苯橡胶、聚丁二烯橡胶、丁基橡胶、氯丁橡胶、丁腈橡胶、乙丙橡胶、硅橡胶、氟橡胶
配合剂	硫化剂	又称交联剂，其主要作用是使线型橡胶分子互相交联成空间网状结构，以改善和提高橡胶的物理力学性能	常用硫化剂有硫、硒、碲、含硫化合物（以上用于天然橡胶和二烯类合成橡胶）、有机过氧化物、醌类、胺类、树脂及金属氧化物等（以上用于饱和度较大的合成橡胶）
	硫化促进剂	加入少量促进剂，可缩短橡胶硫化时间，降低硫化温度，减少硫化剂用量，同时也能改善性能	使用的促进剂有胺类、胍类、秋兰姆类、氨基甲基酸盐类、噻唑类及硫脲等
	活化剂	活化剂是能加速发挥硫化促进剂的活性物质	有金属氧化物、有机酸和胺类等，常用的活化剂为氧化锌
	填料	在橡胶中主要起补强作用的填料称为补强剂，因其化学活性较大，所以又称其为活性填充剂；在胶料中主要起增容作用的填料称为填充剂，因其化学活性很低，所以又称其为惰性填充剂	由于生胶的类型不同，常使补强剂与填充剂之间的界限难以区分，橡胶常用填料多为粉状，如炭黑、陶土、白炭黑、轻质碳酸镁等
	增塑剂	物理增塑剂又称软化剂，它的加入可增大橡胶分子间的距离，减少分子间力，使分子键间容易滑移，以达到增大胶料可塑性的目的	物理增塑剂多为一些低分子有机化合物，如石蜡、松焦油、机油、凡士林、硬脂酸等
		化学增塑剂又称塑解剂，它是通过化学作用来增加生胶的塑性，缩短塑炼时间，提高塑炼效率	常用化学增塑剂多为芳香族硫醇衍生物，如萘硫酚、二甲基硫酚等
	防老剂	橡胶在储存和使用过程中，因周围环境因素的作用，使橡胶变脆、龟裂或变质、发黏、性能变坏，这种现象称为橡胶的老化。加入防老剂可延缓老化过程，增加使用寿命	常用化学防老剂有防老剂 A、防老剂 D、防老剂 AW 等，它们对热、氧、臭氧、光等均有优良的防御作用；常用物理防老剂有石蜡、蜜蜡及微晶蜡等
	着色剂	用以使橡胶制品着色。不少着色剂还兼有补强、增容和耐光老化等作用	常用的是有机着色剂和钛白、铁丹、锑红、镉钡黄、铬绿、群青等无机着色剂
骨架材料		又称增强材料，是某些橡胶制品不可缺少的组分。它的主要作用是增大制品机械强度和减少变形	橡胶制品中常用的骨架材料是纺织材料（如线、绳、帘布、帆布等）和金属材料（如钢丝等），其中以织物用量最大

7.4.3　橡胶及其制品的性能和用途

1）通用橡胶的综合性能见表 7-17。

表 7-17　通用橡胶的综合性能

性能名称		天然橡胶	异戊橡胶	丁苯橡胶	顺丁橡胶	氯丁橡胶	丁基橡胶	丁腈橡胶
生胶密度/(g/m^3)		0.90～0.95	0.92～0.94	0.92～0.94	0.91～0.94	1.15～1.30	0.91～0.93	0.96～1.20
拉伸强度/MPa	未补强硫化胶	17～29	20～30	2～3	1～10	15～20	14～21	2～4
	补强硫化胶	25～35	20～30	15～20	18～25	25～27	17～21	15～30
伸长率（%）	未补强硫化胶	650～900	800～1200	500～800	200～900	800～1000	650～850	300～800
	补强硫化胶	650～900	600～900	500～800	450～800	800～1000	650～800	300～800
200%定伸 24h 后永久变形（%）	未补强硫化胶	3～5	—	5～10	—	18	2	6.5
	补强硫化胶	8～12	—	10～15	—	7.5	11	6
回弹率（%）		70～95	70～90	60～80	70～95	50～80	20～50	5～65
永久压缩变形（%）100℃×70h		+10～+50	+10～+50	+2～+20	+2～+10	+2～+40	+10～+40	+7～+20
抗撕裂性		优	良～优	良	可～良	良～优	良	良
耐磨性		优	优	优	优	良～优	可～良	优
耐曲挠性		优	优	良	优	良～优	优	良
耐冲击性能		优	优	优	良	良	良	可
邵氏硬度		20～100	10～100	35～100	10～100	20～95	15～75	10～100
热导率/[W/(m·K)]		0.17	—	0.29	—	0.21	0.27	0.25
最高使用温度/℃		100	100	120	120	150	170	170
长期工作温度/℃		−55～+70	−55～+70	−45～+100	−70～+100	−40～+120	−40～+130	−10～+120
脆化温度/℃		−55～−70	−55～−70	−30～−60	−73	−35～−42	−30～−55	−10～−20
体积电阻率/Ω·cm		10^{15}～10^{17}	10^{14}～10^{15}	10^{14}～10^{16}	10^{14}～10^{15}	10^{11}～10^{12}	10^{14}～10^{16}	10^{12}～10^{15}
表面电阻率/Ω		10^{14}～10^{15}	—	10^{13}～10^{14}	—	10^{11}～10^{12}	10^{13}～10^{14}	10^{12}～10^{15}
相对介电常数/10^3Hz		2.3～3.0	2.37	2.9	—	7.5～9.0	2.1～2.4	13.0
瞬时击穿强度/(kV/mm)		>20	—	>20	—	10～20	25～30	15～20
介质损耗角正切/10^3Hz		0.0023～0.0030	—	0.0032	—	0.03	0.003	0.055
耐溶剂性膨胀率（体积分数，%）	汽油	+80～+300	+80～+300	+75～+200	+75～+200	+10～+45	+150～+400	−5～+5
	苯	+200～+500	+200～+500	+150～+400	+150～+500	+100～+300	+30～+350	+50～+100

（续）

性能名称		天然橡胶	异戊橡胶	丁苯橡胶	顺丁橡胶	氯丁橡胶	丁基橡胶	丁腈橡胶
耐溶剂性膨胀率（体积分数,%）	丙酮	0~+10	0~+10	+10~+30	+10~+30	+15~+50	0~+10	+100~+300
	乙醇	−5~+5	−5~+5	−5~+10	−5~+10	+5~+20	−5~+5	+2~+12
耐矿物油		劣	劣	劣	劣	良	劣	可~优
耐动植物油		次	次	可~良	次	良	优	优
耐碱性		可~良	可~良	可~良	可~良	良	优	可~良
耐酸性	强酸	次	次	次	劣	可~良	良	可~良
	弱酸	可~良	可~良	可~良	次~劣	优	优	良
耐水性		优	优	良~优	优	优	良~优	优
耐日光性		良	良	良	良	优	优	可~良
耐氧老化		劣	劣	劣~可	劣	良	良	可
耐臭氧老化		劣	劣	劣	次~可	优	优	劣
耐燃性		劣	劣	劣	劣	良~优	劣	劣~可
气密性		良	良	良	劣	良~优	优	良~优
耐辐射性		可~良	可~良	良	劣	可~良	劣	可~良
抗蒸汽性		良	良	良	良	劣	优	良

注：1. 性能等级：优→良→可→次→劣。

2. 表中性能是对经过硫化的软橡胶而言的。

2）特种橡胶的综合性能见表 7-18。

表 7-18 特种橡胶的综合性能

性能名称		乙丙橡胶	氯磺化聚乙烯橡胶	丙烯酸酯橡胶	聚氨酯橡胶	硅橡胶	氟橡胶	聚硫橡胶	氯化聚乙烯橡胶
生胶密度/(g/cm^3)		0.86~0.87	1.11~1.13	1.09~1.10	1.09~1.30	0.95~1.40	1.80~1.82	1.35~1.41	1.16~1.32
拉伸强度/MPa	未补强硫化胶	3~6	8.5~24.5	—	—	2~5	10~20	0.7~1.4	—
	补强硫化胶	15~25	7~20	7~12	20~35	4~10	20~22	9~15	>15
伸长率（%）	未补强硫化胶	—	—	—	—	40~300	500~700	300~700	400~500
	补强硫化胶	400~800	100~500	400~600	300~800	50~500	100~500	100~700	—

（续）

性能名称		乙丙橡胶	氯磺化聚乙烯橡胶	丙烯酸酯橡胶	聚氨酯橡胶	硅橡胶	氟橡胶	聚硫橡胶	氯化聚乙烯橡胶
200%定伸24h后永久变形（%）	未补强硫化胶	—	—	—	—	—	—	—	—
	补强硫化胶	—	—	—	—	—	—	—	—
回弹率（%）		50~80	30~60	30~40	40~90	50~85	20~40	20~40	—
永久压缩变形（%）100℃×70h		—	+20~+80	+25~+90	+50~+100	—	+5~+30	—	—
抗撕裂性		良~优	可~良	可	良	劣~可	良	劣~可	优
耐磨性		良~优	优	可~良	优	可~良	优	劣~可	优
耐曲挠性		良	良	良	优	劣~良	良	劣	—
耐冲击性能		良	可~良	劣	优	劣~可	劣~可	劣	—
邵氏硬度		30~90	40~95	30~95	40~100	30~80	50~60	40~95	—
热导率/[W/(m·K)]		0.36	0.11	—	0.067	0.25	—	—	—
最高使用温度/℃		150	150	180	80	315	315	180	—
长期工作温度/℃		-50~+130	-30~+130	-10~+180	-30~+70	-100~+250	-10~+280	-10~+70	+90~+105
脆化温度/℃		-40~-60	-20~-60	0~-30	-30~-60	-70~-120	-10~-50	-10~-40	—
体积电阻率/Ω·cm		10^{12}~10^{15}	10^{13}~10^{15}	10^{11}	10^{10}	10^{16}~10^{17}	10^{13}	10^{11}~10^{12}	10^{12}~10^{13}
表面电阻率/Ω		—	10^{14}	—	10^{11}	10^{13}	—	—	—
相对介电常数/10^3Hz		3.0~3.5	7.0~10	4.0	—	3.0~3.5	2.0~2.5	—	7.0~10
瞬时击穿强度/(kV/mm)		30~40	15~20	—	—	20~30	20~25	—	15~20
介质损耗角正切/10^3Hz		0.004（60Hz）	0.03~0.07	—	—	0.001~0.01	0.3~0.4	—	0.01~0.03
耐溶剂性膨胀率（体积分数,%）	汽油	+100~+300	+50~+150	+5~+15	-1~+5	+90~+175	+1~+3	-2~+3	—
	苯	+200~+600	+250~+350	+350~+450	+30~+60	+100~+400	+10~+25	-2~+50	—
	丙酮	—	+10~+30	+250~+350	+10~+40	-2~+15	+150~+300	-2~+25	—
	乙醇	—	-1~+2	-1~+1	-5~+20	-1~+1	-1~+2	-2~+20	—
耐矿物油		劣	良	良	良	劣	优	优	良
耐动植物油		良~优	良	优	优	良	优	优	良

（续）

性能名称	乙丙橡胶	氯磺化聚乙烯橡胶	丙烯酸酯橡胶	聚氨酯橡胶	硅橡胶	氟橡胶	聚硫橡胶	氯化聚乙烯橡胶
耐碱性	优	可~良	可	可	次~良	优	优	良
耐强酸性	良	可~良	可~次	劣	次	优	可~良	良
耐弱酸性	优	良	可	劣	次	优	可~良	优
耐水性	优	良	劣~可	可	良	优	可	良
耐日光性	优	优	优	良~优	优	优	优	优
耐氧老化	优	优	优	良	优	优	优	优
耐臭氧老化	优	优	优	优	优	优	优	优
耐燃性	劣	良	劣~可	劣~可	可~良	优	劣	良
气密性	良~优	良	良	良	可	优	优	—
耐辐射性	劣	可~良	劣~良	良	可~优	可~良	可~良	—
抗蒸汽性	优	优	劣	劣	良	优	—	—

注：1. 性能等级：优→良→可→次→劣。

2. 表中性能是对经过硫化的软橡胶而言的。

3）特种橡胶的综合性能见表7-19。

表7-19　特种橡胶的综合性能

介质名称	丁苯橡胶	丁腈橡胶	丁基橡胶	氯丁橡胶	乙丙橡胶	聚丙烯酸酯橡胶	聚氨酯橡胶	硅橡胶	氟橡胶	聚硫橡胶
发烟硝酸	×	×	×	×	—	—	×	×	△	×
浓硝酸	×	×	×	×	—	—	×	×	△	×
浓硫酸	×	×	×	×	—	—	×	×	○	×
浓盐酸	×	×	△	△	—	—	—	△	△	×
浓磷酸	○	×	○	△	—	—	—	○	△	×
浓醋酸	△	×	○	×	—	—	—	○	×	×
浓氢氧化钠	○	○	△	○	☆	—	—	○	△	—
无水氨	△	△	○	△	☆	—	—	○	△	—
稀硝酸	×	×	×	×	—	—	—	△	○	×
稀硫酸	△	△	○	△	—	—	—	△	△	×
稀盐酸	×	×	△	○	—	—	—	△	△	△
稀醋酸	△	×	○	×	—	—	—	△	△	×
稀氢氧化钠	○	○	△	○	—	—	—	○	△	—
氨水	△	△	○	△	—	—	—	○	×	×

（续）

介质名称	丁苯橡胶	丁腈橡胶	丁基橡胶	氯丁橡胶	乙丙橡胶	聚丙烯酸酯橡胶	聚氨酯橡胶	硅橡胶	氟橡胶	聚硫橡胶
苯	×	×	V	×	V	×	×	×	○	○
汽油	×	○	×	○	×	○	○	×	○	○
石油	V	△	×	V	—	—	—	V	○	○
四氯化碳	×	○	×	×	—	—	—	×	○	○
二硫化碳	×	○	×	×	—	—	—	—	—	—
乙醇	○	○	○	○	○	×	×	○	○	○
丙酮	△	×	△	V	—	—	—	V	×	△
甲酚	○	×	△	△	—	—	—	△	△	—
乙醛	×	V	○	×	—	—	—	—	—	—
乙苯	×	×	×	×	×	×	×	—	—	○
丙烯腈	×	×	V	△	—	—	—	—	×	△
丁醇	☆	☆	☆	☆	☆	☆	V	☆	☆	☆
丁二烯	×	—	—	—	—	—	—	—	—	—
苯乙烯	×	×	×	×	—	—	—	—	—	△
醋酸乙酯	×	×	○	×	○	×	△	V	×	△
醚	×	×	△	×	△	×	×	×	×	×

注：○—可用，寿命较长；△—可用，寿命一般；V—可作代用材料，寿命较短；×—不可用；☆—在任何浓度均可用；— —不推荐。

4）橡胶的燃烧特性见表 7-20。

表 7-20　橡胶的燃烧特性

橡胶名称	燃烧难易	离火情况	火焰状态	产物气味
硅橡胶	难燃	自熄	白烟，有白色残渣	—
氯化天然橡胶			根部绿色、有黑烟	盐酸味
氯丁橡胶	可燃		绿色，外边黄色	橡胶烧焦味和盐酸味
氯磺化聚乙烯			根部绿色，有黑烟	—
氯化丁基橡胶			绿色带黄，有黑烟	—
天然橡胶	容易	继续燃烧	黄色，冒黑烟	烧橡胶臭味
环化橡胶			黄色，冒黑烟	烧橡胶臭味
顺丁橡胶			黄色，中间带蓝，黑烟	烧橡胶臭味
丁腈橡胶			黄色，冒黑烟	烧毛发味
丁苯橡胶			黄色，冒浓黑烟	苯乙烯味

（续）

橡胶名称	燃烧难易	离火情况	火焰状态	产物气味
丁基橡胶	容易	继续燃烧	黄色，下带蓝	轻微似蜡味
乙丙橡胶			上黄下蓝	烧石蜡味
聚异丁烯橡胶			黄色	似蜡和橡胶味
聚硫橡胶			蓝紫色，外砖红色	硫化氢味
聚氨酯橡胶			黄色，边缘蓝色	稍有味
聚丙烯酸酯橡胶			闪亮，下部蓝色	水果香味

5）通用橡胶的特性及用途见表7-21。

表7-21　通用橡胶的特性及用途

品种（代号）	化学组成	主要特性	用途举例
天然橡胶（NR）	以橡胶烃（聚异戊二烯）为主，另含少量蛋白质、水分、树脂酸、糖类和无机盐	弹性大，定伸强力高，抗撕裂性和电绝缘性优良，耐磨性、耐寒性好，加工性佳，易与其他材料黏合，综合性能优于多数合成橡胶。缺点是耐氧及臭氧性差，容易老化，耐油、耐溶剂性不好，抵抗酸碱腐蚀的能力低，耐热性不高	制作轮胎、胶鞋、胶管、胶带、电线电缆的绝缘层和护套以及其他通用橡胶制品
丁苯橡胶（SBR）	丁二烯和苯乙烯的共聚物	耐磨性突出，耐老化和耐热性超过天然橡胶，其他性能与天然橡胶接近。缺点是弹性和加工性能较天然橡胶差，特别是自黏性差，生胶强度低	代替天然橡胶制作轮胎、胶板、胶管、胶鞋及其他通用制品
顺丁橡胶（BR）	由丁二烯聚合而成的顺式结构橡胶	结构与天然橡胶基本一致。它突出的优点是弹性与耐磨性优良，耐老化性佳，耐低温性优越，在动负荷下发热量小，易与金属黏合；但强力较低，抗撕裂性差，加工性能与自黏性差，产量次于丁苯	一般和天然或丁苯橡胶混用，主要用于制作轮胎胎面、运输带和特殊耐寒制品
异戊橡胶（IR）	以异戊二烯为单体聚合而成，组成和结构均与天然橡胶相似	又称合成天然橡胶，具有天然橡胶的大部分优点，吸水性低，电绝缘性好，耐老化性优于天然胶。但弹性和加工性能比天然胶较差，成本较高	可代替天然橡胶制作轮胎、胶鞋、胶管、胶带以及其他通用橡胶制品
丁基橡胶（IIR）	异丁烯和少量异戊二烯的共聚物，又称异丁橡胶	耐老化性及气密性、耐热性优于一般通用橡胶，吸振及阻尼特性良好，耐酸碱、耐一般无机介质及动植物油脂，电绝缘性亦佳。但弹性不好，加工性能差，包括硫化慢，难黏合，动态生热大	主要用于制作内胎、水胎、气球、电线电缆绝缘层、化工设备衬里及防振制品、耐热运输带、耐热耐老化胶布制品

（续）

品种（代号）	化学组成	主要特性	用途举例
氯丁橡胶（CR）	由氯丁二烯作单体，乳液聚合而成的聚合物	有优良的抗氧、抗臭氧性及耐候性，不易燃，着火后能自熄，耐油、耐溶剂及耐酸碱性、气密性等也较好。主要缺点是耐寒性较差，密度较大，相对成本高，电绝缘性不好，加工时易粘辊、易焦烧及易粘膜。此外，生胶稳定性差，不易保存。产量仅次于丁苯、顺丁，在合成橡胶中居第三位	主要用于制作要求抗臭氧、耐老化性高的重型电缆护套，耐油、耐化学腐蚀的胶管胶带和化工设备衬里，耐燃的地下采矿用制品以及汽车门窗嵌条、密封圈等
丁腈橡胶（NBR）	丁二烯与丙烯腈的共聚物	耐油性仅次于聚硫、丙烯酸酯及氟橡胶而优于其他通用胶，耐热性较好，可达150℃，气密性和耐水性良好，黏合力强，但耐寒、耐臭氧性较差，强力及弹性较低，电绝缘性不好，耐酸及耐极性溶剂性能较差	主要用于制作各种耐油制品，如耐油的胶管、密封圈、贮油槽衬里等，也可用于耐热运输带

6）工业用橡胶制品的分类及用途见表7-22。

表7-22　工业用橡胶制品的分类及用途

类别	分类名称		用途
轮胎	空心轮胎	汽车轮胎	由外胎、内胎和垫带组成的充气轮胎，用于各种类型汽车、拖拉机、农业机械、特种车辆、无轨电车和摩托车的传动
		力车胎	结构同上，用于自行车、手推车、三轮车的车轮上
	实心轮胎	黏结式	用于低速高负荷的车辆上，如起重铲车、载货拖车、装卸车、电动车，也可用于重型或特种用途的车辆以及拉料小车上
		非黏结式	
橡胶带	输送带	普通输送带	供输送一般物料之用
		花纹输送带	供输送粒状或粉末状物料以及其他容易下滑的物料之用
		挡边输送带	供输送细碎、容易从输送带两侧撒落的物料
		覆盖胶具有特殊性能的输送带	适用于各种特殊性能（如耐酸碱、耐油、防燃等）物件输送之用
		特种骨架材料输送带	钢丝绳运输带用于长距离及大功率运输机上，网眼输送带用于输送需要洗涤、滤干的物料，此外还有耐热防燃的玻纤输送带等
		钢缆输送带	适合于采矿及大跨度运输机上
		折叠式输送带	供转弯和环形流水作业线用

（续）

类别	分类名称			用途
橡胶带	传动带	平带	普通平带	供一般机械传动用
			环形带	供定长传动装置用
			锦纶带	有编织、薄片和绳式等类型，供高速机械传动使用
			同步带	适于高速时规传动，可供现代化机床传动用
		V带	普通V带	为断面呈梯形的环形传动带，适用于一般机械设备上
			风扇带	专用于汽车、拖拉机和各种内燃机中，驱动风扇、发电机、泵等部件的梯形断面环形胶带
			特形V带	包括：供无级变速传动装置用的无级变速带、多轴传动用的双面V带、长度可任意调节的活络V带和冲孔型V带等
橡胶管	夹布胶管	耐压胶管		又称压力胶管，是以棉布作骨架材料的普通胶管，适用于压力不太高的条件下，输送各种物料之用
		吸引胶管		除了采用夹布为骨架外，还用金属螺旋线支撑，供在工作压力低于大气压的条件下，抽吸各种物料之用
		耐压吸引胶管		为铠装的吸引胶管，可供排吸两用
	编织胶管	棉线编织胶管		以棉线或其他纤维材料编织层作骨架材料的胶管，用途和夹布耐压胶管相同，但耐压强度高，挠性好，且较柔软
		钢丝编织胶管		以钢丝编织层作骨架材料的耐压胶管，用途同上，但耐压强度更高，一般工作压力在7.85MPa以上
	缠绕胶管	棉线缠绕胶管		用途和耐压范围与棉线编织胶管相同，但因它的骨架层采用棉线缠绕，故其使用性能、生产率、材料消耗均优于编织的
		钢丝缠绕胶管		用途、性能和钢丝编织胶管相同，但耐压强度高，一般达14.71~58.84MPa
	针织胶管			这是一种新型结构的耐压胶管，骨架层为针织结构。和以上胶管相比，它具有柔软、轻便、节省原材料、在压力下不扭转等优点，但只适于低压的条件下，输送各种物料之用
	全胶管	普通全胶管		即普通纯胶管，供常压或不带压力的情况下，输送液体或气体之用
		真空全胶管		抽空设备用，真空度为0.01333Pa
		优级全胶管		用于医、化、仪器方面作为连通软管

（续）

类别	分类名称		用途
橡胶管	专用胶管和特种胶管		专用胶管用于各个工业部门的专门用途上，如汽车、拖拉机上用的水箱胶管、制动胶管，机车上用的给水胶管、输油胶管等 特种胶管用于各种特殊用途上，如钻井机用的钻探胶管、挖泥船用的排泥或吸泥胶管、水下工程打捞用的潜水吸泥胶管、水泥振荡器用的金属软轴胶管等 这类胶管品种繁多，均可按订货者提出的规格和技术条件供应
其他工业用橡胶制品	密封制品	橡胶密封制品（如油封、O形圈、各种断面密封圈等）	用于防止流体介质从机械、仪表中的静止部件或运动部件泄露，并防止外界灰尘、泥沙以及空气（对于高真空而言）进入密封机构内部的部件
		螺旋盘根	用于往复活塞杆、阀杆、泵的挺进杆的低压蒸汽、热水、高压冷水和煤气等介质的密封
		橡胶腻子	用作嵌缝密封材料
	橡胶减振制品		用以减轻机械的冲击振动，减少噪声，如汽车、火车上的橡胶空气弹簧、钢轨胶垫、橡胶减振器以及海绵坐垫等
	橡胶板		用于各个工业部门制造橡胶垫圈、缓冲垫板等，也可用于铺地
	胶布及胶布制品		用于制作各类防护胶布和劳动保护制品、贮运用具、救生圈、橡胶船、绝缘胶布、浮筒、气囊以及各个工业部门用的其他胶布配件
	橡胶绝缘制品		用于制作电力工业部门用的绝缘安全用具，如绝缘手套、绝缘地毯等
	硬质橡胶制品		用于制作蓄电池外壳、矿灯壳、矿工帽，以及用作电工用硬质橡胶材料
	胶乳制品		主要制作工业手套、气门芯、海绵胶板、海绵密封胶条、海绵垫、输血胶管、气象气球、胶乳水泥、胶乳纸、胶乳胶布、胶粘剂等
	胶辊和橡胶衬里		用于制作造纸胶辊、印染胶辊、磨谷胶辊，以及用作保护金属不受化学介质侵蚀的各种容器衬里材料

7.4.4 橡胶的生产工艺

橡胶的生产工艺过程主要是解决塑性与弹性矛盾的过程，最后通过硫化工艺使具有塑性的半成品变成弹性高、物理力学性能好的制品。橡胶的基本生产工艺过程包括塑炼、混炼、成型、硫化。

1. 塑炼

塑炼的目的是降低生胶的弹性，增加塑性，并获得适当的流动性，以满足混炼、成型及硫化各种加工工艺过程的要求。塑炼是通过机械应力、热、氧或加入某些化学试剂等方法，使生胶由强韧的弹性状态转变为柔软、便于加工的塑性状态的过程。

生胶的塑炼有机械塑炼和热塑炼两种方法。

2. 混炼

混炼的目的是为了获得各种不同橡胶制品的性能而加入不同配合剂。它是将塑炼后的生胶与配合剂混合放在炼胶机中，通过机械搅拌使配合剂完全、均匀地分散在生胶中的一种过程。

3. 成型

(1) 压延　压延是将混炼好的混胶在压延机上制成胶片或与骨架材料结合形成半成品的过程。

(2) 压出　压出是把具有一定塑性的混胶放入挤压机的料箱内，在螺杆的挤压下进行造型的方法。压出的前处理是预热，这样才能使胶料柔软且易于挤出。

(3) 模压　用模压方法可制造形状复杂的橡胶制品。

4. 硫化

硫化是指将塑性橡胶转化为弹性橡胶的过程。它是将一定量的硫化剂加入到由生胶制成的半成品中进行的，这个过程需要加热，以使生胶的线型分子交联形成立体网状结构。

7.4.5 橡胶的缺陷

(1) 薄皮气泡　硫化条件、硫化剂配合不恰当，导致橡胶制品出现薄皮气泡。

(2) 大气泡　制品硫化不充分，导致橡胶制品表面有大气泡，割开其内部呈蜂窝海绵状。

(3) 表面发黏　模具型腔局部滞留气体，从而影响传热和胶料受热硫化，导致橡胶制品的表面发黏。

(4) 喷霜　硫化剂、促进剂、活性剂等原料用量过多，在橡胶中的溶解已饱和，便慢慢迁移到橡胶表面，导致橡胶制品出现喷霜。

(5) 橡胶-金属黏结不良　金属表面处理失败，以致打底的胶浆涂料进行硫化时，不能很好地与金属表面实现物理吸附，导致橡胶制品出现橡胶-金属黏结不良。

（6）炸边　胶料焦烧时间不足，易形成硫化胶粒和胶屑，导致橡胶制品出现炸边。

（7）分层　相容性差的不同橡胶混合不均匀，导致橡胶制品出现分层。

（8）缺胶　溢料口太大，以致胶料不能充满型腔，导致橡胶制品出现缺胶。

（9）撕裂　制品过度硫化，导致橡胶强度等力学性能下降而被撕裂。

7.5 涂料

涂料是由成膜物质、颜料和填料、分散介质（溶剂）及助剂组成的复杂的多相分散体系（见图7-11），经适当的涂装工艺转变成具有一定力学性能的涂层，发挥保护、装饰和功能作用。涂料的各种组分在形成涂层过程中发挥其作用。

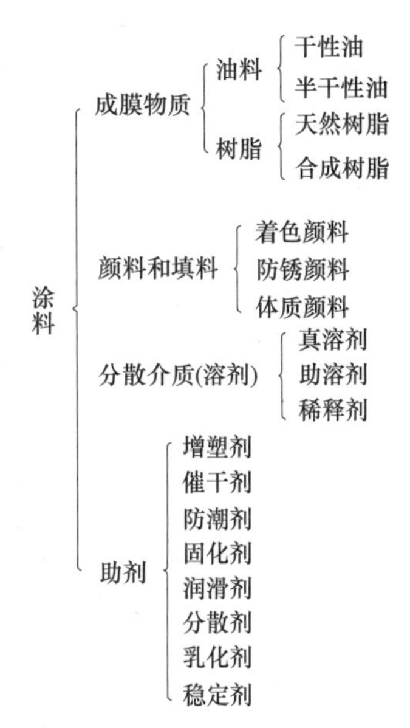

图7-11　涂料的组成

在某些与涂料有关的资料中，也把涂料的组成分为主要成膜物质、次要成膜物质和辅助成膜物质三个部分。

1）主要成膜物质包括（半）干性油、天然树脂、合成树脂等。它是涂料中不可缺少的成分，涂膜的性质也主要由它所决定，故又称之为基料。其中合成树脂的品种多、工业生产规模大、性能好，是现代涂料工业的基础。这些合成树脂包括：酚醛树脂、环氧树脂、醇酸树脂、丙烯酸树脂、氨基树脂、聚氨酯树脂、聚酯树脂、乙烯基树脂、氟碳树脂及氯化烯基树脂等。

2）次要成膜物质包括颜料和填料、功能性材料添加剂。它自身没有形成完整涂膜的能力，但能与主要成膜物质一起参与成膜，赋予涂膜色彩或某种功能，也能改变涂膜的物理力学性能。

3）辅助成膜物质包括稀释剂和助剂。稀释剂由溶剂、非溶剂和助溶剂组成。溶剂直接影响到涂料的稳定性、施工性和涂膜质量：①选用的溶剂应该赋予涂料适当的黏度，使之与涂料施工方式相适应；②应保持溶剂在一定的挥发速度下与涂膜的干燥性相适宜，使之形成理想的膜层，避免出现发白、失光、橘纹、针孔等涂膜缺陷；③应增加涂料对物体表面的润湿性，赋予涂膜良好的附着力。

7.5.1 涂料的分类

1. 第一种分类方法

涂料的第一种分类方法是以涂料产品的用途为主线，并辅以主要成膜物的分类方法，见表 7-23。

表 7-23 涂料的第一种分类方法

主要产品类型			主要成膜物类型
建筑涂料	墙面涂料	合成树脂乳液内墙涂料 合成树脂乳液外墙涂料 溶剂型外墙涂料 其他墙面涂料	丙烯酸酯类及其改性共聚乳液，醋酸乙烯及其改性共聚乳液，聚氨酯、氟碳等树脂，无机黏合剂等
	防水涂料	溶剂型树脂防水涂料 聚合物乳液防水涂料 其他防水涂料	EVA、丙烯酸酯类乳液，聚氨酯、沥青、PVC 胶泥或油膏、聚丁二烯等树脂
	地坪涂料	水泥基等非木质地面用涂料	聚氨酯、环氧等树脂
	功能性建筑涂料	防火涂料 防霉（藻）涂料 保温隔热涂料 其他功能性建筑涂料	聚氨酯、环氧、丙烯酸酯类、乙烯类、氟碳等树脂
工业涂料	汽车涂料（含摩托车涂料）	汽车底漆（电泳漆） 汽车中涂漆 汽车面漆 汽车罩光漆 汽车修补漆 其他汽车专用漆	丙烯酸酯类、聚酯、聚氨酯、醇酸、环氧、氨基、硝基、PVC 等树脂
	木器涂料	溶剂型木器涂料 水性木器涂料 光固化木器涂料 其他木器涂料	聚酯、聚氨酯、丙烯酸酯类、醇酸、硝基、氨基、酚醛、虫胶等树脂
	铁路、公路涂料	铁路车辆涂料 道路标志涂料 其他铁路、公路设施用涂料	丙烯酸酯类、聚氨酯、环氧、醇酸、乙烯类等树脂
	轻工涂料	自行车涂料 家用电器涂料 仪器、仪表涂料 塑料涂料 纸张涂料 其他轻工专用涂料	聚氨酯、聚酯、醇酸、丙烯酸酯类、环氧、酚醛、氨基、乙烯类等树脂

（续）

主要产品类型			主要成膜物类型
工业涂料	船舶涂料	船壳及上层建筑物漆 船底防锈漆 船底防污漆 水线漆 甲板漆 其他船舶漆	聚氨酯、醇酸、丙烯酸酯类、环氧、乙烯类、酚醛、氯化橡胶、沥青等树脂
	防腐涂料	桥梁涂料 集装箱涂料 专用埋地管道及设施涂料 耐高温涂料 其他防腐涂料	聚氨酯、丙烯酸酯类、环氧、醇酸、酚醛、氯化橡胶、乙烯类、沥青、有机硅、氟碳等树脂
	其他专用涂料	卷材涂料 绝缘涂料 机床、农机、工程机械等涂料 航空、航天涂料 军用器械涂料 电子元器件涂料 以上未涵盖的其他专用涂料	聚酯、聚氨酯、环氧、丙烯酸酯类、醇酸、乙烯类、氨基、有机硅、氟碳、酚醛、硝基等树脂
通用涂料及辅助材料	调和漆 清漆 磁漆 底漆 腻子 稀释剂 防潮剂 催干剂 脱漆剂 固化剂 其他通用涂料及辅助材料	以上未涵盖的无明确应用领域的涂料产品	改性油脂，天然树脂，酚醛、沥青、醇酸等树脂

注：主要成膜物类型中树脂类型包括水性、溶剂型、无溶剂型、固体粉末等。

2. 第二种分类方法

涂料的第二种分类方法是除建筑涂料外，主要以涂料产品的主要成膜物为主线，并适当辅以产品主要用途的分类方法。该方法将涂料产品划分为两个主要类别：建筑涂料、其他涂料及辅助材料。

建筑涂料的分类方法见表 7-23，其他涂料的分类方法见表 7-24。

表 7-24　其他涂料的分类方法

主要成膜物类型		主要产品类型
油脂漆类	天然植物油、动物油（脂）、合成油等	清油、厚漆、调和漆、防锈漆、其他油脂漆
天然树脂[①]漆类	松香、虫胶、乳酪素、动物胶及其衍生物等	清漆、调和漆、磁漆、底漆、绝缘漆、生漆、其他天然树脂漆
酚醛树脂漆类	酚醛树脂、改性酚醛树脂等	清漆、调和漆、磁漆、底漆、绝缘漆、船舶漆、防锈漆、耐热漆、黑板漆、防腐漆、其他酚醛树脂漆
沥青漆类	天然沥青、（煤）焦油沥青、石油沥青等	清漆、磁漆、底漆、绝缘漆、防污漆、船舶漆、耐酸漆、防腐漆、锅炉漆、其他沥青漆
醇酸树脂漆类	甘油醇酸树脂、季戊四醇酸树脂、其他醇类的醇酸树脂、改性醇酸树脂等	清漆、调和漆、磁漆、底漆、绝缘漆、船舶漆、防锈漆、汽车漆、木器漆、其他醇酸树脂漆
氨基树脂漆类	三聚氰胺甲醛树脂、脲（甲）醛树脂及其改性树脂等	清漆、磁漆、绝缘漆、美术漆、闪光漆、汽车漆、其他氨基树脂漆
硝基漆类	硝基纤维素（酯）等	清漆、磁漆、铅笔漆、木器漆、汽车修补漆、其他硝基漆
过氯乙烯树脂漆类	过氯乙烯树脂等	清漆、磁漆、机床漆、防腐漆、可剥漆、胶液、其他过氯乙烯树脂漆
烯类树脂漆类	聚二乙烯乙炔树脂、聚多烯树脂、氯乙烯醋酸乙烯共聚物、聚乙烯醇缩醛树脂、聚苯乙烯树脂、含氟树脂、氯化聚丙烯树脂、石油树脂等	聚乙烯醇缩醛树脂漆、氯化聚烯烃树脂漆、其他烯类树脂漆
丙烯酸酯类树脂漆类	热塑性丙烯酸酯类树脂、热固性丙烯酸酯类树脂等	清漆、透明漆、磁漆、汽车漆、工程机械漆、摩托车漆、家电漆、塑料漆、标志漆、电泳漆、乳胶漆、木器漆、汽车修补漆、粉末涂料、船舶漆、绝缘漆、其他丙烯酯酯类树脂漆
聚酯树脂漆类	饱和聚酯树脂、不饱和聚酯树脂等	粉末涂料、卷材涂料、木器漆、防锈漆、绝缘漆、其他聚酯树脂漆
环氧树脂漆类	环氧树脂、环氧酯、改性环氧树脂等	底漆、电泳漆、光固化漆、船舶漆、绝缘漆、划线漆、罐头漆、粉末涂料、其他环氧树脂漆
聚氨酯树脂漆类	聚氨（基甲酸）酯树脂等	清漆、磁漆、木器漆、汽车漆、防腐漆、飞机蒙皮漆、车皮漆、船舶漆、绝缘漆、其他聚氨酯树脂漆
元素有机漆类	有机硅、氟碳树脂等	耐热漆、绝缘漆、电阻漆、防腐漆、其他元素有机漆

（续）

主要成膜物类型		主要产品类型
橡胶漆类	氯化橡胶、环化橡胶、氯丁橡胶、氯化氯丁橡胶、丁苯橡胶、氯磺化聚乙烯橡胶等	清漆、磁漆、底漆、船舶漆、防腐漆、防火漆、划线漆、可剥漆、其他橡胶漆
其他成膜物类涂料	无机高分子材料、聚酰亚胺树脂、二甲苯树脂等以上未包括的主要成膜材料	

注：主要成膜物类型中树脂类型包括水性、溶剂型、无溶剂型、固体粉末等。

① 包括直接来自天然资源的物质及其经过加工处理后的物质。

7.5.2　涂料的命名

1. 命名原则

涂料全名一般是由颜色或颜料名称加上成膜物质名称，再加上基本名称而组成。对于不含颜料的清漆，其全名一般是由成膜物质名称加上基本名称而组成。

2. 颜色名称

颜色名称通常由红、黄、蓝、白、黑、绿、紫、棕、灰等颜色，有时再加上深、中、浅（淡）等词构成。若颜料对漆膜性能起显著作用，则可用颜料的名称代替颜色的名称，例如铁红、锌黄、红丹等。

3. 成膜物质名称

成膜物质名称可做适当简化，如聚氨基甲酸酯简化成聚氨酯，环氧树脂简化成环氧，硝酸纤维素（酯）简化为硝基等。漆基中含有多种成膜物质时，选取起主要作用的一种成膜物质命名。必要时也可选取两种或三种成膜物质命名，主要成膜物质名称在前，次要成膜物质名称在后，如红环氧硝基磁漆。

4. 基本名称

基本名称表示涂料的基本品种、特性和专业用途，如清漆、磁漆、底漆、锤纹漆、罐头漆、甲板漆、汽车修补漆等。涂料的基本名称见表 7-25。

表 7-25　涂料的基本名称

基　本　名　称	基　本　名　称
清油	铅笔漆
清漆	罐头漆
厚漆	木器漆
调和漆	家用电器涂料
磁漆	自行车涂料

（续）

基 本 名 称	基 本 名 称
粉末涂料	玩具涂料
底漆	塑料涂料
腻子	（浸渍）绝缘漆
大漆	（覆盖）绝缘漆
电泳漆	抗弧（磁）漆、互感器漆
乳胶漆	（黏合）绝缘漆
水溶（性）漆	漆包线漆
透明漆	硅钢片漆
斑纹漆、裂纹漆、桔纹漆	电容器漆
锤纹漆	电阻漆、电位器漆
皱纹漆	半导体漆
金属漆、闪光漆	电缆漆
防污漆	可剥漆
水线漆	卷材涂料
甲板漆、甲板防滑漆	光固化涂料
船壳漆	保温隔热涂料
船底防锈漆	机床漆
饮水舱漆	工程机械用漆
油舱漆	农机用漆
压载舱漆	发电、输配电设备用漆
化学品舱漆	内墙涂料
车间（预涂）底漆	外墙涂料
耐酸漆、耐碱漆	防水涂料
防腐漆	地板漆、地坪漆
防锈漆	锅炉漆
耐油漆	烟囱漆
耐水漆	黑板漆
防火涂料	标志漆、路标漆、马路划线漆
防霉（藻）涂料	汽车底漆、汽车中涂漆、汽车面漆、汽车罩光漆
耐热（高温）涂料	汽车修补漆
示温涂料	集装箱涂料
涂布漆	铁路车辆涂料
桥梁漆、输电塔漆及其他（大型露天）钢结构漆	胶液
航空、航天用漆	其他未列出的基本名称

5. 插入语

在成膜物质名称和基本名称之间，必要时可插入适当词语来标明专业用途和特性等，如白硝基球台磁漆、绿硝基外用磁漆、红过氯乙烯静电磁漆等。

6. 烘烤干燥漆

需烘烤干燥的漆，名称中（成膜物质名称和基本名称之间）应有“烘干”字样，如银灰氨基烘干磁漆、铁红环氧聚酯酚醛烘干绝缘漆。如果名称中无“烘干”词，则表明该漆是自然干燥，或自然干燥、烘烤干燥均可。

7. 双（多）组分涂料

凡双（多）组分的涂料，在名称后应增加“（双组分）”或“（三组分）”等字样，如聚氨酯木器漆（双组分）。

7.5.3　油漆产品物资分类及代码的编排

1）油漆产品物资分类及代码的编排原则如下所示：

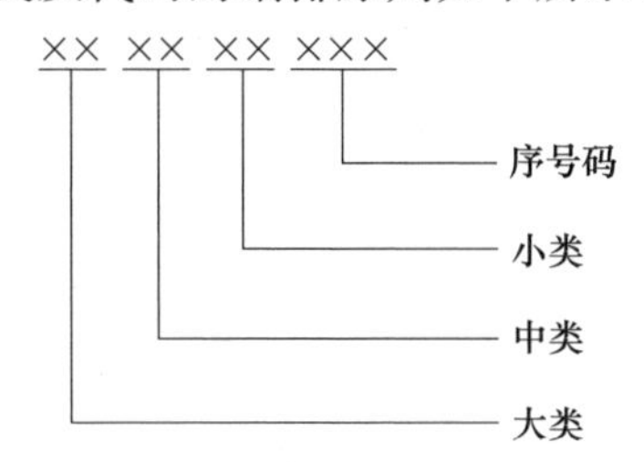

2）油漆产品物资的分类及代码见表 7-26。

表 7-26　油漆产品物资的分类及代码

大类	中类	小类	物资名称	大类	中类	小类	物资名称
81			油漆	81	02	10	松香防污漆
81	01		油脂漆类	81	02	11	其他天然树脂漆
81	01	01	清油	81	03		酚醛树脂漆类
81	01	02	厚漆	81	03	12	酚醛清漆
81	01	03	油性调和漆	81	03	13	酚醛调和漆
81	01	04	油性防锈漆	81	03	14	酚醛磁漆
81	01	05	其他油脂漆	81	03	15	酚醛防锈底漆
81	02		天然树脂漆类	81	03	16	其他酚醛树脂漆
81	02	06	脂胶清漆	81	04		沥青漆类
81	02	07	脂胶调和漆	81	04	17	沥青清漆
81	02	08	脂胶磁漆	81	04	18	沥青烘漆
81	02	09	脂胶底漆	81	04	19	沥青底漆

（续）

大类	中类	小类	物资名称	大类	中类	小类	物资名称
81	04	20	其他沥青漆	81	13	36	其他环氧型涂料
81	05		醇酸树脂漆类	81	14		聚氨酯漆类
81	05	21	醇酸清漆	81	14	37	聚氨酯漆
81	05	22	醇酸磁漆	81	15		有机硅漆类
81	05	23	醇酸底漆	81	15	38	有机硅树脂漆
81	06		氨基树脂漆类	81	16		橡胶漆类
81	06	24	氨基树脂漆	81	16	39	橡胶漆
81	07		硝基漆类	81	17		其他漆类
81	07	25	硝基漆	81	17	40	其他漆
81	07	26	硝基铅笔漆	81	18		辅助材料
81	08		纤维素漆类	81	18	41	硝基漆稀释剂
81	08	27	纤维素漆	81	18	42	过氯乙烯漆稀释剂
81	09		过氯乙烯漆类	81	18	43	氨基漆稀释剂
81	09	28	过氯乙烯漆	81	18	44	醇酸漆稀释剂
81	10		乙烯漆类	81	18	45	催干剂
81	10	29	磷化底漆	81	18	46	脱漆剂
81	10	30	乙烯树脂漆	81	18	47	防潮剂
81	11		丙烯酸漆类	81	18	48	其他辅料
81	11	31	丙烯酸树脂漆	81	50		进口油漆类
81	12		聚酯树脂漆类	81	50	01	醇酸树脂漆类
81	12	32	聚酯树脂漆	81	50	02	乙烯漆类
81	13		环氧树脂漆类	81	50	03	环氧树脂漆类
81	13	33	环氧清漆（绝缘漆）	81	50	04	橡胶漆类
81	13	34	环氧磁漆	81	50	05	辅助材料
81	13	35	环氧底漆				

7.5.4 常用涂料的特点与应用范围

1. 油脂涂料

油脂涂料是以植物油（如桐油、亚麻油、梓油、豆油和蓖麻油等）和动物油（如鱼油等）为成膜物的涂料。该涂料使用时需加催干剂，在空气中干燥。

（1）优点　该涂料具有一定的耐候性，可内用与外用。单组分，施工方便，涂刷性能好，渗透性强，价格低廉。

（2）缺点　该涂料干燥缓慢，涂膜软，不能打磨抛光，不耐酸碱溶剂和水，浸水膨胀。

（3）应用范围　该涂料属低级涂料，可对质量要求不高的建筑物、木材、砖石、钢铁等表面进行单独涂装或作打底涂料。

2. 天然树脂涂料

天然树脂涂料是以植物油和天然树脂（主要是松香衍生物、虫胶、大漆等）经熬炼后制得的漆料，再加入溶剂、催干剂、颜料和填料配制成的涂料。该涂料可自干或低温烘干。

（1）优点　某些（如大漆）具有特殊的耐久性、保光性、耐磨性、耐蚀性。该涂料干燥快，短油的坚硬易打磨，长油的柔韧性好。单组分，施工方便，价格低廉。

（2）缺点　短油树脂耐候性差，长油树脂不能打磨抛光，耐久性差。大漆施工操作复杂，毒性大。除大漆外，其他品种耐蚀性不佳。

（3）应用范围　该涂料广泛用于低档木器家具、一般建筑、金属制品的涂装。

3. 酚醛树脂涂料

酚醛树脂涂料是以酚醛树脂为主要成膜物质的涂料。该涂料可自干或烘干。

（1）优点　该涂料干燥性好，涂膜耐磨，坚硬光亮，耐水、耐化学腐蚀性好，有一定的绝缘能力。单组分，施工方便。

（2）缺点　涂膜硬脆，颜色易泛黄变深，故很少制白漆，耐候性差。

（3）应用范围　该涂料广泛用于木器家具、建筑、机械、电机、船舶和化工防腐蚀等的涂装。

4. 沥青涂料

沥青涂料是以各种沥青为主要成膜物质的涂料。该涂料可自干或烘干。

（1）优点　涂膜抗水，耐潮，耐化学药品性好，耐酸碱，有良好的电绝缘性，成本低。煤焦沥青可与环氧树脂拼用，制成耐水等防腐性能优异的环氧沥青防腐涂料。

（2）缺点　该涂料受温度影响大，冬天硬脆，夏天软黏，对强溶剂不稳定，贮存稳定性差。该涂料颜色深，有毒，只能制成深色漆。

（3）应用范围　该涂料广泛地用于自行车、缝纫机等金属制品和需耐水防潮的木器、建筑、钢铁表面的涂装。

5. 醇酸树脂涂料

醇酸树脂涂料中用的各种醇酸树脂是由各种多元醇、多元酸和油类（干性油、半干性油、不干性油）缩聚反应制得的。该涂料可自干和低温烘干。

（1）优点　涂膜丰满光亮，耐候性优良，施工方便，可采取多种施工方式，附着力较好。价格较为低廉。该涂料可与多种类型的树脂拼用，制成性能优异的防腐涂料，如氯化橡胶醇酸涂料。

（2）缺点　涂膜较软，不宜打磨，耐碱性、耐水性欠佳，贮存稳定性不佳，易出现结皮等现象。干燥时间长，实干时间久。耐蚀性一般，在严酷腐蚀环境中，易起泡、脱落、变色。

（3）应用范围　该涂料广泛用于汽车、玩具、机器部件、金属工业产品以及户内外建筑和家具用品等的面漆。

6. 氨基树脂涂料

氨基树脂涂料是氨基树脂和醇酸树脂配合而成的一类涂料，兼具两者的优异性能。该涂料以烘干为主。

（1）优点　涂膜的硬度高，保色，保光，耐候性好，光泽好，不泛黄，耐大气、盐雾和溶剂性好，耐热。该涂料色浅，可作白漆。耐化学腐蚀优于醇酸树脂。

（2）缺点　韧性差，干燥时一般需烘烤，一般不单独使用。

（3）应用范围　该涂料适用于涂装汽车、电冰箱、机具等钢质器具的涂装，有清漆、绝缘漆、烘漆、锤纹漆等品种，一般作高档装饰性涂料。

7. 硝基纤维素涂料

硝基纤维素涂料是以硝化棉为主并加有增塑剂和树脂（如甘油松香、醇酸或氨基）等配制的涂料。该涂料可自干或烘干，以自干为主。

（1）优点　该涂料干燥快，涂膜坚硬，装饰性好，并具有一定耐蚀性。

（2）缺点　该涂料易燃，清漆不耐紫外线，不能超过60℃使用，固体含量低，施工层次多，价格高。溶剂含量高且多毒性大。

（3）应用范围　该涂料可用于汽车、家具、乐器、文具、玩具、皮革织物和塑料等的涂装，有清漆、磁漆、快干漆等品种。

8. 纤维素涂料

纤维素涂料是指以除硝化棉以外的其他纤维素为主要成膜物质的涂料。

（1）优点　该涂料干燥快，色浅，光泽好，耐候性好，保色性和韧性较好，且具有良好的丰满度，个别品种耐碱、耐热。

（2）缺点　该涂料的附着力较差，耐潮湿性和耐溶剂性差，价格高。固体含量低，需多次涂装。

（3）应用范围　该涂料可用于飞机蒙皮、纸张织物的涂装。

9. 过氯乙烯树脂涂料

过氯乙烯树脂涂料是以过氯乙烯为主要成膜物质的涂料。

（1）优点　该涂料干燥快，施工方便，可采用多种施工方式，耐候性好，耐化学品腐蚀，耐油，耐寒，耐热。

（2）缺点　该涂料的附着力差，耐溶剂性差，硬度低，打磨抛光性差，固体含量低。硬干时间长。

（3）应用范围　该涂料适用于化学防腐及外用、机床阻燃、电机防霉以及飞机、汽车和其他工业品的表面涂装。

10. 乙烯树脂涂料

乙烯树脂涂料是用烯类单体聚合或共聚制成的高分子量树脂所制成的涂料。该涂料可采用溶剂挥发干燥。

（1）优点　涂膜耐冲击，耐汽油，耐化学腐蚀性优良，耐磨，色浅，不泛黄，柔韧性好。该涂料干燥性好，有些品种可与其他树脂拼用制成高性能涂料。含氟树脂涂料耐候性能优良。

（2）缺点　固体含量低，需强溶剂，污染环境，高温时易炭化，清漆不耐晒，附着力不佳。干燥后，需较长时间才能形成坚硬的涂膜。

（3）应用范围　该涂料适用于防腐、包装、纸张、织物及建筑工程等的涂装，广泛用于各种化工防腐和仪器仪表的内外表面涂装。

11. 丙烯酸树脂涂料

丙烯酸树脂涂料多是丙烯酸单体与苯乙烯共聚树脂聚合制成的。该涂料可作单组分涂料，溶剂挥发，也可与其他树脂固化和烘干。

（1）优点　涂膜色浅，耐碱性、耐候性、耐热性、耐蚀性好，附着力好，装饰性好。与聚氨酯等制成双组分涂料，耐候性优异。

（2）缺点　单组分涂料耐溶剂性差，固体含量低，耐湿热性能不佳，成本高。双组分涂料价格贵，对底材处理要求高。

（3）应用范围　该涂料适用于航空、汽车、机械、仪表、家用电器等内外表面的涂装，特别用作面漆时，用途广泛。

12. 聚酯树脂涂料

聚酯树脂涂料是以聚酯为主要成膜物质的涂料。

（1）优点　该涂料的固体含量高，涂膜光泽，柔韧性好，硬度高，耐磨，耐热，耐化学药品性能强。

（2）缺点　不饱和聚酯涂料多组分包装，使用不方便。涂膜须打磨、打蜡、抛光等保养，施工方法复杂，附着力不佳。

（3）应用范围　饱和聚酯主要用作漆包线涂料，不饱和聚酯用于涂装高级木器、电视机、收音机外壳。

13. 环氧树脂涂料

环氧树脂涂料是以环氧树脂为主要成膜物质的涂料。双酚 A 型环氧涂料最为常用，与聚酰胺等固化剂固化成膜，也有烘烤类型，可与多种树脂拼用。

（1）优点　该涂料附着力强，力学性能好，耐化学药品性优良，耐碱，耐油，具有较好的热稳定性和电绝缘性。该涂料可制成高固体含量涂料。

（2）缺点　该涂料耐候性差，室外曝晒易粉化，保光性差，涂膜外观较差。双组分包装，使用不方便。

（3）应用范围　该涂料因其具有优异的耐蚀性，而被广泛用于工业制品、车辆、飞机、船舶、电器仪表、石化设备和各种油罐和管线的内防腐。

14. 聚氨酯涂料

聚氨酯涂料是指分子中含有多氨基甲酸酯链段的涂料。该涂料可自干或烘干。

（1）优点　涂膜耐磨性、装饰性好，附着力强，耐化学药品性好。某些品种可在潮湿条件下固化，绝缘性好，制成的面漆耐候性优异。

（2）缺点　该涂料的生产、贮存、施工等条件苛刻，有时层间附着力不佳，芳香族产品户外使用易泛黄，价格贵，底材处理要求高。

（3）应用范围　该涂料可用于各种化工防腐蚀及海上设备、飞机、车辆、仪表等的涂装。广泛用于外防腐面漆的涂装。

15. 元素有机涂料

元素有机涂料是以各种元素有机化合物为主要成膜物质的涂料。该涂料需高温烘烤成膜。

（1）优点　该涂料具有很好的耐高温、抗氧化、绝缘和耐化学药品的性能，耐候性强，耐潮。

（2）缺点　该涂料的固化温度高，时间长，耐汽油性差，个别品种涂膜较脆，附着力较差，价格贵。

（3）应用范围　该涂料可用于制造耐高温涂料与耐候涂料。

16. 橡胶涂料

橡胶涂料是以天然橡胶衍生物或合成橡胶为主要成膜物质的涂料。其中有单组分溶剂挥发型涂料，也有双组分固化型涂料。

（1）优点　氯化橡胶涂料施工方便，干燥快，耐酸碱腐蚀，韧性、耐磨性、耐老化性、耐水性好；聚硫橡胶涂料耐溶剂和耐油性能极佳；氯磺化聚乙烯涂料耐各种氧化剂，涂膜柔软。品种不同，性能优点各异。

（2）缺点　氯化橡胶等单组分溶剂挥发型涂料，固体含量低，光泽不佳，清漆不耐曝晒，易变色，耐溶剂性差，不耐油；双组分涂料的贮存稳定性差，制造工艺复杂，有的需要炼胶。

（3）应用范围　该涂料可用于船舶、水闸和耐化学药品涂料。例如：氯磺化聚乙烯涂料可用于篷布、内燃机发火线圈和水泥、织物、塑料等的涂装；丁基橡胶涂料可作为化学切割的不锈钢的防腐蚀涂层；丁腈橡胶涂料用于涂覆食品包装纸防水、防油等。

17. 其他类涂料

其他类涂料（如无机富锌涂料等）是指上述 16 类成膜物质以外的其他成膜物形成的涂料。这类涂料有些可自干，有些需要烘干。

（1）优点　无机富锌涂料的涂膜坚固耐磨，耐久性好，耐水，耐油，耐溶剂，耐高温，耐候性好；无机硅酸盐涂料耐高温，防火性能好；环烷酸铜防虫涂料可防止木材生霉和海生物附着。

（2）缺点　这类涂料价格高，多组分包装，使用不便，施工要求高；形成膜厚较薄，需多次涂装，柔韧性差，不能在寒冷及潮湿的条件下施工；属特种涂料，对底材要求高。

（3）应用范围　无机富锌涂料广泛用于各种钢结构防腐，特别是作钢材的底漆等；环烷酸铜防虫涂料适用于木船、织物及木板的涂装；无机硅酸盐涂料可用作防火、耐高温涂层。

18. 常用涂料的性能比较

不同品种的涂料产品，具有不同的物理力学性能以及不同的防护装饰功能，针对各种底材涂装后的使用条件，应选用可达到防护性能要求的涂料品种。表 7-27 列出了常用涂料使用性能等级比较。

表 7-27　常用涂料使用性能等级比较

涂料类别	物理性能								耐蚀性									
	附着力	柔韧性	耐冲击性	硬度	耐磨性	光泽	耐电位	最高使用温度/℃	室外耐候性	耐水	耐盐雾	耐酒精溶剂	耐汽油	耐烃类溶剂	耐酯类、酮类溶剂	耐碱	耐无机酸	耐有机酸
油脂涂料	3	1	1	5	5	4	3	80	2	4	2	4	3	4	5	5	4	3
天然树脂涂料	3	3	3	1	5	2	4	93	4	4	4	4	3	4	5	4	4	4
酚醛树脂涂料	1	3	2	1	1	3	1	170	3	1	2	1	2	1	4	5	3	4
沥青涂料	2	2	2	3	1	2	3	93	4	1	1	5	4	5	5	3	3	1
醇酸树脂涂料	1	1	1	3	3	2	3	93	2	3	3	4	3	3	5	5	4	5
氨基树脂涂料	2	2	1	1	2	1	2	120	1	3	2	3	1	1	4	3	3	5
硝基纤维素涂料	2	2	1	2	4	2	3	70	3	3	3	3	3	4	5	5	2	5
纤维素涂料	3	2	3	3	1	2	3	80	2	3	2	3	3	4	5	5	4	5
过氯乙烯涂料	3	2	3	3	4	3	3	65	1	2	2	1	2	4	5	1	2	5
乙烯涂料	2	2	2	3	2	3	1	65	2	2	2	4	1	3	5	1	1	1
丙烯酸涂料	2	1	2	2	4	1	2	180	1	2	2	5	3	4	5	3	3	5
聚酯涂料	4	2	2	2	3	1	3	93	1	3	2	3	2	1	5	5	1	5

（续）

涂料类别	物理性能								耐蚀性									
	附着力	柔韧性	耐冲击性	硬度	耐磨性	光泽	耐电位	最高使用温度/℃	室外耐候性	耐水	耐盐雾	耐酒精溶剂	耐汽油	耐烃类溶剂	耐酯类、酮类溶剂	耐碱	耐无机酸	耐有机酸
环氧树脂涂料	1	2	1	2	2	4	2	170	5	1	2	1	1	1	2	1	3	2
聚氨酯涂料	1	2	1	1	1	2	1	150	4	1	2	1	1	1	4	2	3	1
元素有机涂料	1	3	1	3	4	4	1	280	1	2	2	4	4	2	3	3	5	1
氯化橡胶涂料	1	2	1	3	3	2	1	93	1	1	1	1	1	2	3	1	3	1

注：1. 此表仅作为大类涂料参考，不尽代表具体每一品种、品牌性能。
2. 数字代号：1—优良；2—良好；3—中等；4—较差；5—很差。
3. 无机酸不包括硝酸、磷酸及全部氧化性酸。
4. 有机酸不包括醋酸。

从表 7-27 可得到不同种类涂料产品性能的优缺点和各自的用途，以及它们各项使用性能的优劣等级比较，这可为正确选择涂料品种提供有益的指导。

在选择涂料品种时，还应考虑以下几个问题：

1）根据被涂工件的材质进行选择。

2）根据使用用途，即不同的涂饰目的选择涂料。

3）根据涂料的配套性选择。

4）根据施工条件来选择。

5）根据费效比来选择。

7.5.5 涂料的生产工艺

涂料的生产工艺流程如图 7-12 所示。

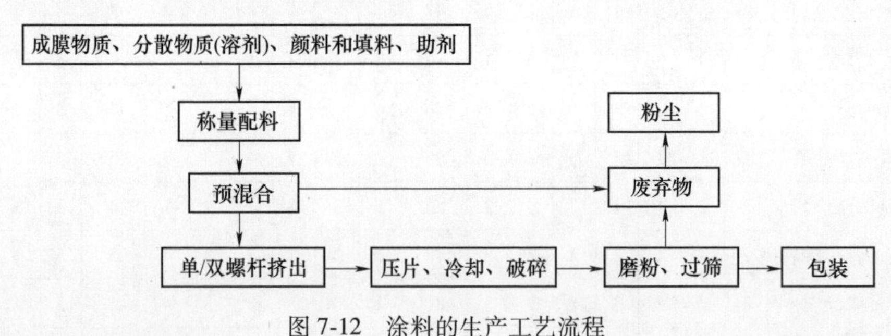

图 7-12 涂料的生产工艺流程

7.5.6 涂料的缺陷

（1）发浑 发浑也称浑浊、发混、发糊，是指清漆、清油或稀释剂由于不溶物析出而呈现云雾状不透明的现象。在涂料开桶后，清漆、油性清漆和合成树脂清漆表现为透明度差、浑浊，甚至出现沉淀。

（2）沉淀和结块　沉淀也称沉底或沉降，是指涂料在贮存过程中，其固体组分下沉至容器底部的现象。结块指当沉淀现象严重时，涂料中的颜料等颗粒沉淀成用搅拌方法不易再分散的致密块状物。当涂料开桶后，用一搅拌棒插入涂料桶中，提起时，若所黏附涂料颜色稠度均一，则无沉淀；若上稀下稠，底物有难以搅动的感觉，即出现沉淀；当搅拌棒无法插到桶底，底部沉淀硬结，无法搅拌均匀时，则是出现结块。常见的易沉淀涂料品种有红丹漆、防污漆、防锈漆（如云母氧化铁防锈漆）、低性能乳胶漆等。

（3）结皮　结皮是指涂料在容器中，由于氧化聚合作用，在液面上形成皮膜的现象。开桶后，在表面覆盖一层黏稠胶皮类物质，下面涂料仍然均匀。

（4）变色　变色是指涂料在贮存过程中，由于某些成分的化学或物理变化或者与容器发生化学反应而偏离其初始颜色的现象。在开启色漆桶时往往出现颜色不符，最常见的是绿色涂料开桶后竟是蓝色的，也有的色漆开桶后是清漆，复色漆出现颜色悬浮等。

（5）发胀　发胀是指涂料的黏度显著增加，直至变为厚浆状、胶体或硬块的现象，在形态上又表现为假厚（假稠）、胶化和肝化等形式。

（6）假厚　假厚也称为假稠或触变，是指涂料看来外表稠厚，但一经机械搅拌就能流动自如，停止搅拌后又能恢复如初的现象。

（7）胶化　胶化是指涂料从液态变为不能使用的固态或半固态的现象。细的颜料粒子结成块粒状，黏度增高，结成胶冻状。

（8）肝化　肝化是指涂料黏稠，无法搅动，呈硬胶状，形状类似肝块的现象。肝化的涂料必须经过过量稀释后才能使用或仍难以使用。

（9）变稠　变稠是指涂料在贮存过程中，由于组分之间发生化学反应或由于稀释剂的损失而引起的稠度增高（不一定增加到不能使用的程度）、体积膨胀的现象。

（10）起料　起料也称有粗粒，是指色漆在贮存过程中展现出的粗颗粒（即少许结皮、凝胶、凝聚体或外来粗粒）。涂料开桶后，发现涂料溶液中形成颗粒状突起，漆粒子变粗。这种现象常常出现在氯化橡胶厚浆涂料、沥青涂料中。不仅会影响涂膜外观，还会在喷涂作业中堵塞喷嘴。

（11）胖听　胖听是指涂料在贮存过程中，由于桶内溶剂的汽化，容器产生变形的现象。胖听主要发生在铝粉涂料、锌粉涂料和某些聚氨酯涂料中，严重时发生涂料桶自燃、起火、爆裂。

7.6 胶黏剂

7.6.1 胶黏剂的分类

胶黏剂的分类如图 7-13 所示。

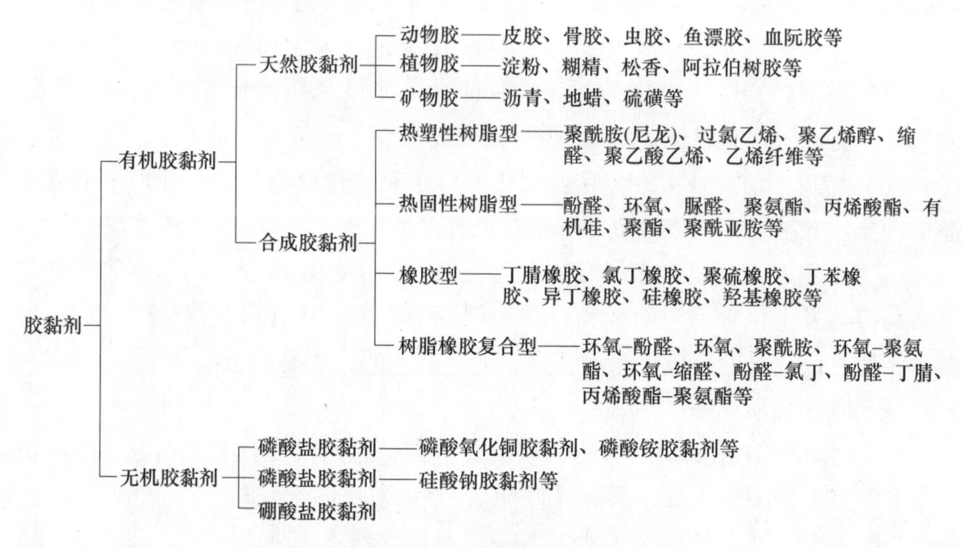

图 7-13 胶黏剂的分类

7.6.2 胶黏剂的性能

1）常用胶黏剂的一般性能见表 7-28。

表 7-28 常用胶黏剂的一般性能

序号	胶黏剂（主成分）	胶黏剂种类	耐水性	耐药品性	耐寒性	耐热性	耐冲击性	耐候性	黏结强度
1	醋酸乙烯树脂	A·B	×—△	△	△	△	○—⓪	△	○
2	丙烯酸树脂	A·B	△	△	△—○	△	○—⓪	○	○—⓪
3	醋酸乙烯-丙烯酸树脂	A·B	×—△	△	△	△	○	△—○	○—⓪
4	醋酸乙烯、聚氯乙烯	A·B	△	△	△	△	○	△—○	○
5	乙烯、醋酸乙烯	A·B·D	△	△	△	△	○	○—△	○
6	乙烯、丙烯酸树脂	C·D	△—○	△	△—○	△—○	○	△—○	⓪
7	聚酰胺	B·C·D	○	○	○	○	○	△—○	○—⓪
8	聚缩醛树脂	B·D	○	○	○	○	○—⓪	○	○—⓪

（续）

序号	胶黏剂（主成分）	胶黏剂种类	耐水性	耐药品性	耐寒性	耐热性	耐冲击性	耐候性	黏结强度
9	聚乙烯醇	A·D	×—△	△	△—○	△—○	○	△—○	○
10	聚酯树脂	C·D·E	△—○	○	△—○	△—○	○	○	○
11	脲醛树脂	A·（E）	△	△	△	△	×—△	△	○—◎
12	三聚氰胺树脂	A·（E）	○	△—○	△—○	△—○	△	△—○	○
13	聚氨酯树脂	A·B·D·E	○	○	○	○	○	△—○	○—◎
14	酚醛树脂	A·B·（E）	○	○	△—○	○	△	○	◎
15	间苯二酚树脂	A·B·（E）	○	○	○	○	△	○	◎
16	环氧树脂	A·B·D·E	○	○—◎	○	○	△—○	○	◎
17	聚酰亚胺树脂	D	○	○—◎	○	◎	○	○	○—◎
18	天然橡胶	A·B	△	△—○	△—○	△	○—◎	△—○	○
19	氯丁橡胶	A·B	△—○	△—○	△—○	△—○	○—◎	△—○	○
20	丁腈橡胶	A·B	△—○	○	△—○	○	○—◎	○	○
21	聚氨酯橡胶	B·E	△—○	○	△—○	○	○	△—○	○—◎
22	丁苯橡胶	A·B	△	△	△	△	○	△	△—○
23	再生橡胶	B	△	△	△	△	○	△—○	△—○
24	丁基橡胶	A·B	△	△	△	△	○	○	△—○
25	苯乙烯-丁二烯-苯乙烯、苯乙烯-异丁二烯-苯乙烯	B·C	○	△	○	△	○—◎	△	○
26	水溶性聚氨酯	E	○	△	○	△—○	○	△—○	○
27	α-烯烃	E	○	△	△—○	△	○	△	○
28	α-氰基丙烯酸酯	E	△	△—○	△—○	△	○	△—○	○—◎
29	改性丙烯酸	E	△—○	△—○	△—○	△	○	△	○—◎
30	改性丙烯酸（微胶囊）	E	○	△—○	○	△—○	○	△—○	○—◎
31	改性丙烯酸（厌氧）	E	○	△—○	○	△	△—○	○	○—◎
32	改性丙烯酸（湿气固化型）	E	○	△—○	○	△—○	△—○	△—○	○—◎
33	改性丙烯酸（紫外线固化型）	E	○	△—○	○	△—○	△—○	△—○	○—◎
34	环氧-酚醛树脂	B·D·（E）	○	○—◎	○	○—◎	△—○	○	◎
35	缩丁醛	B·D·（E）	○	○—◎	○	○—◎	○	○	○
36	丁腈	B·D·（E）	○	○—◎	○	○—◎	○	○	○

注：1. 胶黏剂的种类：A—乳液、胶乳、水溶性；B—溶剂型；C—热熔型；D—薄膜型；E—反应型。

2. 胶黏剂的性质：◎—优；○—良；△—可；×—差。

2）常用胶黏剂的耐介质性能见表 7-29。

表 7-29 常用胶黏剂的耐介质性能

胶黏剂	耐水	耐热水	耐酸	耐碱	耐汽油	耐燃料油	耐醇	耐酮	耐酯	耐芳烃	耐氧化溶剂	耐机油
环氧-多胺	○	+	○	○	○	+	⊕	×	×	⊕	−	○
环氧-酸酐	+	+	○	○	○	+	○	+	×	×	○	○
环氧-聚酰胺	○	×	+	×	○	○	⊕	×	×	+	−	○
环氧-聚硫	⊕	×	○	○	○	○	○	×	×	○	×	⊕
环氧-缩醛	○	+	○	○	○	○	+	×	×	+	−	○
环氧-尼龙	○	×	−	−	−	○	+	×	×	×	×	+
环氧-丁腈	○	○	○	○	○	○	○	×	×	○	+	⊕
环氧-酚醛	○	○	○	○	+	+	○	×	×	○	−	○
酚醛-缩醛	○	+	△	○	○	○	△	×	×	×	×	○
酚醛-丁腈	○	○	○	○	○	○	○	×	×	×	×	⊕
酚醛-氯丁	○	✓	+	○	○	○	+	×	×	×	×	○
聚氨酯	○	+	+	+	○	○	○	○	○	×	○	+
脲醛	○	×	○	+	○	○	○	○	○	○	○	○
不饱和聚酯树脂	+	×	+	✓	○	○	○	×	×	×	×	×
聚乙烯醇	×	×	○	○	+	+	+	⊕	⊕	⊕	⊕	✓
聚酰亚胺	○	△	○	○	○	○	○	○	○	○	○	○
有机硅树脂	○	○	−	○	○	○	○	△	△	+	×	○
聚醋酸乙烯	+	×	+	+	○	○	×	×	×	×	×	+
氯丁橡胶	○	+	○	○	○	○	+	×	×	×	×	○
丁腈橡胶	○	✓	✓	+	○	○	+	×	×	+	×	⊕
聚硫橡胶	⊕	×	○	○	○	○	○	×	×	○	×	⊕
丁基橡胶	○	×	⊕	○	×	×	○	○	○	×	×	×
丁苯橡胶	⊕	−	+	+	○	✓	○	+	×	×	×	+
硅橡胶	○	○	+	+	+	○	+	×	+	+	+	✓
天然橡胶	+	−	+	+	×	×	○	△	△	×	×	×
α-氰基丙烯酸酯	×	×	×	×	+	+	✓	✓	✓	△	△	+

注：⊕—优，○—良，+—好；△—中，✓—可，×—差。

3）常用胶黏剂的耐老化性能见表 7-30。

表 7-30　常用胶黏剂的耐老化性能

胶黏剂	水	溶剂	高温	低温	户外	胶黏剂	水	溶剂	高温	低温	户外
环氧-多胺	+	+	+	+	○	多异氰酸酯	×	+	+	×	×
环氧-芳胺	○	○	○	+	⊕	聚氨酯	+	+	+	⊕	×
环氧-酸酐	+	+	○	+	×	聚醋酸乙烯	×	×	×	×	⊕
环氧-聚酰胺	+	○	×	⊕	×	α-氰基丙烯酸酯	×	×	×	×	×
环氧-尼龙	+	+	+	⊕	×	聚乙烯醇	×	○	×	×	×
环氧-聚硫	○	○	+	○	⊕	有机硅树脂	⊕	○	⊕	○	⊕
环氧-缩醛	○	○	+	+	○	天然橡胶	○	×	+	○	×
环氧-酚醛	○	⊕	⊕	⊕	○	氯丁橡胶	○	+	+	+	+
酚醛-缩醛	○	○	○	○	⊕	丁腈橡胶	○	⊕	○	○	○
酚醛-丁腈	⊕	⊕	○	○	⊕	聚硫橡胶	⊕	⊕	+	+	○
酚醛-氯丁	⊕	+	○	+	+	丁基橡胶	○	○	○	+	○
脲醛	+	○	+	+	×	丁苯橡胶	⊕	+	○	+	+
三聚氰胺甲醛	○	○	⊕	○	○	硅橡胶	⊕	○	⊕	⊕	⊕
不饱和聚酯树脂	+	+	+	+	⊕	无机胶	×	○	⊕	○	+

注：⊕—优，○—良，+—可，×—差。

7.6.3　常用胶黏剂的特性和用途

常用胶黏剂的特性和用途见表 7-31。

表 7-31　常用胶黏剂的特性和用途

序号	名称	主　要　特　性	用　途　举　例
1	酚醛树脂胶黏剂	容易制造，价格便宜，对极性被粘物具有良好的黏合力，黏结强度高，电绝缘性好，耐高温、耐油、耐水、耐大气老化。其主要缺点是脆性较大，收缩率大	用于粘接金属、玻璃钢、陶瓷、玻璃、织物、纸板、木材、石棉等
2	环氧树脂胶黏剂	黏合性好，黏结强度高，收缩率低，尺寸稳定，电性能优良，耐化学介质，配制容易，工艺简单，毒性低，危害小，不污染环境等，对多种材料都具有良好的胶黏能力，还有密封、绝缘、防漏、紧固、防腐、装饰等多种功能	在合成胶黏剂中，无论是性能和品种，或者是产量和用途，环氧树脂胶黏剂都占有举足轻重的地位，因而被广泛用于航空、航天、军工、机械、造船、电子、电器、建筑、汽车、铁路、轻工、农机、医疗等领域

（续）

序号	名称	主 要 特 性	用 途 举 例
3	脲醛树脂胶黏剂	合成简单、价格低廉、易溶于水、黏结性较好、固化物无色、耐光照性好、使用方便、室温和加热均能固化等特点。其缺点是耐水性差、固化时放出刺激性的甲醛，储存稳定性不佳	主要用作木材的胶黏剂，大量用于生产胶合板、贴面板、纤维板、刨花板、包装板等
4	三聚氰胺树脂胶黏剂	具有高耐磨、耐热、耐水、耐化学介质、耐稀酸、耐稀碱、表面光亮、易清洗等优良性能。由于三聚氰胺树脂分子柔性小，致使固化产物脆性比较大，容易开裂	用于制造人造板、胶合板、装饰板
5	聚氨酯胶黏剂	耐受冲击振动和弯曲疲劳，剥离强度很高，特别是耐低温性能极其优异。聚氨酯胶黏剂工艺简单，室温和高温均能固化，不同材料黏结时热应力影响小。但其耐水性和耐热性都比较差	广泛用于粘接金属、橡胶、玻璃、陶瓷、塑料、木材、织物、皮革等多种塑料
6	不饱和聚酯胶黏剂	黏度小，易润湿，工艺性好，固化后的胶层硬度大，透明性好，光亮度高，配制容易，操作方便，可室温加压快速固化，耐热性较好，电性能优良，成本低廉，来源容易。不饱和聚酯树脂固化后收缩率大，黏结强度不高，只能用作非结构胶黏剂。由于含有大量酯键，易被酸、碱水解，因此，耐化学介质性和耐水性较差	用于粘接玻璃钢、硬质塑料、木材、竹材、玻璃、混凝土等，还可用于电器灌封和家具装饰罩壳
7	呋喃树脂胶黏剂	耐蚀性好，耐热性高，耐强酸强碱、耐水，只是脆性较大	用于黏接木材、陶瓷、玻璃、金属、橡胶、石墨等材料
8	α-氰基丙烯酸酯胶黏剂	具有很高的黏结强度，α-氰基丙烯酸甲酯（即501胶）的黏结强度高达22MPa。固化速度极快，黏结后10~30s就有足够的强度。胶黏剂为单液型，黏度低，便于涂布。耐油性和气密性好。其缺点是：脆性较大，剥离强度低，不耐冲击和振动。耐热、耐水、耐溶剂、耐老化等性能都比较差。相对其他胶黏剂而言，价格较贵	用于粘接金属、橡胶、塑料、玻璃、陶瓷、石料等，作为工业上的暂时黏合是非常好的

（续）

序号	名称	主 要 特 性	用 途 举 例
9	厌氧胶	其特点是：单液型、渗透性好、室温固化、使用方便。收缩率小、密封性小，耐冲击振动。耐酸、碱、盐、水等介质。不挥发、无污染与毒害。适用期长，储存稳定。与空气接触的部分不固化发黏，需要清除。对于钢铁、铜等活泼金属固化快、强度高；对于铬、锡、不锈钢等惰性金属和玻璃、陶瓷、塑料等非金属固化速度慢，黏结强度低。不宜大缝隙和多孔材料的粘接与密封	用于机械螺栓紧固、管路耐压密封、铸件浸渗堵漏、圆柱零件粘接等
10	第二代丙烯酸酯胶黏剂	使用方便，可直接涂胶。可室温快速固化，1～10min 即能定位。强度高超，剪切、冲击和剥离强度均高。韧性极好，比环氧胶、厌氧胶的韧性都强。耐热、耐寒、耐水、耐油、耐老化等综合性能良好。电性能好。粘接工艺简便，被粘表面无须特殊处理。用途广泛，能粘接金属与非金属材料，尤其是不同材料的粘接效果更好。但其气味较大，丙烯酸酯的臭味难闻。稳定性差，储存期较短	广泛用于宇航、飞机、汽车、船舶、电器、电子、机械、仪器、仪表、建筑、乐器、体育用品、家具、工艺品等行业
11	有机硅树脂胶黏剂	其突出特点是耐高温，可在 400℃ 长期工作，瞬时可承受 1000℃。此外，它的耐低温性、耐水性、电绝缘性、耐老化性、耐蚀性都很好。粘接时需要加压高温固化，黏结强度较低	用于粘接金属、陶瓷、玻璃、玻璃钢等，可用于高温场合
12	氯丁橡胶胶黏剂	极好的初始黏合力，极快的定位能力。初期黏结强度和最终黏结强度均高。能够黏接多种材料，因此也有“万能胶”之称。胶层韧性较好，能够耐受冲击和振动。具有良好的耐油、耐水、耐燃、耐酸、耐碱、耐臭氧和耐老化性能。但胶黏剂的耐热和耐寒性都不够好。储存稳定性较差，容易出现分层、沉淀或絮凝	应用面很广，可以进行橡胶、皮革、织物、纸板、人造板、木材、泡沫塑料、陶瓷、混凝土、金属等自粘或互粘，尤其是用于橡胶与金属的粘接效果更好，广泛用于制鞋、汽车、家具、建筑、机械、电器、电子等工业部门
13	丁腈橡胶胶黏剂	具有良好的黏附性能、优异的耐油性和较好的耐热性，韧性较好，能够抗冲击振动。其缺点是耐寒性差，黏结强度不高	用于丁腈橡胶或其与金属、织物、皮革等要求耐油性的粘接

（续）

序号	名称	主 要 特 性	用 途 举 例
14	聚硫橡胶胶黏剂	具有突出的耐油性、耐溶剂性、密封性，良好的耐低温性、耐老化性，但其粘附性差，黏结强度低	用于飞机、建筑、汽车、化工、电器等行业
15	丁苯橡胶胶黏剂	耐磨、耐热和耐老化性能比较好，储存稳定，价格便宜，但其黏附性较差，收缩率大，黏结强度低，耐寒性不够好	用于粘接橡胶、织物、塑料、木材、纸板、金属等
16	硅橡胶胶黏剂	具有优异的耐热性、耐寒性、耐温度交变性，良好的耐水性、电绝缘性、耐介质性、耐老化性，具有生理惰性、无毒，能够密封减振。其缺点：黏附性差，黏结强度低，价格比较高	可以粘接金属、橡胶、陶瓷、玻璃、塑料等，广泛用于航空、电器、电子、建筑、医疗等行业
17	氯磺化聚乙烯胶黏剂	具有优异的耐热性、耐臭氧性、耐蚀性、耐候性，较好的耐燃性、耐低温性、耐介质性。不足之处是耐油性不如丁腈橡胶胶黏剂，黏结强度也比较低	用于粘接塑料、玻璃钢、金属等
18	聚醋酸乙烯乳胶	俗称白乳胶，其润湿性好，无毒无臭，胶层无色透明，使用简便，粘接牢固，但是耐水性不好	用于粘接多孔材料，如木材、纸张、织物、泡沫塑料等
19	聚丙烯酸酯乳液	它比聚醋酸乙烯乳液有更强的黏结能力、更高的耐水性、更快的干燥性、更好的耐候性、更广的适用性	用于粘接塑料、金属、木材、皮革、纸张、陶瓷、织物等
20	热熔胶黏剂	热熔胶为固体状态，不含溶剂，无毒害，不污染，生产安全，运输储存方便。热熔胶能快速黏结，适合机械化流水线生产，节省场地，带来高产量、高效率、高效益。热熔胶可反复使用，基本无废料，装配和拆卸都很容易。热熔胶对许多材料都有黏结能力，包括一些难粘塑料。但热熔胶使用时需要加热熔化，离不开一定的设备，多数黏结强度较低，耐热性较差	热熔胶的用途越来越多，诸如黏接、固定、封边、密封、绝缘、充填、捆扎、嵌缝、装订、贴面、复合、缝合等。在制鞋、包装、家具、标线、服装、美术、建筑、电子、电器、交通等领域都获得了广泛的应用
21	密封胶黏剂	密封胶黏剂简称为密封胶，使用的目的主要是对密封的部位上，要求起有效的密封作用，能防止内部介质泄漏和外部介质的侵入，大多数场合下，还要求方便拆卸，并不一定要求界面上有多高的黏结强度（有人认为有 3~4MPa 的黏结强度已足够了）	用于各种管道接头或法兰密封、包装容器、焊缝、航空燃油箱、电器、真空泵、螺纹、电机、门窗玻璃、建筑顶棚、绝缘板、贮罐等都用密封胶进行密封

（续）

序号	名称	主要特性	用途举例
22	磷酸-氧化铜无机胶黏剂	耐高温700~900℃，耐油，耐水，粘接固化速度快，耐久性强。其缺点是不耐酸、碱，脆性较大	可粘接刀具，代替钎焊，粘接长麻花钻杆，粘接珩磨条、金刚石，固定量具，粘接模具，密封补漏等
23	硅酸盐无机胶黏剂	其特点是能耐800~1350℃的高温，耐油，耐碱，耐有机溶剂，黏结强度高，但不耐酸，脆性较大	用于粘接金属、陶瓷、玻璃、石料等，还可用于铸件砂眼堵漏、铸件浸渗

7.6.4　通用胶黏剂的成分和性能

通用胶黏剂的成分和性能见表7-32。

表7-32　通用胶黏剂的成分和性能

牌号	主要成分（质量分数）	固化条件	主要性能[①]	用途
HY-911-Ⅱ	甲：E-51环氧树脂聚氯乙烯熔胶、石英粉（0.052mm）、气相二氧化硅 乙：BF_3络合物H_3PO_4、2-甲基咪唑、气相二氧化硅 甲与乙质量比为5/1~7/1	25℃，0.5~2h	剪切强度 铝合金 常温，10~21MPa 60℃，10MPa 常温固化快，配胶比较宽，使用方便	±60℃用，可快粘金属及大部非金属作工艺胶和修补胶使用
HY-914	甲：711环氧树脂712环氧树脂 E-20环氧树脂 聚硫橡胶JLY-124 石英粉（0.052mm）气相SiO_2 乙：固化剂703 偶联剂KH-550促进剂DMP-30 甲与乙质量比为4/1~6/1	25℃，3h	剪切强度 铝合金22~24MPa 不锈钢28~30MPa 钢30MPa 铜14~17MPa	±60℃用，固化快，黏结强度高，耐介质耐热性好，可粘金属，大部分非金属适于紧急抢修
HY-914-Ⅱ	甲：同HY-914，但用量有改变 乙：固化剂701，偶联剂、促进剂同HY-914石英粉（0.052mm）气相SiO_2 甲与乙质量比为2/1	25℃，6~8h	剪切强度 铝合金15~20MPa 钢13~20MPa 铜10~14MPa 铝合金/有机玻璃>10MPa 铝合金/PVC10MPa 铝合金/ABS5MPa	±60℃用，固化快，使用方便，比HY-914韧性好。可粘金属及玻璃、木材、层压材、聚碳酸酯、ABS、PVC、有机玻璃

（续）

牌　号	主要成分（质量分数）	固化条件	主要性能[①]	用　途
SW-2 胶	甲：E-51 环氧树脂、聚醚 N330 石英粉 乙：酚醛四乙烯五胺 DMP-30 丙：KH-550 甲、乙与丙质量比为 3/1/0.1	常温，2~4h	剪切强度 钢 26MPa 铝合金 15MPa 不锈钢 23MPa 铜 12MPa 玻璃钢 9MPa	±60℃用，常温快固化，适于粘接金属材料及玻璃钢
WJ53-HN-502 胶	甲：E-51 环氧树脂-二苯胺酸洗石棉 乙：BF_3-顺丁烯二酸-四氢糠脂络合物酸洗石棉 甲与乙质量比为 1.44/0.33	常温，0.5h	剪切强度 铝合金 常温，8~10MPa 80℃，8~10MPa 110℃，10~12MPa -55℃，8~10MPa	-55~110℃用，工艺简便，室温固化，适用金属应急修补，金属管堵漏
快干胶	羟甲基环氧树脂 环氧稀释剂 600 号 液态羧基于腈橡胶 聚酰胺固化剂 H-4 硫脲己二胺	常温，2~10min 干固 3h~7d 或 60~80℃，2h 全固	剪切强度 钢 16MPa 铝合金 25MPa 铜 25MPa	0~80℃用，黏性好，化学稳定性优良，适用于金属及非金属粘接
SY-102 胶	E-51 环氧树脂 聚酯树脂 SY-5-2-1 己二胺 石英粉	常温，1~3d	剪切强度 铝合金 15MPa 不锈钢 18MPa 铜 13MPa 玻璃钢 11MPa	-60~常温用，耐介质性好，适于粘接金属，装配，修补
J-18 胶液	甲：E-51 环氧树脂 聚乙烯醇缩丁醛 乙：聚酰胺 200 偶联剂 KH-550 无水乙醇 甲与乙质量比为 100/250	常温，24~36h	剪切强度 常温，10MPa 60℃，3MPa -60℃，18MPa	±60℃用，可粘接金属及各种非金属材料，无毒，无臭，工艺性好，初始强度高，储存期 1 年
改性环氧胶粘剂	E-51 环氧树脂 液态羧基丁腈 2-甲基咪唑	60℃，2~6h，可室温预固化	剪切强度 铝合金 16~23MPa 铜 10~11MPa 钢 15~27MPa	150℃以下用，毒性小，使用方便，粘接金属及玻璃、玛瑙等非金属
HYJ-29	E-51 环氧树脂液体羟基丁腈橡胶 Al_2O_3 粉 气相 SiO_2 2-乙基-4-甲基咪唑	70℃，3h	剪切强度 铝合金 9~11MPa	常温~110℃用，适用于金属与玻璃钢粘接

（续）

牌　号	主要成分（质量分数）	固化条件	主要性能[①]	用　途
SY-5胶	聚丙烯甲酯丙酮液 乙二醇甲基丙烯酸聚酯 苯乙烯 过氧化苯甲酰 水泥	60℃，10h或80℃，6h	剪切强度 铝合金17MPa 铝合金/不锈钢20MPa	±60℃用，适于金属、层压板、木材粘接
JSF-2胶 FS-2胶	氨酚醛树脂 聚乙烯醇缩丁醛 乙醇	0.5MPa 150℃，1h	剪切强度 铝合金 20℃，10MPa 55℃，6MPa	±60℃用，粘接金属、玻璃、陶瓷、层压板
甲醇胶	二甲基乙烯乙炔基 甲醇预聚物 丙酮 过氧化苯甲酰	20℃，9d或60℃，20h	剪切强度 钢23MPa 铝合金25MPa 陶瓷/玻璃15~20MPa	光学玻璃，仪器、仪表，航空部门用
熊猫751树脂胶	甲：聚乙烯醇、氧化铵、水 乙：聚乙烯醇、脲醛树脂水 甲/乙=1/1	常温，24h	初黏度大， 低毒无臭， 不易燃	粘接聚苯乙烯、PVC、泡沫塑料、木材，纸制品

① 铝合金表示相同材料铝合金的粘接，其余类推。未注明测试温度的表示在常温下测试。

7.6.5　胶黏剂的生产工艺

胶黏剂生产工艺一般包括如下步骤：

（1）配料　按计量好的成分进行配料。

（2）反应　在一定温度和压力下反应一定的时间。

（3）压滤　也称缩聚，在一定温度及压力下进行，使产品纯度提高。

（4）稀释　按要求进行稀释。

（5）包装　进行成品包装。

7.6.6　胶黏剂的缺陷

（1）脆化　不增韧时，胶黏剂固化后一般偏脆，抗剥离、抗开裂、抗冲击性能差。

（2）活化差　表面活化处理差时，胶黏剂表现出对极性小的材料（如聚乙烯、聚丙烯、氟塑料等）黏结力小等现象。

（3）流挂　流挂是指由于胶黏剂的黏度过低，在使用和硬化过程中发生向下流动的现象。

（4）老化　老化是指胶黏剂性能随时间延长而变差，基至失去使用价值的现象。

（5）胶瘤　胶瘤是指胶黏剂中出现粒状不均匀物的现象。

（6）氧化变质　胶黏剂中含有微量的非烃化合物和稠环芳烃，会发生氧化变质现象。

第 8 章

复合材料

8

复合材料是以某种材料为基体，以金属或非金属线、丝、纤维、晶须或颗粒为增强体的非均质混合物，其共同点是具有连续的基体。复合材料的本质在于把基体优越的塑性、成形性和强承载能力与刚性相结合，把基体良好的热传导性和增强体的低热膨胀系数结合起来，好比是孩子继承了父母双方基因的长处，因此复合材料的各项性能都很好。

复合材料的基体材料分为金属和非金属两大类。金属基体常用的有铝、镁、铜、钛及其合金，非金属基体主要有合成树脂、橡胶、陶瓷、石墨、碳等。增强体材料主要有玻璃纤维、碳纤维、硼纤维、芳纶纤维、碳化硅纤维、石棉纤维、晶须、金属丝和硬质细粒等。

8.1 复合材料的分类

1. 按基体类型分类

复合材料按基体类型的分类如图 8-1 所示。

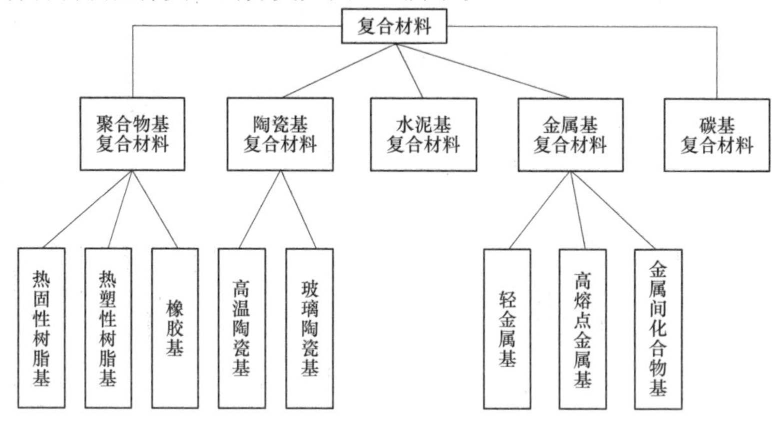

图 8-1 复合材料按基体类型的分类

2. 按增强体形式分类

复合材料按增强体形式的分类如图 8-2 所示。

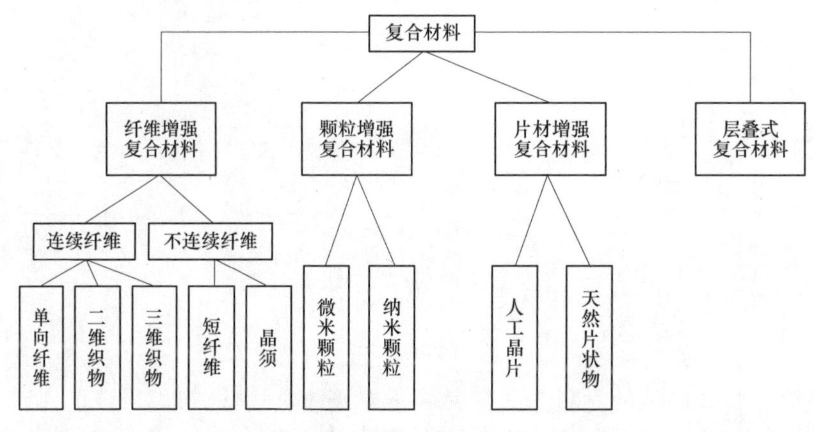

图 8-2　复合材料按增强体形式的分类

3. 按用途分类

复合材料按用途分类包括：结构复合材料、功能复合材料、结构/功能一体化复合材料。

8.2　复合材料的命名

复合材料在世界各国还没有统一的名称和命名方法，比较共同的趋势是根据增强体和基体的名称来命名，一般有以下三种情况：

1）强调基体时，以基体材料的名称为主，如树脂基复合材料、金属基复合材料、陶瓷基复合材料等。

2）强调增强体时，以增强体材料的名称为主，如玻璃纤维增强复合材料、碳纤维增强复合材料、陶瓷颗粒增强复合材料。

3）基体材料名称与增强体材料名称并用。这种命名方法常用来表示某一种具体的复合材料，习惯将增强体材料的名称放在前面，基体材料的名称放在后边，如玻璃纤维增强环氧树脂复合材料，或简称为玻璃纤维/环氧树脂复合材料或玻璃纤维/环氧。我国则常将这类复合材料通称为玻璃钢。

8.3　复合材料的性能及影响因素

8.3.1　复合材料的性能

1）复合材料的比强度和比刚度较高。材料的强度除以密度称为比强度。材料的刚度除以密度称为比刚度。这两个参量是衡量材料承载能力的质要指标。比强度和比刚度较高说明材料质量轻，而强度和刚度大。这是结构设计，特别是航空、航天结构设计对材料的重要要求。现代飞机、导弹和卫星等机体结构正逐渐扩大使用纤维增强复合材料的比例。几种金属材料和复合材料的比强度见表 8-1。

表 8-1　几种金属材料和复合材料的比强度

材料	密度/(g/cm^3)	拉伸强度/10^{3}MPa	比强度/10^{7}cm
钢	7.8	1.03	0.13
铝合金	2.8	0.47	0.17
钛合金	4.5	0.96	0.21
玻璃纤维增强树脂基复合材料	2.0	1.06	0.53
碳纤维Ⅱ/环氧树脂复合材料	1.45	1.50	1.03
碳纤维Ⅰ/环氧树脂复合材料	1.6	1.07	0.67
有机纤维/环氧树脂复合材料	1.4	1.4	1.0
硼纤维/环氧树脂复合材料	2.1	1.38	0.66
硼纤维/铝复合材料	2.65	1.0	0.38

2）复合材料具有良好的尺寸稳定性。加入增强体到基体材料中不仅可以提高材料的强度和刚度，而且可以使其热膨胀系数明显下降。通过改变复合材料中增强体的含量，可以调整复合材料的热膨胀系数，使其尺寸稳定性好，在生产片状材料时尤其显著。

3）复合材料的力学性能及结构可以设计。可以通过选择合适的原材料和合理的铺层形式，使复合材料构件或复合材料结构满足使用要求。例如，在某种铺层形式下，材料在一方向受拉而伸长时，在垂直于受拉的方向上材料也伸长，这与常用材料的性能完全不同。又如，利用复合材料的耦合效应，在平板模上铺层制作层板，加温固化后，板就自动成为所需要的曲板或壳体。复合材料设计框图如图 8-3 所示。

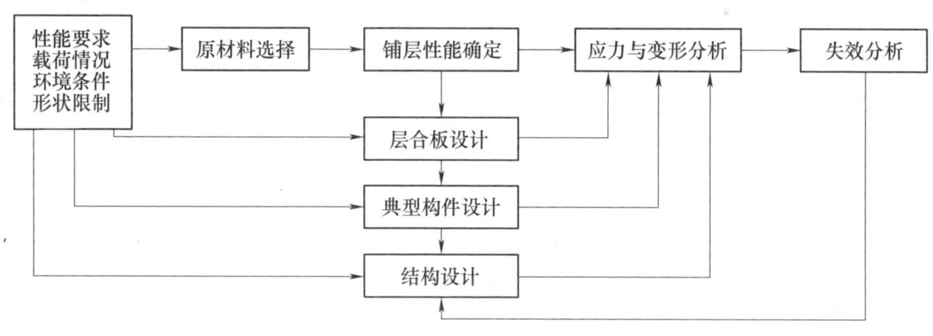

图 8-3　复合材料设计框图

4）复合材料通常都能耐高温。在高温下，用碳或硼纤维增强的金属复合材料，其强度和刚度都比原金属材料的强度和刚度高很多。普通铝合金在400℃时，弹性模量大幅度下降，强度也下降；而在同一温度下，用碳纤维或硼纤维增强的铝合金的强度和弹性模量基本不变。复合材料的热导率一般都小，因而它的瞬时耐超高温性能比较好。

5）复合材料的安全性好。在纤维增强复合材料（见图8-4）的基体中有成千上万根独立的纤维。当用这种材料制成的构件超载，并有少量纤维断裂时，载荷会迅速重新分配并传递到未破坏的纤维上，因此整个构件不至于在短时间内丧失承载能力。

图8-4　纤维增强复合材料

6）复合材料的减振性能良好。纤维复合材料的纤维和基体界面的阻尼较大，因此具有较好的减振性能。用同形状和同大小的两种梁分别做振动试验，碳纤维复合材料梁（见图8-5）的振动衰减时间比轻金属梁要短得多。

图8-5　碳纤维复合材料梁

7）复合材料的抗疲劳性能良好。一般金属的疲劳强度为抗拉强度的40%～50%，而某些复合材料可高达70%～80%。复合材料的疲劳断裂是从基体开始，逐渐扩展到增强体和基体的界面上，没有突发性的变化。因此，复合材料在破坏前有预兆，可以检查和补救。纤维复合材料还具有较好的抗声振疲劳性能。用复合材料制成的直升机旋翼，其疲劳寿命比用金属材料的长数倍。图 8-6 所示为部分采用碳纤维增强的复合材料制备的无人机。

图 8-6　部分采用碳纤维增强的复合材料制备的无人机

8）复合材料的成型工艺简单。纤维增强复合材料一般适合于整体成型，因而减少了零部件的数目，从而可减少设计计算工作量，并有利于提高计算的准确性。另外，制作纤维增强复合材料部件的步骤是把纤维和基体黏结在一起，先用模具成型，而后加温固化，在制作过程中基体由流体变为固体，不易在材料中造成微小裂纹，而且固化后残余应力很小。陶瓷基复合材料的生产工艺流程如图 8-7 所示。

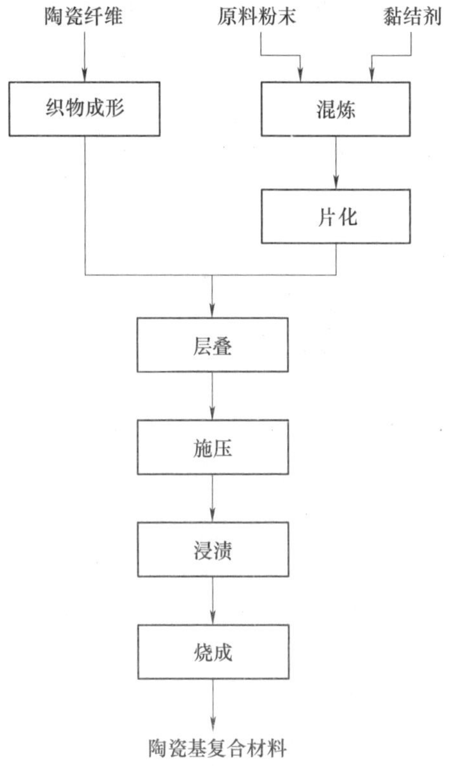

图 8-7　陶瓷基复合材料的生产工艺流程

8.3.2　影响复合材料性能的因素

1. 复合材料的界面

复合材料的界面是指基体与增强体之间化学成分有显著变化的、构成彼此结合的、能起载荷传递作用的微小区域。

复合材料的界面是一个多层结构的过渡区域，约几个纳米到几个微米。界面的结合状态和强度对复合材料的性能有重要影响。对于每一种复合材料都要求有合适的界面结合强度。混杂纤维复合材料界面如图 8-8 所示。

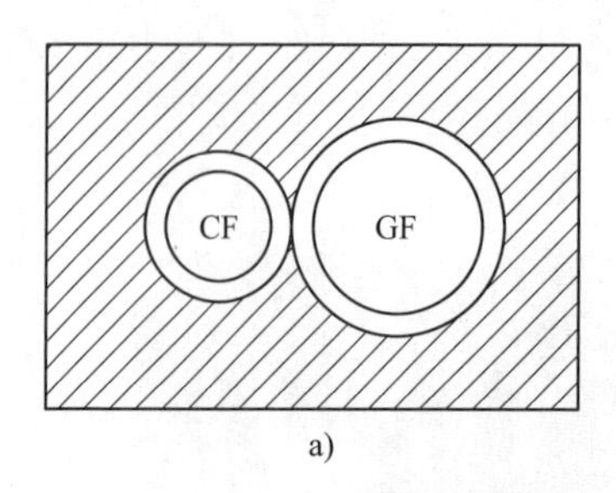

a)

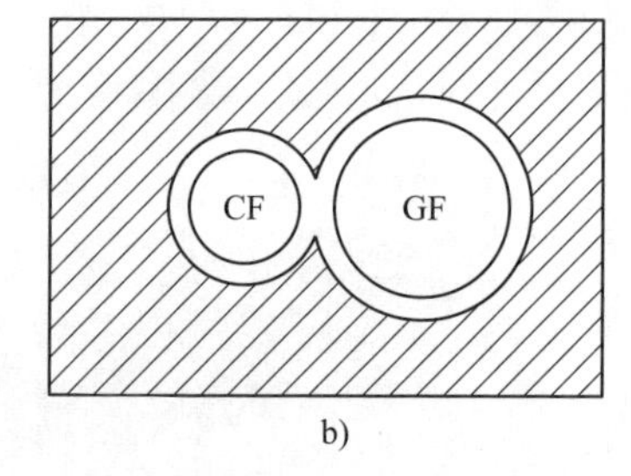

b)

图 8-8 混杂纤维复合材料界面

a）界面连接不好 b）界面连接良好

CF—第一类纤维管 GF—第二类纤维管

2. 物理相容性

1）基体应具有足够的韧性和强度，能够将外部载荷均匀地传递到增强体上，而不会有明显的不连续现象。

2）由于裂纹或位错移动，在基体上产生的局部应力不应在增强体上形成高的局部应力。

3）基体与增强体热膨胀系数的差异对复合材料的界面结合及各类性能产生重要的影响。

3. 化学相容性

对原生复合材料，制造过程是热力学平衡的，其两相化学势相等，比表面能效应也最小。

8.4 复合材料的应用及发展前景

8.4.1 复合材料的应用领域

（1）航空航天领域 由于复合材料热稳定性好，比强度、比刚度高，可用于制造飞机机翼和前机身、卫星天线及其支撑结构、太阳能电池翼和外壳、大型运载火箭的壳体、发动机壳体、航天飞机结构件等。

（2）化工、纺织和机械制造领域 有良好耐蚀性的碳纤维与树脂基体复合而成的复合材料，可用于制造化工设备、纺织机、造纸机、复印机、高速机床、精密仪器等。

（3）交通工业 由于复合材料具有特殊的振动阻尼特性，可减振和降低噪声，抗疲劳性能好，损伤后易修理，便于整体成型，故可用于制造汽车车身、受力构件、传动轴、发动机架及其内部构件。在高铁上应用的复合材料有：

1）刚性和半刚性的不饱和聚酯树脂玻璃钢。

2）酚醛树脂玻璃钢。

3）强度较高的反应型阻燃不饱和聚酯树脂玻璃钢。

4）强度略低的添加型阻燃不饱和聚酯树脂玻璃钢。

5）碳纤维材料。

（4）医学领域　碳纤维复合材料具有优异的力学性能和不吸收 X 射线特性，可用于制造医用 X 射线机和矫形支架等。碳纤维复合材料还具有生物组织相容性和血液相容性，生物环境下稳定性好，也用作生物医学材料。

（5）其他领域　复合材料可用于制造体育运动器件和用作建筑材料等。

8.4.2　复合材料的发展前景

现代高科技的发展离不开复合材料，复合材料对现代科学技术的发展，有着十分重要的作用。复合材料的研究深度、应用广度及其生产发展的速度和规模，已成为衡量一个国家科学技术先进水平的重要标志之一。

现阶段，我国复合材料行业面临一个新的大发展时期，如城市化进程中大规模的市政建设、新能源的利用和大规模开发、环境保护政策的出台、汽车工业的发展、大规模的铁路建设、大飞机项目等都需要复合材料。在巨大的市场需求牵引下，复合材料产业的发展将有很广阔的发展空间。

复合材料也正向智能化方向发展，材料、结构和电子互相融合而构成的智能材料与结构，是当今材料与结构高新技术发展的方向。随着智能材料与结构的发展还将出现一批新的学科与技术，如综合材料学、精细工艺学、材料仿生学、生物工艺学、分子电子学、自适应力学以及神经元网络和人工智能学等。智能材料与结构已被许多国家确认为必须重点发展的一门新技术，成为复合材料一个重要发展方向。

第9章

新型工程材料

09

9.1 超细晶钢

9.1.1 超细晶钢的特点

超细晶钢与普通钢比较，有以下三个显著特点：

1）超细晶钢的组织均匀化程度极高。

2）超细晶钢降低了结构中杂质和缺陷数量，使材料纯度极高。

3）超细晶钢的晶粒极小。

9.1.2 细晶强化机理

晶粒越细，单位体积内的晶粒界面越多。由于晶界之间原子排列比晶粒内部的排列紊乱，因而位错密度较高，致使晶界对正常晶格的滑移位错产生阻碍，不易穿过晶界继续滑移，变形抗力增大，表现为强度提高。晶粒尺寸与屈服强度和显微硬度的关系如图 9-1 所示。

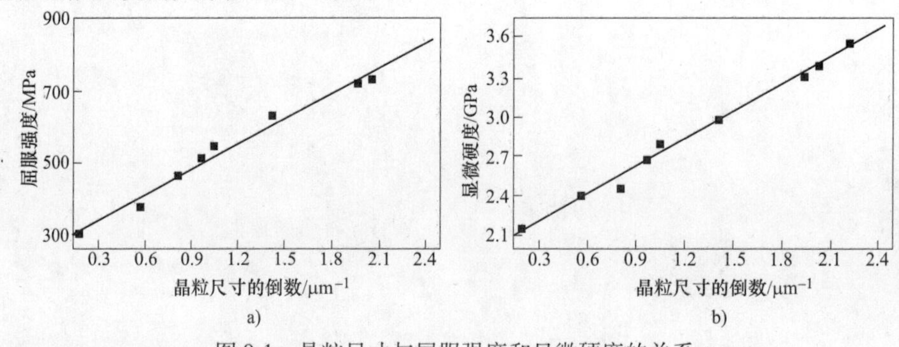

图 9-1 晶粒尺寸与屈服强度和显微硬度的关系

a）屈服强度 b）显微硬度

超细晶钢的晶粒直径仅为0.5~1μm，是一般钢铁材料的5%~10%。因此，超细晶钢的组织细密，强度高，韧性好，在不添加镍、钼、铬、钒等元素时也能保持很高的强度。

9.1.3　超细晶钢的应用

对于航空母舰、潜艇等军工设备，要求其既要抗得住强大的冲击力，也要有很好的耐蚀性，同时还要兼顾无磁性这一特点，以使航空母舰、潜艇能够安全地行驶在海域中。我国的鞍钢集团采用边研发边生产的方式，不断进行实验与调整，制造出了特殊超细晶粒钢，最高强度可以达到2200MPa。我国自主研制的第一艘航空母舰“山东舰”上就采用了这种特殊的超细晶网。

混凝土结构中，屈服强度为400MPa的Ⅲ级钢筋是常见的受力钢筋。我国生产Ⅲ级钢筋通常采用增加合金元素的办法来提高强度，现在利用超细晶钢生产的思路，在不添加合金元素的前提下，可用Q235钢的成分生产出400MPa的Ⅲ级钢筋。用超细晶钢生产Ⅲ级钢筋具有广阔应用前景。

9.2　超塑性合金

9.2.1　超塑性合金的特点

在通常情况下，金属材料的伸长率不超过90%，而超塑性材料的伸长率可高达1000%~2000%，个别的达到6000%，如图9-2所示。金属材料只有在特定条件下才显示出超塑性。在一定的变形温度范围内进行低速加工时可能出现超塑性。10mm/s应变速率下产生300%以上伸长率的合金称作超塑性合金。

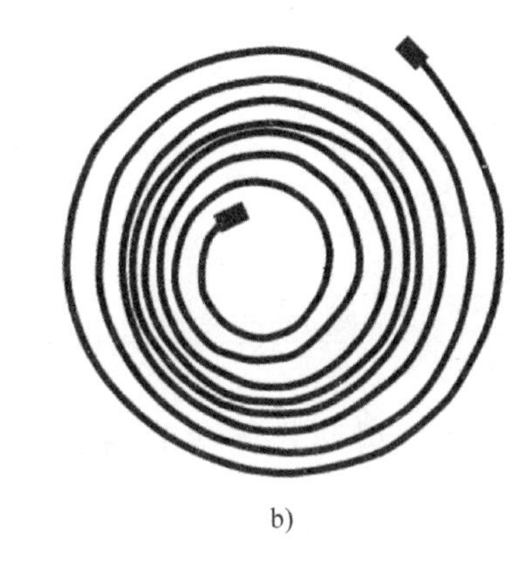

图9-2　超塑性材料
a）原始状态　b）超塑性变形后状态

9.2.2　超塑性变形机理

超塑性变形机理比常规塑性变形机理更为复杂，它是晶界滑移和扩散蠕变联合机理。

在晶界滑移的同时伴随有扩散蠕变，对晶界滑移起调节作用的不是晶内位错的运动，而是原子的扩散迁移。

1. 恒温超塑性合金成形条件

1）稳定的等轴细晶组织（通常晶粒尺寸为0.5~5μm）。

2）一定的温度区间［$T_s = (0.5 \sim 0.65) T_m$，$T_s$ 和 T_m 分别为超塑变形温度和材料熔点温度］。

3）一定的变形速度（应变速率为 $10^{-4} \sim 10^{-1}/s$）。

2. 相变超塑性合金成形条件

1）在一定温度范围和负荷条件下，经过多次循环相变转变。

2）具有相变的金属及合金都可通过相变过程实现超塑性。

3）变形初期每一次循环的变形量比较小，而在一定次数之后，每一次循环可以得到逐步加大的变形。

9.2.3 超塑性合金的应用

1）吹塑成形。

2）减少工序。

3）黏结：在金属粉末或陶瓷粉末中掺入超塑性合金粉末，可以提高材料的塑性和密度；如果用超塑性合金箔材或者粉末作为黏结剂，可以将两种以上不同的金属结合在一起。

4）超塑性变形/扩散连接（SPF/DB）技术：我国高铁车体的铝合金“瓦楞纸”三层结构便是采用的SPF/DB技术。这样的结构在保证强度的情况下大幅降低了结构质量，从而做到了整个车体的轻量化。在此需要指出的是，铝合金的超塑性温度范围远比钛合金的要窄，因此铝合金的SPF/DB技术一直是国际工业界的难点和痛点。这就是目前世界上只有我国有能力制造出如此轻量级的高铁车体的原因。

9.3 超高温材料

9.3.1 超高温材料的特点

在有应力和可能被氧化的环境下，能够在1800℃温度以上条件下正常工作的材料称为超高温材料。超高温材料具有极好的高温强度、高温抗氧化性和高温抗烧蚀性能。

尖端工业中的超高温环境主要包括航天飞机、超音速飞行器飞行时的高速高温环境，以及火箭发动机的燃烧室、喷管与涡轮发动机的内在工作环境。

1）飞机头部和机翼前沿表面的温度可达2000℃。

2）发动机罩的进气室、机翼的引擎和鼻锥的温度可达2400℃。

3）先进航空发动机涡轮进口的温度超过1850℃。

9.3.2 超高温材料的分类

从用途方面划分，超高温材料主要包括超高温结构材料和超高温防护材料两大类。

1）超高温结构材料除了要求材料具有较高的高温抗烧蚀、高温抗氧化性能外，还要求材料具有良好的高温力学性能。

2）超高温防护材料除了对其高温抗烧蚀、高温抗氧化性能、高温力学性能等有要求外，还要求其具有良好的隔热性能。

9.3.3 超高温材料与高温材料的区别

超高温材料（1800℃以上工作）主要是应用于火箭喷管、燃烧室、尖锐前缘等表面，起到隔热防护作用。对于超高温材料，主要考虑其抗烧蚀性能，而抗烧蚀性能与其熔点有直接关系。

高温材料（600~1800℃工作）尤其是高温合金主要应用于航空航天涡轮发动机。对于高温材料，主要是考虑其高温力学性能及抗氧化性能。

9.4 减振合金

9.4.1 减振合金的特点与减振机理

1. 减振合金的特点

减振合金又称阻尼合金，是一种阻尼（内耗）大，能使振动迅速衰减的特种金属材料。其特点是既具有作为结构材料的力学性能，又具有高的振动衰减能力。

2. 减振机理

内耗是指材料受到振动时，其内部按照某种机制将振动能转变为热能而衰减掉的过程。当材料在振动时应力和应变不是单值函数关系时，便会发生内耗。任何材料在弹性变形范围内的应力应变过程中，一般应变总是滞后于应力，这一滞后现象及其大小表征了材料内部对外界能量的衰减特性。

材料对振动的衰减特性主要与材料内部结构在外力作用下产生的位移、位错、变形等有关。减振合金按振动衰减机理可分为复相型、铁磁性型、位错型、孪晶型四种。

（1）复相型　减振合金由两相或两相以上的复相组织构成，一般是在强度高的基体中分布着软的第二相。其减振机制是受振时由第二相与基体界面发生塑性流动或第二相反复变形而吸收振动能，并将振动能转变成热能耗散。这类合金最大的特点是可以在高温下使用。

（2）铁磁性型　减振合金是以磁弹性内耗为其功能基础设计的。在一些铁磁合金中，原子之间通过交换作用而产生磁矩，相同方向的磁矩排列起来形成磁畴。磁弹性内耗是铁磁材料中磁性与力学性能间的耦合所引起的。磁致伸缩现象提供了磁性与力学性能的耦合。由于在应力作用下存在磁弹性能，因而可引起磁畴的转动和畴壁的推移。由于这种交变应力引起磁畴的运动是一个不可逆过程，在能量上引起从机械能到热能的转换。

（3）位错型　这类材料中位错运动引起的能量损耗成为减振的主要原因。合金的高阻尼是由于在外力作用下位错的不可逆移动，以及在滑移时位错相互作用引起的。

（4）孪晶型　孪晶是晶体中的面缺陷。以孪晶面为对称面，孪晶面两边的晶体结构镜面对称。孪晶面在外应力下的易动性和弛豫过程，造成对振动能的吸收。

9.4.2　减振合金的应用

1）在精密磨床上，用砂轮可以磨削出平滑如镜的工件（称为镜面磨削），它的尺寸误差只有0.01μm。在磨削时要求磨床非常平稳，不允许较大的振动。这时就用灰铸铁（石墨呈片状）充当精密磨床床身材料，砂轮飞速转动，铸铁床身稳稳地托住工件，能吸振、消振，起到缓冲作用。

2）锰铜合金是名副其实的金属中的“哑巴”。用锰铜合金制造潜水艇的螺旋桨，不易发出声响，从而不易暴露目标，增加了潜水艇活动的隐蔽性。锰的质量分数为54.25%、铜的质量分数为37%的合金是最好减振合金。

9.5　其他新型工程材料

9.5.1　金属间化合物

金属间化合物是由两种或两种以上金属或类金属组成的具有整数化学计量比的化合物。由于其晶体的有序结构以及金属键与共价键共存，因而金属间化合物具有一系列优异性能，如密度低，比刚度高，熔点高，高温强度好，以及抗氧化性能优良等。

许多金属间化合物都显示出非常高的屈服强度，并且往往能够维持到很高的温度。Ni_3Al等化合物的屈服强度实际上还随着温度的提高而增大，在高达800℃左右时仍然如此。

含有铝等元素的金属间化合物在航空与航天工业中有着广泛的应用前景，

Ni_3Al 和 Ti_3Al 可望用作燃气涡轮发动机的结构材料，而 NiAl 常用作燃气涡轮叶片的结构涂层材料。

Ni_3Si 在硫酸中具有很好的耐蚀性，可应用于化学工业。NiTi 之类的许多金属间化合物还呈现形状记忆效应，可用作热开关和插接件。

9.5.2　贮氢合金

贮氢合金在室温和常压条件下能迅速吸氢并反应生成氢化物，使氢以金属氢化物的形式贮存起来，在需要的时候，适当加温或减小压力使这些贮存着的氢释放出来以供使用。

金属与氢的反应是一个可逆过程。正向反应吸氢、放热，逆向反应释氢、吸热。改变温度和压力条件可使反应按正向、逆向反复进行，实现材料的稀释氢功能。

氢在金属中的吸收和释放，取决于金属和氢的相平衡关系，影响相平衡的因素为温度、压力和组成。

最典型的贮氢合金结构为 AB_5 型，如图 9-3 所示。$LaNi_5$ 属 AB_5 型贮氢合金，通过对 A 组元和 B 组元的替代，可改善合金的性能。

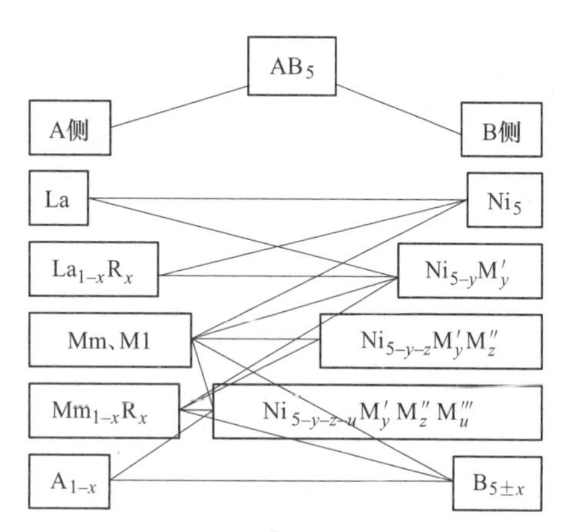

图 9-3　最典型的贮氢合金结构

最好的储氢材料是碳纳米管，如图 9-4 所示。

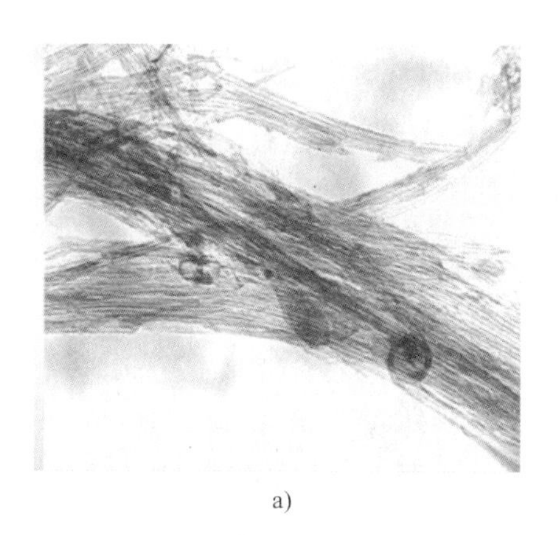

a)

b)

图 9-4　碳纳米管

a）单壁纳米碳管 TEM 照片　b）多壁纳米碳管 TEM 照片

9.5.3 多孔金属

在金属材料生产过程中，有意识地制备出充满着分散小孔的金属合金，称为多孔金属，也称泡沫金属，如图 9-5 所示。

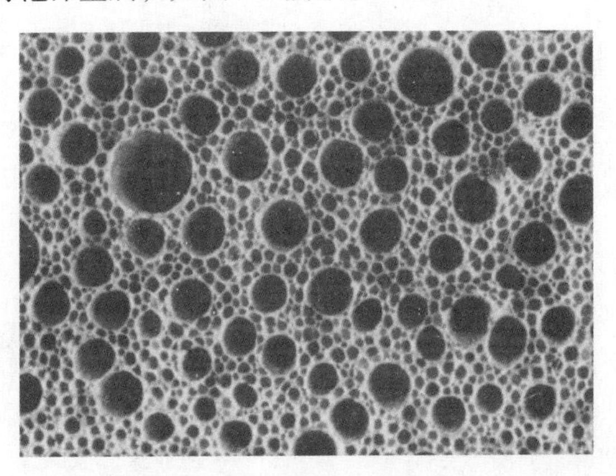

图 9-5 多孔金属

多孔金属的结构可以看成由无数开孔单元胞以无规则方式构成的金属支架。每个单元胞中间是空心的，外形近似球形，然后边界上开了 14 个小孔，像 14 扇窗户。金属支柱的截面形状，随多孔金属孔隙率的不同而异：孔隙率小于 0.9 时，金属支柱截面为圆形；孔隙率大于等于 0.9 时，金属支柱截面变成凹三角形。

作为功能材料，多孔金属具有良好的吸声、隔声、散热、隔燃、减振、阻尼、吸收冲击能、电磁屏蔽等多种物理性能。例如，已将泡沫金属应用于汽车工业的内燃机气缸、高速列车发电室、无线电录音以及高速公路降噪等方面，取得了良好的效果。

9.5.4 非晶态合金

非晶态合金在微观结构上具有以下基本特征：

1）存在小区间的短程有序，在近邻或次近邻原子键合具有一定规律性，但没有任何长程有序。

2）温度升高，非晶材料会发生明显的结构转变，是一类亚稳态材料。

3）亚稳态转变到自由能最低的稳定态需克服一定的能量势垒，因此亚稳态在一定温度范围内可长期稳定存在；当温度超过一定值（晶化温度）后，发生稳定化转变，形成晶态合金。

晶态与非晶态如图 9-6 所示。

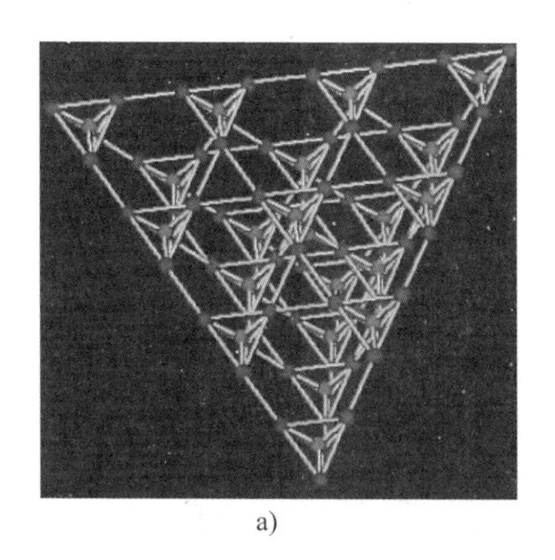
a)

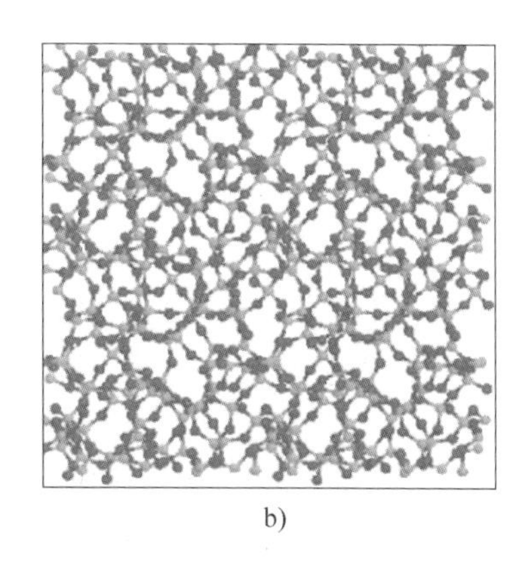
b)

图 9-6　晶态和非晶态

a）晶态　b）非晶态

非晶态合金力学性能的特点是具有高的强度和硬度。例如：非晶态铝合金的抗拉强度（1140MPa）是超硬铝抗拉强度（520MPa）的两倍；非晶态合金 Fe80B20 抗拉强度达 3630MPa，而超高强度钢的抗拉强度仅为 1820MPa，可见非晶态合金的抗拉强度远非超高强度钢所及。

非晶态合金强度高的原因是由于其结构中不存在位错，没有晶体那样的滑移面，因而不易发生滑移。

非晶态合金具有很强的耐蚀性。晶态合金在含有氯离子的溶液中，易发生点腐蚀、晶间腐蚀，甚至发生应力腐蚀和氢脆。非晶态合金可以弥补这些不足。例如：在 1mol/L 的盐酸溶液中，在 30℃下浸泡 168h 后，非晶态合金的腐蚀速度为零，而晶态合金腐蚀速率则为 10mm/年。

9.5.5　压磁材料和旋磁材料

1. 压磁材料

在磁化时，长度会发生伸长或缩短变化的材料称为压磁材料。这种材料具有电磁能与机械能或声能的相互转换功能，是重要的磁功能材料之一。压磁材料包括：传统磁致伸缩材料，Fe、Co、Ni 基合金及铁氧体，稀土磁致伸缩材料 $REFe_2$等。

2. 旋磁材料

能使作用于它的电磁波发生一定角度偏转的材料称为旋磁材料。旋磁材料基本上是铁氧体磁性材料，一般称为微波铁氧体材料。旋磁材料可用于与输送微波的波导管或传输线等组成的各种微波器件，主要用于雷达、通信、导航、遥测、遥控等电子设备中。

9.5.6 形状记忆合金

某些具有马氏体相变的合金，进行一定限度的变形后可诱发马氏体相变，在随后的加热过程中，当超过马氏体相完全消失的温度后，材料能完全恢复变形前的形状，称为形状记忆效应。形状记忆效应按形状恢复情况分为三类：单程形状记忆效应、双程形状记忆效应、全程记忆效应。

具有形状记忆效应的合金，称为形状记忆合金。

合金具有双程记忆效应是因为合金中存在方向性的应力场或晶体缺陷。相变时，马氏体容易在这种缺陷处形核，同时发生择优生长。

记忆训练：①先获得单程记忆效应，此时可以记忆高温相的形状；②随后在低于 *Ms* 温度，根据需要的形状进行一定限度的可恢复变形；③加热到 A_1 以上温度，试样恢复到高温态形状后，又降低到 *Ms* 以下，再变形试件使之成为低温所需要的形状。如此反复多次以后，就可获得双程记忆效应。图 9-7 所示形状记忆天线。

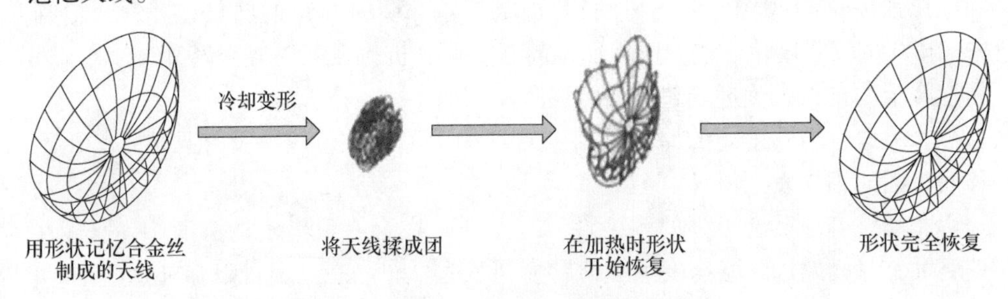

图 9-7　形状记忆天线

2017 年春季，西雅图的一个新建的高速路斜坡出口，建造了世界上第一个在遇到强震摇摆后，仍能恢复到原始结构形状的桥梁。其主要是通过结合记忆合金金属杆和可弯曲的混凝土复合材料完成的。在地震实验室测试中，使用记忆合金镍/钛棒和可弯曲的混凝土复合材料建造的桥梁柱，在强度达到 7. 5 级的地震后恢复到了其原始形状。

9.5.7 光纤

光纤具有感测和传输双重功能，用光纤组成的各种传感器可测量温度、压力、位移、应力、应变等多种物理量，并具有极高的灵敏度。

光纤已成为当前智能材料首选的信息传感及传输的理想载体。光纤具有以下特点：

1）良好的传光性能，它对光波的损耗目前可低到 0. 2dB/km，甚至更低，可见光纤的透明度很高。

2）频带宽，光频率在 $10^{14} \sim 10^{15}$ Hz 的范围内，它比微波高 5 个数量级。频率越高，能够容纳的带宽越宽，能够传输大量信息。

3）光纤是敏感元件。光在光纤中传输时，光的特性如振幅、相位、偏正态等将随检测对象发生变化而相应变化。

9.5.8　半导体

半导体是指常温下导电性能介于导体与绝缘体之间的材料，其电阻率为 $10^{-4} \sim 10^{10}\Omega \cdot \mathrm{cm}$。半导体包括本征半导体、N 型半导体和 P 型半导体。

1）本征半导体：指不含杂质的半导体。通常由于载流子数目有限，本征半导体的导电性能不好。

2）N 型半导体：在本征半导体中掺入 5 价元素，如 P，载流子多数为电子。杂质能级为施主能级。

3）P 型半导体：在本征半导体中掺入 3 价元素，如 B，载流子多数为空穴。杂质能级为受主能级。

9.5.9　微格金属

微格金属（见图 9-8）是一种立体金属开放式多孔材料，成分中 99.99%是空气，另外 0.01%是相互连接的固体空心管晶格。它是世界上最轻的金属材料。微格金属在吸收能量的性能上也相当好，无论是经过压缩或扭转，都能反弹回原状。

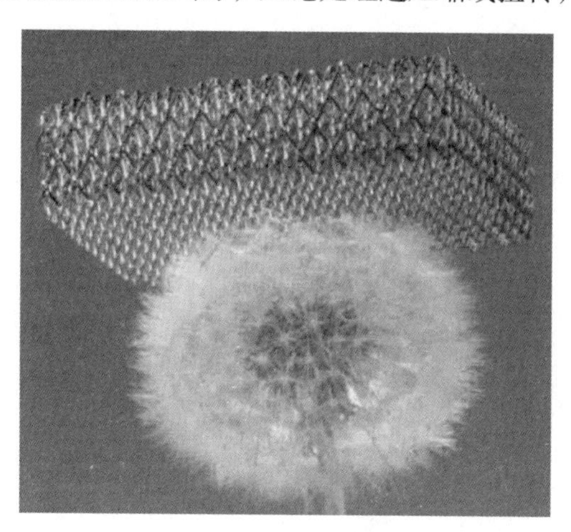

图 9-8　微格金属

9.5.10　锡烯

锡烯由锡的单原子层构成。锡烯在常温下电导率能接近 100%，在这种材料内，载荷子（如电子）无法到达材料的中心，只能在边缘自由移动。锡烯可用于设计更快、更有效的芯片。将氟原子加入单层的锡原子就会得到锡烯基导体，电导率接近 100%，如图 9-9 所示。

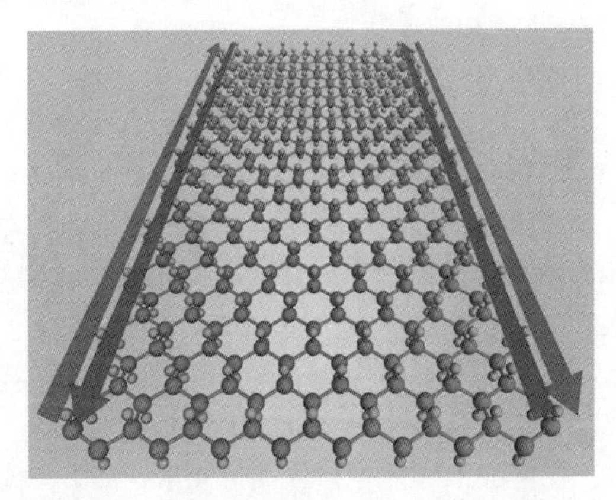

图 9-9　锡烯基导体

参 考 文 献

[1] 技能士の友编集部．金属材料常识［M］．李用哲，译．北京：机械工业出版社，2009.
[2] 中国机械工程学会热处理学会．热处理手册：1~4卷［M］.4版修订本．北京：机械工业出版社，2013.
[3] 刘胜新．金属材料力学性能手册［M］.2版．北京：机械工业出版社，2018.
[4] 崔忠圻，覃耀春．金属学与热处理［M］.2版．北京：机械工业出版社，2007.
[5] 祝燮权．实用金属材料手册［M］.3版．上海：上海科学技术出版社，2008.
[6] 刘贵民，马丽丽．无损检测技术［M］.2版．北京：国防工业出版社，2010.
[7] 宋金虎，胡凤菊．材料成型基础［M］．北京：人民邮电出版社，2009.
[8] 孙玉福．新编有色金属材料手册［M］.2版．北京：机械工业出版社，2016.
[9] 刘胜新．新编钢铁材料手册［M］.2版．北京：机械工业出版社，2016.
[10] 王英杰，张芙丽．金属工艺学［M］．北京：机械工业出版社，2010.
[11] 唐世林，刘党生．金属加工常识［M］．北京：北京理工大学出版社，2009.
[12] 潘继民．神奇的金属材料［M］．北京：机械工业出版社，2014.
[13] 董林，陈永．不可不知的化学元素知识［M］.2版．北京：机械工业出版社，2021.
[14] 田中和明．金属全接触［M］．乌日娜，译．北京：科学出版社，2011.
[15] 陈永．金属材料常识普及读本［M］.2版．北京：机械工业出版社，2016.
[16] 孙玉福．实用工程材料手册［M］．北京：机械工业出版社，2014.
[17] 张京珍．塑料成型工艺［M］．北京：中国轻工业出版社，2010.
[18] 杨清芝．实用橡胶工艺学［M］．北京：化学工业出版社，2005.
[19] 王慧敏．高分子材料概论［M］.2版．北京：中国石油出版社，2010.
[20] 刘利军，王可答．高分子概论［M］．哈尔滨：黑龙江大学出版社，2012.
[21] 刘辉敏．无机材料工艺教程［M］．北京：化学工业出版社，2015.
[22] 林宗寿．水泥工艺学［M］.2版．武汉：武汉理工大学出版社，2017.
[23] 谢峻林．无机非金属材料工学［M］．北京：化学工业出版社，2011.
[24] 卢安贤．无机非金属材料导论［M］.2版．长沙：中南出版社，2010.
[25] 张锐，王海龙，许红亮．陶瓷工艺学［M］.2版．北京：化学工业出版社，2013.
[26] 左明扬，刘成，牟思蓉．水泥生产工艺技术［M］．武汉：武汉理工大学出版社，2013.
[27] 田英良，孙诗兵．新编玻璃工艺学［M］.2版．北京：中国轻工业出版社，2009.
[28] 杨鸣波，黄锐．塑料成型工艺学［M］.3版．北京：中国轻工业出版社，2014.
[29] 徐淑波．塑料成型工艺学［M］.2版．北京：化学工业出版社，2014.